普通高等教育"十二五"规划教材

建筑项目策划

主　编　李永福
编　写　纪凡荣　李　兵　周　丽
　　　　王紫生　曹雁南　宋时九
　　　　杨　洁　万克淑　亓　霞
　　　　矫立宪　刘京明
主　审　徐友全

中国电力出版社
CHINA ELECTRIC POWER PRESS

内 容 提 要

本书以现行的建筑法律法规为基础，介绍了建筑项目策划的理论知识和策划方法及其应用。主要内容包括建筑项目策划概述，建筑项目策划运用，建筑项目前期、规划与建筑设计策划，房地产项目策划，建筑项目决策与实施策划，建筑项目管理与施工总承包企业管理策划，建筑项目策划实例。全书系统性强，强调实际应用，为便于教学与自学，书中每章附有思考题。

本书可作为高等院校建筑学、城市规划、建筑工程、工程管理、工程造价和经济类本科专业教材，也可作为研究生教学的参考用书。

图书在版编目（CIP）数据

建筑项目策划/李永福主编．—北京：中国电力出版社，2012.8（2020.7重印）

普通高等教育"十二五"规划教材

ISBN 978-7-5123-3360-4

Ⅰ．①建… Ⅱ．①李… Ⅲ．①建筑工程-项目管理-高等学校-教材 Ⅳ．①TU71

中国版本图书馆CIP数据核字（2012）第175608号

中国电力出版社出版、发行
（北京市东城区北京站西街19号 100005 http://www.cepp.sgcc.com.cn）
北京雁林吉兆印刷有限公司印刷
各地新华书店经售

*

2012年8月第一版　2020年7月北京第三次印刷
787毫米×1092毫米　16开本　14.75印张　282千字
定价 26.00元

版 权 专 有　侵 权 必 究

本书如有印装质量问题，我社营销中心负责退换

前 言

建筑项目策划是项目建设成功与否的一个重要前提，通过建筑项目策划有计划地、系统地安排建设目标、项目组织、建设过程等活动，减少或消除项目管理中的不确定性因素，为项目建设的决策和实施提供依据。通过建筑项目策划优化资源配置，提高投资效益和社会效益。建筑策划在各行业工程建设、咨询服务等领域获得了更广泛应用和不断完善。

本书共分七章，主要内容包括：建筑项目策划概述（策划、建筑项目策划与建筑项目策划原理）；建筑项目策划运用（建筑项目策划与规划立项、建筑项目策划的方法与流程，建筑项目策划体系）；建筑项目前期、规划与建筑设计策划（建筑项目前期策划、规划师与建筑项目策划、建筑项目策划与建筑设计关系）；房地产项目策划（房地产项目策划概论、房地产全寿命期策划）；建筑项目决策与实施策划（建筑项目决策策划、建筑项目实施策划）；建筑项目管理与施工总承包企业管理策划（建筑项目管理策划、建筑项目物资管理前期策划、施工总承包企业项目管理策划）及相关应用实例。

根据学习的需要，各章附有思考题，有效帮助学员正确运用建筑项目策划基本知识与理论知识，分析研究判断和处理建筑项目策划问题。

本书由李永福任主编。全书由李永福统稿，李永福、纪凡荣、李兵、周丽、王紫生编写第1章、第2章、第3章；曹雁南、宋时九、杨洁、万克淑、亓霞编写第4章、第5章、第6章；矫立宪、刘京明编写第7章及各章思考题。全书由山东建筑大学徐友全教授审稿。

本书以规范建筑活动的法律法规为基础，本着学以致用、学用结合的原则进行编写。本书编写过程中参考了大量同类专著与教材，在此表示感谢。

建筑项目策划内容复杂、涉及面广，编者时间仓促，书中难免有疏漏和差错之处，恳请读者谅解并提出宝贵意见，以便再版时修改和完善。

本书编写过程中，得到了国家住房和城乡建设部等有关部委、山东建筑大学等单位和专家的支持帮助，在此一并表示衷心的感谢。

编 者
二〇一二年六月

目 录

前言

第1章 建筑项目策划概述

1.1 策划 ··· 1
 1.1.1 策划的由来 ··· 1
 1.1.2 策划的定义 ··· 2
 1.1.3 策划的特点 ··· 3
 1.1.4 策划的作用 ··· 3
 1.1.5 策划的原则 ··· 4
 1.1.6 策划的要求 ··· 5
1.2 建筑项目策划 ·· 6
 1.2.1 建筑项目策划的定义 ·· 6
 1.2.2 建筑项目策划的发展 ·· 7
 1.2.3 建筑项目策划的地位 ·· 8
1.3 建筑项目策划原理 ·· 9
 1.3.1 建筑项目策划原理概述 ·· 9
 1.3.2 建筑项目策划领域 ·· 10
 1.3.3 影响建筑项目策划的客观因素 ·· 13
 1.3.4 建筑项目的动态构想——抽象空间模式及构想表现 ················ 15
 1.3.5 建筑项目的运作方法和程序的研究 ···································· 17
 1.3.6 建筑项目策划的特性 ··· 17
 1.3.7 建筑项目策划特征 ·· 19
 1.3.8 建筑项目策划的发展指向 ··· 21
思考题 ·· 22

第2章 建筑项目策划运用

2.1 建筑项目策划与规划立项 ··· 23
 2.1.1 建筑目标的确定 ··· 23

  2.1.2 建筑项目外部条件的把握 ……………………………………………… 24
  2.1.3 建筑项目内部条件的把握 ……………………………………………… 24
  2.1.4 建筑项目策划的构成框架 ……………………………………………… 26
  2.1.5 建筑项目策划的专门化及其组织管理 ………………………………… 27
 2.2 建筑项目策划的方法与流程 ………………………………………………… 27
  2.2.1 建筑项目策划的综合方法 ……………………………………………… 27
  2.2.2 建筑项目策划定性方法 ………………………………………………… 28
  2.2.3 建筑项目策划定量方法 ………………………………………………… 29
  2.2.4 建筑项目策划的流程 …………………………………………………… 30
 2.3 建筑项目策划体系 …………………………………………………………… 32
  2.3.1 生态建筑项目策划 ……………………………………………………… 32
  2.3.2 居住小区建筑项目策划 ………………………………………………… 35
  2.3.3 商业建筑项目策划 ……………………………………………………… 37
  2.3.4 建筑项目策划的程序与模板 …………………………………………… 40
 思考题 ……………………………………………………………………………… 43

第3章 建筑项目前期、规划与建筑设计策划

 3.1 建筑项目前期策划 …………………………………………………………… 44
  3.1.1 建筑项目前期策划的概述 ……………………………………………… 44
  3.1.2 建筑项目前期策划的目的 ……………………………………………… 45
  3.1.3 建筑项目前期策划的特点 ……………………………………………… 46
  3.1.4 建筑项目前期策划理论基础 …………………………………………… 47
 3.2 规划师与建筑项目策划 ……………………………………………………… 49
  3.2.1 规划与规划师 …………………………………………………………… 49
  3.2.2 规划师与策划 …………………………………………………………… 51
 3.3 建筑项目策划与建筑设计关系 ……………………………………………… 54
  3.3.1 从建筑学角度理解建筑项目策划的概念 ……………………………… 54
  3.3.2 建筑项目策划在建筑创作进程中的位置 ……………………………… 55
  3.3.3 建筑项目策划与建筑设计 ……………………………………………… 56
 思考题 ……………………………………………………………………………… 61

第4章 房地产项目策划

 4.1 房地产项目策划概论 ………………………………………………………… 62

  4.1.1　房地产项目策划的发展 …………………………………………………… 62
  4.1.2　房地产项目策划的重要性及必要性 ………………………………………… 64
  4.1.3　房地产项目策划内容 …………………………………………………………… 64
  4.1.4　房地产项目策划的特性、地位及其作用 …………………………………… 65
 4.2　房地产全寿命期策划 ……………………………………………………………… 72
  4.2.1　房地产项目投资决策策划 …………………………………………………… 72
  4.2.2　房地产项目规划设计策划 …………………………………………………… 74
  4.2.3　房地产项目建设施工策划 …………………………………………………… 76
  4.2.4　房地产项目整合营销策划 …………………………………………………… 84
  4.2.5　房地产项目物业管理策划 …………………………………………………… 86
 思考题 ……………………………………………………………………………………… 89

第5章　建筑项目决策与实施策划

 5.1　概述 ………………………………………………………………………………… 91
  5.1.1　可行性研究与策划 …………………………………………………………… 91
  5.1.2　项目策划的类型 ……………………………………………………………… 92
 5.2　建筑项目决策策划 ………………………………………………………………… 93
  5.2.1　环境调查分析 ………………………………………………………………… 93
  5.2.2　项目定义与项目目标论证 …………………………………………………… 97
  5.2.3　项目经济策划 ………………………………………………………………… 99
  5.2.4　项目产业策划 ………………………………………………………………… 99
  5.2.5　项目及决策策划报告 ……………………………………………………… 100
 5.3　建筑项目实施策划 ………………………………………………………………… 101
  5.3.1　项目实施目标分析和再论证 ……………………………………………… 101
  5.3.2　项目实施组织策划 ………………………………………………………… 102
  5.3.3　项目实施合同策划 ………………………………………………………… 103
  5.3.4　项目信息管理策划 ………………………………………………………… 103
  5.3.5　项目目标控制策划 ………………………………………………………… 104
  5.3.6　项目实施策划报告 ………………………………………………………… 104
 思考题 …………………………………………………………………………………… 105

第6章　建筑项目管理与施工总承包企业管理策划

 6.1　建筑项目管理策划 ………………………………………………………………… 106

  6.1.1 项目管理策划的主要内容 ………………………………………… 106
  6.1.2 建筑项目管理的实施 …………………………………………… 108
 6.2 建筑项目物资管理前期策划 …………………………………………… 111
  6.2.1 建筑项目物资管理前期策划概述 ………………………………… 111
  6.2.2 项目物资管理前期策划的横向沟通 ……………………………… 113
 6.3 施工总承包企业项目管理策划 ………………………………………… 115
  6.3.1 概论 ……………………………………………………………… 115
  6.3.2 建筑项目目标策划 ……………………………………………… 119
  6.3.3 过程控制策划 …………………………………………………… 144
  6.3.4 项目的绩效考核策划 …………………………………………… 151
思考题 …………………………………………………………………………… 163

第7章 建筑项目策划实例

 7.1 绪论 …………………………………………………………………… 164
  7.1.1 项目基本情况 …………………………………………………… 164
  7.1.2 项目发展战略 …………………………………………………… 165
  7.1.3 主要策划结论 …………………………………………………… 165
 7.2 项目投资环境分析 ……………………………………………………… 165
  7.2.1 我国目前房地产业发展形势分析 ………………………………… 165
  7.2.2 某一城市投资环境分析 ………………………………………… 170
  7.2.3 开发区房地产市场分析 ………………………………………… 172
 7.3 项目地块条件分析及其经营取向 ……………………………………… 174
  7.3.1 项目地块现状条件分析 ………………………………………… 174
  7.3.2 项目地块 SWOT 分析 …………………………………………… 174
  7.3.3 地块经营的适宜性分析 ………………………………………… 175
 7.4 市场调查与分析 ………………………………………………………… 176
  7.4.1 某一城市房地产市场的发展现状 ………………………………… 176
  7.4.2 房地产市场需求和消费者行为分析 ……………………………… 176
 7.5 项目目标市场研究 ……………………………………………………… 177
  7.5.1 区域定位 ………………………………………………………… 177
  7.5.2 金融商务定位 …………………………………………………… 177
 7.6 项目产品策划 …………………………………………………………… 177
  7.6.1 项目规划构想的依据及指导思想 ………………………………… 177
  7.6.2 项目总体规划布局 ……………………………………………… 179

  7.6.3 建筑产品规划 ······ 180
7.7 项目技术经济效益评估及融资方案 ······ 183
  7.7.1 投资与成本费用估算说明 ······ 183
  7.7.2 投资与成本费用估算 ······ 183
  7.7.3 项目资金筹措与投资计划 ······ 187
  7.7.4 融资建议 ······ 188
  7.7.5 项目销售（出租）收入的测算 ······ 189
  7.7.6 财务分析 ······ 191
  7.7.7 项目不确定性分析和风险分析 ······ 196
7.8 项目的全程管理与监控 ······ 199
  7.8.1 项目组织管理机构 ······ 199
  7.8.2 项目实施主体选择与控制 ······ 203
  7.8.3 项目工作进度建议 ······ 204
  7.8.4 项目实施过程中的控制 ······ 205
7.9 物业管理 ······ 215
  7.9.1 物业管理服务模式的选择 ······ 215
  7.9.2 物业管理定位及物业目标 ······ 215
  7.9.3 物业管理的组织结构及人员配置 ······ 216
  7.9.4 物业管理服务项目 ······ 217
  7.9.5 管理制度及服务规范 ······ 217
  7.9.6 项目物业管理费用估算 ······ 218

参考文献 ······ 223

第1章 建筑项目策划概述

本章知识点

> 本章主要介绍策划的由来、定义、特点、作用、原则与要求；建筑项目策划的定义、发展与地位；建筑项目策划原理。

1.1 策划

改革开放以来，伴随着我国大规模的城市基本建设和住房制度改革，特别是市场经济机制的引入，房地产业进入了快速发展的轨道，要求提高建筑项目经济效益、环境效益和社会效益的呼声日益高涨。然而我们也清楚地看到，大多数开发商在组织投标竞争时，或是在公司"营销部"的组织下自行策划，或是聘请"策划公司"进行项目策划，拟定设计任务书，以此为依据的建筑设计结果往往不能令人满意。于是，针对基本建设项目的"建筑项目策划"成为开发商越来越熟悉的词汇，甚至发展为一个方兴未艾的行业，"策划大师"满天飞舞。因此，我们首先必须弄清什么是建筑项目策划（Architectural Programming）。

作为一个学术概念，在1990年以前"建筑项目策划"一直没有被明确地提出来，然而在全球范围内的研究和探索却盛行已久。在英国，第二次世界大战之后建筑师对建筑设计工作方法的先导理论和系统方法进行了大量的研究。工作原则以"合理性"为基准，工作方法以实际调查为前提，对建筑的空间性质和使用过程进行细致的分析，得出定量的结果。在大卫·肯特（David Canter）的《设计方法论》一书中就体现了建筑项目策划的基本思想。

1.1.1 策划的由来

（1）发端于20世纪中叶，成熟于20世纪90年代。

在国外，建筑项目策划研究的雏形始于第二次世界大战以后。当时城市的重建与修复是在资金匮乏、基础设施破坏严重的情形下展开的，为了保证建筑项目投入资金的高回报，保证建筑的功能和空间发挥最大的效益，将浪费降到最低点，城市建设当局、建筑项目管理者和建筑师、规划师开始对建筑设计的先导理论如信息论、系统方法论、多元分析论及可行性研究等倾注极大的热情，并积极地运用到城市重建中去，这为后来建筑项目策划理论框架的形成作了物质准备。日本从1889年开始研究建筑项目策划，代表性作品是下田菊太朗发表的《建筑计划论》，1941年西山卯三发表的《建筑项目策划的方法论》，书中提出住宅水准依据自然条件、社会条件、人类生活方式等确定。美国对建筑项目策划的研究较早，其中David Canter的《设计方法论》蕴涵着建筑项目策划的基本思想。美国卡内基·梅龙大学建筑系与工程设计研究中心从1996年开始联合开发了支持建筑规划的计算机软件，它支持各种建筑规划模式。近年来强调人的因素第一，社区建设公众参与，使建筑项目策划的意识大大加强。国外有些国家已经有法律规定，何种等级的建筑必须要进行建筑项目策划的研究，方可进行下一步委托建筑设计。

(2) 中国建筑界的新课题。

我国在改革开放之后，随着大规模城市建设和建筑的建设，特别是市场经济机制的引入，要求建筑项目提高经济效益、环境效益和社会效益的呼声日益高涨。但我们也清楚地看到，有些建筑项目组织投标竞赛，似乎强调了高效率和高水准，但恰恰忽视了组织者即住建部门（业主）对设计任务书的研究，使得各参赛设计单位以此任务书作为设计依据，最终造成设计方案的不合理。历时数月的设计竞赛，只因提供的设计条件和依据不尽合理而使得几个方案毁于一旦，造成极大损失和浪费。因此，建筑项目策划理论框架的提出和研究，对我国国民经济建设和建筑业科学合理的发展有重要的现实价值。

目前，我国建筑项目的可行性研究已经法制化了，这为建筑项目策划提供了一个良好的前期环境。

1.1.2 策划的定义

根据哈佛《企业管理百科全书》的定义，"策划是一种程序。在本质上是一种理性行为。基本上所有的策划都是关乎未来的事物，也就是说策划是针对未来要发生的事情做当前的决策。换言之，策划师找出事物的因果关系，衡度未来可采取的途径，以作为目前决策之依据。也即策划师预先决定做什么，何时做，如何做，谁来做。策划如同一座桥，它连接我们目前之地与未来我们要往之处。"

策划是以人类的实践活动为发展条件，以人类的智能创造为动力，随着人类的实践活动的逐步发展与智能水平的超越发展而发展起来的，策划水平直接体现了社会的发展水平。生产力的进步推动社会的发展，社会的发展同时必然要求策划也随之发展，而策划的发展又依托于人类智能创造的提高，社会越发展，人类的智能创造力越丰富，策划的水平也就越高。由此可见，社会的发展造就了策划的历史，策划是社会发展文明化的必然产物，必将随着人类文明的高度发展，走入科学策划阶段。

"策划"通常被认为是为完成某一任务或为达到预期的目标，对所采取的方法、途径、程序等进行周密而细致的考虑而拟出具体的文字与图纸的方案计划。

一般我们所说的"策划"是一个广义的概念。通常有投资策划、商业策划等，而且这一概念正越来越为其他领域所接受。

关于策划，目前国内主要有四种流派：

一是从建筑设计的需要出发对设计的前提进行研究，即建筑项目策划；

二是从项目管理出发，对项目策划进行研究，即建筑项目管理策划；

三是从房地产营销的角度出发，对房地产项目进行策划；

四是从物业管理的角度出发，称为物业策划。

1.1.3 策划的特点

策划在现实生活中得到越来越广泛的应用，大到宏观的国家整体经济、军事、政治，小到工程项目、广告活动、娱乐明星活动等。策划的特点至少包括以下四个方面。

(1) 策划是在一定条件的基础上进行的创新活动。

(2) 策划结果应具有明确的目标。

(3) 策划可能有多个选择方案。

(4) 策划工作是有特定的内容、按特定程序运作的系统工程。

1.1.4 策划的作用

经过科学周密的策划，才能为项目可行性研究和项目决策奠定客观而具有运作可能性的基础。项目策划不仅把握和揭示项目系统总体发展的条件和规律，而且深入到项目系统构成的各个层面，乃至针对各个阶段的发展变化对项目管理的运作方案提出系统的具有可操作性的构想。因此，项目策划可直接成为指导项目实施和项目管理的基本依据。策划的主要作用如下：

(1) 实践活动取得成功的重要保证。策划在实践活动进行之前，就对时间活动设计的因素进行了具体的分析和处理，在策划过程中，充分考虑各种有利和不利因素，是实践活动成功的保证。

(2) 策划为项目活动提供了行动的指南和纲领。策划一般是在项目开始之前进行的，它为项目的进行制定了一系列的文件和程序，使行动有了指南和纲领，避免开"无轨电车"，使活动具有系统性、前瞻性。

(3) 策划是创新，为人们提供了新观念、新思路和新方法，同时又具有可操作性，确保梦想得以实现。

(4) 策划工程提升了各种要素资源的利用效率。策划过程中，人们要对各种有利因素加以组合利用，回避和克服各种不利因素；对各种有利因素、有利资源的优化组合，可以使这些因素、资源发挥更大的效用。

(5) 策划可以提高管理水平。策划的过程，是预先发现问题、寻找对策的过程。行动目标、战略、策略、途径、方法、计划等都在这一过程中被提出来，大大加强了项目的预见性，使活动有了充足的准备和思考，这对于提高管理水平大有裨益。

■ 1.1.5 策划的原则

(1) 可行性原则。

项目策划，考虑最多的便是其可行性。"实践是检验真理的唯一标准"。建筑项目策划的创意也要经得起工程实践的检验。

(2) 创新性原则。

创新是事物得以发展的动力，是人类赖以生存和发展的主要手段。建筑项目策划必须具有特色与创新才能体现其价值。

(3) 无定势原则。

世间万物都处在一个变化的氛围之中，没有不变的事物，事物就是在这种运动的作用下发展的。

(4) 价值性原则。

策划要按照价值性原则来进行，这是其功利性的具体要求与体现。

(5) 集中性原则。

在战争中，集中优势兵力攻击对方关键性的部分，成为军事谋略的上策。不论是什么项目，都可以借此达到胜利的目标。

运用这一原则，需弄清以下四点：

一是辨认出胜败关键点；

二是摸清对手的优缺点；

三是集中火力攻击对手的缺点；

四是决定性的经济投入、决定性的力量。

(6) 智能放大原则。

人的能量是相对无穷的，策划中的创意与构思也是相对无止境的，因此说建筑项目策划要坚持智能放大的原则。

(7) 信息性原则。

信息是策划的起点，具体来说，包括以下几项要求：

1) 收集原始信息力求全面。

不同地区、不同部门、不同环节的信息分布的密度是不均匀的，信息生成量的大小也不相同，因此，我们在收集原始信息时，范围要广，防止信息的短缺与遗漏。

2）收集原始信息要可靠、真实。

原始信息一定要可靠、真实，要经过一个去伪存真的过程。脱离实际的浮夸的信息对策划来说毫无用处，一个良好的建筑项目策划必然是建立在真实、可靠的原始信息之上的。

3）信息加工要准确、及时。

市场是变化多端的，信息也是瞬息变化的，过去的信息可能在现在派不上用场，现在的信息可能在将来毫无用处，因此对一个策划人来说，掌握信息的时空界限，及时地对信息加以分析，指导最近的行动，从而使策划效果更加完善。

4）保持信息的系统性及连续性。

任何活动本身都具有系统性与连续性，尤其是作为策划的一个具体分支，建筑项目策划更是如此，对一事物发展的各个阶段的信息进行连续收集，从而使建筑项目策划更具有弹性，在未来变化的市场中，更有回旋余地。

1.1.6 策划的要求

基于策划的原则，对策划的要求是：

(1) 信息准确。

信息是项目策划的起点，每一个项目策划，都是从信息的收集、加工、整理、利用开始的，因此，对信息的搜集及处理是最基础和重要的，具体来说，包括以下几项要求：收集原始信息力求全面、真实；信息加工要准确、及时；保持信息的系统性及连续性。

(2) 力求创新。

创新是事物得以发展的动力，是人类赖以生存和发展的主要手段。在每一次社会转型的背后，都有着技术上的创新。对于建筑项目策划而言，其创新性也至关重要。建筑项目策划能否推陈出新，是其成功的关键，创新能激发人们的兴趣，吸引人们参与其中，从而使策划力挫群雄，使其价值得以实现。

(3) 保证弹性。

项目策划方案必须是弹性的，是能够随着市场的变化而随时进行调整的。项目策划面对的是市场，而市场是千变万化的，项目外部的宏观环境、项目内部的微观环境无时无刻不在发生着变化。以一套不变的策划方案来面对多变的市场，其最好的结果也只能是事倍功半，更多的情况则是摆脱不了失败的命运。

(4) 多方兼顾。

在这里，"兼顾性"指的是要同时兼顾经济效益与环境效益。政府投资项目涉及社会政治、经济等许多复杂问题，不仅影响一个国家的经济生活，还影响国家的政治生活、社会稳定，政府投资必须把促进国民经济整体水平的提高同具体投资项目的经济效益、财务效益和社会效益有机结合起来，把可持续发展作为项目建设的指导思想，在维持生态平衡的前提下，获得宏观效益与微观效益的最大化。

1.2 建筑项目策划

建筑项目策划对建筑产业的发展是迫切需要的，然而相对于城市规划与建筑设计的成熟，它只是一个新兴的学科领域。在欧美国家，建筑项目策划的研究起步略早，在建筑设计领域和工程管理领域颇受重视。在中国，改革开放以来的这个快速发展时期，建筑项目策划逐渐引起人们的注意，从市场上"策划公司"的鱼龙混杂到学界对建筑项目策划的关注，也不过是近几年的事情。在中国，当代这个最活跃的建筑市场上，建筑项目策划的理性声音若隐若现，渐渐地接近我们。

从建筑设计的角度来看，"设计任务书"不是对建筑造型"美观、新颖、50年不落后"的美好愿望和经济技术指标的简单罗列，而是建筑项目策划的成果以文本文件为形式的综合反映。建筑项目策划作为建筑设计的前期研究，应该通过一系列的调查分析来制定设计任务书，在城市规划已经形成的空间布局前提下，在具体的建设基地与项目内容的限制下提出合理的发展计划。首先要论证城市规划所确定的建设基地与项目内容的科学性，然后对市场的活力做出切实的估计，对资金的投入做出合理的安排，对建成的环境做出准确的判断。将城市规划的指导思想结合当时的具体条件，科学地贯彻到建筑设计中去，以达到预期的城市基本建设目标。

在城市基本建设中，建筑项目策划在城市规划与建筑设计之间起着承上启下的作用，是介于两者之间的一个独立环节。

1.2.1 建筑项目策划的定义

建筑项目策划是特指在建筑学领域内建筑师根据总体规划的目标设定，从建筑学的学科角度出发，不仅依赖于经验和规范，更以调查为基础，通过运用计算机等近现代科技手段对研究目标进行客观的分析，最终定量的得出实现既定目标所应遵循的方法及程序的研究工作。它为建筑设计能够最充分的实现总体规划的目标，保证项目在设计完成之后具有较高的经济效益、环境效益和社会效益而提供科学的依据。简言之，建筑项目策划即使将建筑学的理论研究与近现代科学手段相结合，为总体规划立项之后的建筑设计提供科学而合理的设计依据。

建筑项目策划是以城市规划为指导，以建筑设计为目标，整合多学科知识于一身的一门综合性新兴学科，它涉及城市规划学、建筑学、市场营销学和工程管理学等领域，综合考虑城市发展的要求和建筑项目的特点，通过对信息资料的理性分析和对实践经验的科学总结，兼顾文化因素、技术因素和市场因素，为下一步具体的建筑设计提供科学的依据。建筑项目策划的成果对建筑设计而言只是一个指导性文件，在建筑设计阶段对建筑项目策划文本进行调整和修正也不少见。

建筑项目策划的概念是以"合理性"作为判断的基准。它从古代部落的经验和迷信中跳出来，以对事物客观的、合理的判断为依据，这正是当今信息社会日益流行的思想。这样说来，建筑项目策划这个以合理性为轴心，以发展的进步思想为基础的命题，的确是一个近代的概念。

建筑项目策划就是研究如何科学地制定建筑项目在立项之后建筑设计的依据问题，摒弃单纯依靠经验确定设计内容及依据（设计任务书）的不科学、不合理的传统方法，利用对建设目标所处社会环境及相关因素的逻辑数理分析，研究项目任务书对设计的合理导向，制定和论证建筑设计依据，科学地确定设计的内容，并寻找达到这一目标的科学方法。建筑项目策划并行于城市规划、城市设计和建筑设计，是建筑活动中一个独立环节。

由此可见，为进行一项建筑项目策划通常有三点要素：

第一，要有明确的、具体的目标，即依据总体规划而设定的建筑项目，即建设立项；

第二，要有能对手段和结论进行客观评价的可能性；

第三，要有能对程序和过程进行预测的可能性。其中建设立项是建筑项目策划的出发点。

达到目标的手段和过程都是由建设目标决定的，而且通过目标来进行评价。研究和选择实现立项目标的手段是建筑项目策划的中心内容，而对手段的功力和效率预先进行评定分析则至关重要。为了对手段进行评价分析，建筑项目实施的程序预测又是必要的，而正确的预测，又始于对客观现象的认识，即相关信息的收集和调查是关键。而且，对现象变化过程和运动过程的认识，以及对该现象操作手段的效果的预测是不可或缺的。如果这个预测过程不能进行，那么也就不可能有真正的建筑项目策划的产生。

1.2.2 建筑项目策划的发展

美国人赫什伯格（Robert G. Hershberger）在《建筑项目策划与前期管理》一书中，以一名教师兼建筑帅的双重身份，从居住者和使用者的立场出发，全面阐述建筑项目策划与民众价值观的相互联系。对于建筑设计来说，最重要的信息是价值评估和策划目标，策划师必须以此为依据，收集那些策划过程中所需要的信息与数字，制定严谨的发展计划。建筑师必须以此为依据，了解价值评估和策划目标，在建筑设计中创造性地实现这个发展计划。作者以自己在实践中所获得的大量范例，循序渐进地讲述了如何运用策划技巧、如何确定价值领域、如何解决具体问题、如何运用测试方法和如何做好协调工作等，使建筑项目策划的价值带有强烈的资本和商品的气息。

在当代世界潮流日趋强调可持续发展，强调建筑的社会化，强调社会效益与环境效益的统一，强调经济效益以及建筑活动日趋商品化的潮流下，建筑师仍在传统的运行模式中被动地按照业主所拟定的设计任务书进行设计显得缺乏科学性与逻辑性。对建筑设计依据研究的缺乏已经成为从立项到设计之间的一个"断层"，针对这个断层，20世纪后期国际上兴起了"建筑项目策划"的理论。在一些发达国家，甚至立法规定对超过一定规模的大型项目必须经过建筑项目策划后才能通过政府主管部门的审批。

中国自改革以来，建筑业进入了快速发展的轨道，建筑市场日渐成熟。随着城市化水平的提高和人民生活水平的不断改善，建筑市场对建筑产品的要求呈现出快速提升和复杂多变的状态，于是，"建筑项目策划"成为建筑项目管理者越来越熟悉的词汇，甚至发展为一个方兴未艾的行业。但是，这种现象中的"策划"大多数都缺乏应有的规范和科学的方法，尤其是与建筑技术体系严重脱节。对市场的研究，不仅不能有效地指导建筑设计，反而因表达语言等形式上的限制和策划内容与建筑技术的脱节，成为项目建设任务向建筑技术转化的障碍。因此，引进"建筑项目策划"理论，建立适合中国国情的"建筑项目策划"的科学体系，是十分必要且迫切的。

1.2.3 建筑项目策划的地位

建筑项目策划同建筑设计、城市规划和城市设计一样，是建筑学的一部分。一般认为，传统建筑的创作进程是首先由城市规划师进行规划立项，业主投资方根据这一规划立项确立建筑项目并上报主管部门立项，建筑师按照业主的设计委托书进行设计，而后由施工单位进行建设施工，最后付诸使用，如图1-1所示。

城市规划是由国家和地方权力机构从全局出发，考虑经济、政治、地理、人文、社会等宏观因素，依靠规划师制订的。而投资活动则是由业主单方面进行的，建筑师只是在规划立项的基础上，接受了任务委托书后进行具体设计，而施工单位则只是按设计图纸进行施工。从字面上来看这是一个单向的流程，但事实上建筑师的工作既属于建设投资方的工作范畴，又属于建筑施工方的工作范畴，其工作立场是多元的。

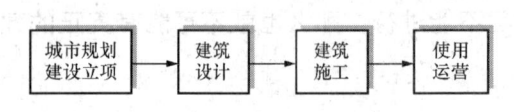

图1-1 传统建筑活动的程序

为确保建筑项目建设实现最大效益，不妨将建筑项目立项与建筑设计从中"剪开"，插入一个独立的环节，这就是建筑项目策划，如图1-2所示。

这一过程是与建筑项目建设规模的扩大化、建筑项目建设技术的高科技化和社会结构

图1-2 建筑创作的全过程框图

的复杂化等现代社会发展特征相适应的。建筑项目立项是对建筑设计的条件进行宏观的、概念上的确定，但对设计的细节不加以具体的限制，是一项指导建设规模、建设内容以及建设周期等的指令性工作。但随着社会生活的丰富和多样化，设计条件的确定工作逐渐变成了一项异常繁杂的、多元的、多向性的系统工程。于是，自成一体、专事研究这一复杂多向的设计依据问题、在项目建设过程中处于核心地位的建筑项目策划就应运而生了。

在建筑项目的目标设定阶段，一般称为项目的总体规划阶段，其后为了最有效地实现这一目标，对其方法、手段、过程和关键点进行探求，从而得出定性、定量的结果，以指导下一步的建筑设计，这一研究的过程就是"建筑项目策划"的过程。

1.3 建筑项目策划原理

1.3.1 建筑项目策划原理概述

在一般的建设程序中，建筑项目策划应由建筑师（或建筑师和业主）来承担，是紧跟随着建筑项目立项之后的一个环节。业主应在委托设计前，首先委托或建筑项目策划机构进行建筑项目策划的研究，以求得设计阶段的理论依据。建筑项目策划就是在市场研究的基础上，在建筑学范畴内根据总体规划的目标设定，从建筑学的学科角度出发，不仅依赖于经验和规范，更以实态调查为基础，通过运用计算机等近现代科技手段对研究目标进行客观的分析，最终定量地得出实现既定目标所应遵循的方法及程序的研究工作。它为建筑设计能够最充分地实现总体规划的目标，保证项目在设计完成之后具有较高的经济效益、环境效益和社会效益而提供科学的依据，对人和建筑环境的客观信息建立起综合分析评价系统，将总体规划目标设定的定性信息转化为对建筑设计的定量的指令性信息。其中，对人在建筑环境中的活动及使用的实态调查是它的关键所在。

由于建筑项目策划的原始思想是来源于"民众参与与听询设计"，以避免建筑环境的创作思想有悖于使用者，有悖于民众自身期望的建筑环境，所以，建筑项目策划首先是对使用者的目标及环境进行阶层性、地方性、历史性的考察，以此为出发点，进一步调查分析人类与建筑环境在社会、空间、时间三方面的信息交流及相互联系的状况，归纳出人类对建筑环境的使用模式，以及带有社会、历史、科技和时空信息的环境评价，以此得出定量的结果来指导或修正目标的设计。

对建筑环境的这种研究，尽管在最初是由建筑师在设计工作前期或过程中捎带进行的不甚明确或下意识的活动，但它却已成为今天由目标到设计实施进程中建筑项目策划的雏形。此后这种实态调查、信息摄取、数据分析的研究对象由建筑环境拓展到了更大的范围，视野已不仅局限于建筑物的使用状况，而且进一步扩大到全社会的活动中去。

近代数学的发展使这一研究更加信息化、完整化、独立化。统计学等近代数学手段使实态调查和数据分析更加精确、更加定量。这为建筑项目策划理论的创立做了物质和技术上的准备。

在形象和逻辑面前，建筑师往往更偏爱形象。因为自古建筑的智者多是以创造丰富、宏大、辉煌、深奥的空间而引以为豪，那种缺乏形象思维的逻辑推理往往被认为是建筑艺术上的低能儿。至今我们当代建筑师，也对自己能说出"体量、质感、平衡、肌理"等一连串的建筑术语而踌躇满志。然而，生活实态和使用实态的复杂性，使得这些传统的建筑语汇在描述其活动机理时就显得贫乏且缺少量的维度。而建筑目标的形成、设计的展开与实施却离不开定量的计算，空间的大小、人流动线的分析、使用质量的保证，都需要有一个定量的注释和说明。当然，经验的积累可以从定性总结出定量的结论，这在一定的时期内是可行的，但时代的突飞猛进使这种只凭经验概括的定量办法远远落后于时代的需求。

我们通常谈到，人脑的机制决定它可以用现时获得的信息，结合记忆、经验，创造出新的模式，所以我们说，没有经验就不可能成为一个好的设计者。这就是说，人脑必须利用以往储存的信息、经验，融合吸收描述客观环境的物理量、心理量的定量结果，才能进行适应时代的创作。也就是说，建筑项目策划者要完成设计目标，在展开设计工作之前，应做好两个准备：

第一，通过建筑环境的实态调查，取得相关的物理量、心理量；

第二，依据建筑项目策划者自身的经验，将这些调查资料建筑语言化，作为下一步设计的依据和基准。

这两者缺一不可。一方面，缺少定性定量的分析，即传统地凭经验拟订设计任务书，不可避免地会造成设计的不精确以及与使用的脱离，甚至相悖。而另一方面，缺少经验的建筑语言，就不可能将调查的结果加以建筑化，进而对其全面功能加以组织。缺乏生动性和实用性的设计，充其量只是一张逻辑的框图。这两点可以说是建筑项目策划的基本思想，围绕这两点进行的协调、分析、创作也正是建筑项目策划的基本任务。

1.3.2 建筑项目策划领域

建筑项目策划由于是介于项目立项和建筑设计之间的一个环节，其承上启下的性质决定了其研究领域的双向渗透性。它向上渗透于宏观的总体规划立项环节，研究社会、环境、经济等宏观因素与设计项目的关系，分析设计项目在社会环境中的层次、地位，社会环境对项目要求的品质，分析项目对环境的积极和消极的影响，进行经济损益的计算，确定和修正项目的规模，确定项目的基调，把握项目的性质。它向下渗透到建筑设计环节，研究景观、朝向、空间组成等建筑相关因素，分析设计项目的性格，并依据实态调查的分析结果确定设计的内容以及可行空间的尺寸大小，如图1-3所示。

建筑项目策划不同于总体规划。总体规划是根据城市和区域各项发展建设综合布置方

图1-3 建筑项目策划的领域

案，规划空间范围，论证城市发展依据，进行城市用地选择、道路划分、功能分区、建筑项目的确定等。它规定城市和区域的性质，如政治行政性、商业经济性、文教科技性等，但对个体建筑项目的性质不作过细的规定。总体规划确定城市、区域、坐落的位置选择，如沿海、靠山等。它规定城市中心的位置，重要建筑的红线范围，进行交通的划分和组织，但不规定建筑项目的具体朝向和平面形式。建筑项目策划则是受制于规划立项，在规划立项所设定的红线范围内，依据规划立项确定的目标，对其社会环境、人文环境和物质环境进行实态调查，对其经济效益进行分析评价，根据用地区域的功能性质划分，确定项目的性质、品质和级别。例如在城市规划的行政中心区域内，其政府部门的建筑性质，依据总体规划区域性质的划分而设定，应为政治性建筑，其品质和级别应成为城市中权力的象征，具有权威性。在商业旅游区和历史文化保护区，同样内容的建筑项目却因地域定位和特性的不同呈现出截然不同的性质，如同样是旅馆，在商业旅游区偏重于商业性，而在历史文化保护区则更偏重于文化性和历史性。因此从城市规划的角度来讲，建筑项目策划是对建筑项目本身进行包括社会、环境、经济等因素在内的策划研究。

建筑项目策划不同于建筑设计。建筑设计是根据设计任务书逐项将任务书各部分内容经过合理的平面布局和空间上的组合在图纸上表示出来以供项目施工使用。建筑师在建筑设计中一般只关心空间、功能、形式、色彩、体形等具象的设计内容，而不关心设计任务书的制定。设计任务书一经业主拟订之后，除非特别需要外建筑师一般不再对其可行性进行分析研究，照章设计直至满足设计任务书的全部要求。建筑项目策划则是在建筑设计进行空间、功能、形式、体形等内容的图面研究之前对其设计内容、规模、性能、朝向、空间尺寸的可行性，亦即对设计任务书的内容和要求进行调查研究和数理分析，从而修正项目立项的内容。简言之，建筑项目策划就是科学地制定设计任务书，指导设计的研究工作。因此，我们可以把规划立项与建筑项目策划之间的研究建筑、环境、人的课题作为建筑项目策划的第一领域，而把建筑项目策划与建筑设计间的研究功能和空间组合方法的课题作为第二领域。

把人与建筑项目的关系作为研究对象是建筑项目策划的一个基本出发点，也是建筑项目策划的第一个领域。人类的要求与建筑的内容相对应，从对既存的建筑项目的调查评价分析中寻求出某些定量的规律，这是建筑项目策划的一个基本方法，其内涵外延极其广阔。例如，建筑项目和人类在心理、生理和精神的相互关系及影响以及社会机能等，其中包括住区景观协调的要求、经济技术的制约、因素、实施建设费用及条件限定因素等。建筑要求的多样性、时代和社会发展的连续性意味着

建筑项目策划的第一领域将持续扩展下去。如图1-4所示为建筑项目策划领域的相关图式。

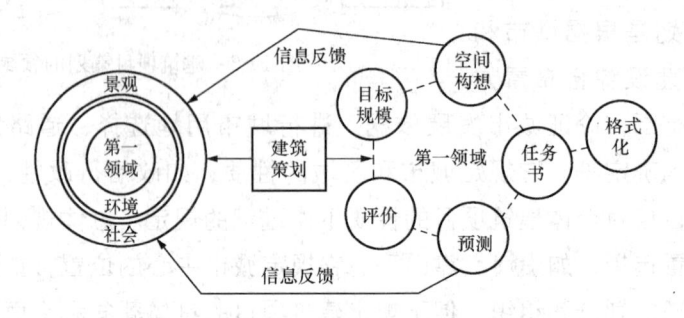

图1-4 建筑项目策划领域的相关图式

建筑项目策划的第二领域研究建筑设计的依据、空间、环境的设计基准，它包括以下几个部分：

(1) 建筑目标的确定。
(2) 对建筑目标的构想。
(3) 对建筑构想结果、使用效益的预测。
(4) 对建筑目标相关的物理、心理量及要素进行定量、定性的评价。
(5) 建筑设计任务书的拟订。

首先，建筑项目策划目标的明确要与第一领域建立信息反馈关系。由第一领域的分析结果考察设计目标的可行性，同时，第二领域中设定的目标又是第一领域中研究的课题和依据。实际上，第二领域中建筑设计目标的设定问题不过是第一领域中人与社会对建设目标要求的另一种说法。目标确定不只是一个书面上文件化的过程，而是研究"目标是什么"、"为何以此为目标"的过程。

其次，对建筑目标的构想，即既定建筑目标与人们使用要求相对应，在充分满足和完成各使用功能的前提下，对所需的设施、空间的规划进行设定工作。它要求建筑项目策划者把人们的使用要求转换成建筑语言，并用建筑的语言加以定性的描述。其研究的方法从直观的设想到理性的推论并非唯一的答案。这种构想不仅是存在于观念中的建筑形式，其意义的体现必须通过物质性载体来实现。

对建筑构想的结果进行预测是对建筑构想可行性的最好检验。在这里，策划者可以凭借自身的经验，依建筑项目的模式模拟建筑项目的使用过程。

基于建筑预测的结果，接下来就可以进行目标相关物理量、心理量的评价了。按照预测模拟的建筑目标的构想，进行多方位的综合评价。显然，由于建设目标的不同，项目性质、使用的侧重点不同，各相关量的评价标准和尺度也就不一样。多元多因子的变量分析评价法可使其得到较满意的解决。

这样，由目标设定—构想—预测—评价，建筑项目的各项前提准备就基本完成了。将这一过程用建筑语言加以描述，进行文字化、定量化，就可以得出建筑项目的设计任务书。设计任务书经过标准化处理就可以成为下一步建筑设计的依据了。

至此，建筑项目策划的领域已相当明确，其成果的有效性，影响着下一步设计工作的开展。

1.3.3 影响建筑项目策划的客观因素

建筑项目策划受很多因素的影响，可以把其分为客观因素和主观因素两个方面。研究这些影响因素即是深入了解如何表达和体现建筑项目最有特色和最有价值的方面，从而扩大成设计重点和要点。把握好项目中所要重点解决的问题并反映在设计成果中，使之成为打动业主和社会的精品。

项目建设过程可以大致分为 4 个阶段：策划阶段、设计阶段、建造阶段和投入使用阶段。策划的目的在于为建筑而策划，为环境而策划，超越简单的解决功能性"问题"。从中创造出捕捉到建筑物特殊本质的非凡作品，并且与场地条件、气候和时代等完美结合，超越直接需求并提升用户的潜在需求；表达出业主、建筑师和社会的最强烈渴望；并以某种特别方式"打动"所有的用户。在这里，策划方案的价值就是业主或建筑师最想体现的方面或者说是最能体现特色的方面。影响策划的因素即是需要策划的主要问题，也是建筑项目策划的价值体现方面。每种策划都会涉及不同的价值领域。从人的角度来划分，可以把影响策划的因素分为：客观和主观两个方面。客观因素包括环境因素、时间因素。主观因素包括人文因素、经济因素、文化因素、技术因素和美学因素。

(1) 环境因素。

环境因素是在建筑存在之前就已经存在的因素，它们通常是非常重要的建筑问题，因为它们具有直接和关键的影响，关系到建筑或用户的生存。这也就是项目地块的价值分析、综合情况分析。掌握了这些影响因素，就能更好地把握设计中的要素，或是引用、或是借用、或是避开周围的自然环境。可能影响到建筑项目策划的重点环境因素包括场地、气候、文脉、资源。场地是最重要的设计考虑因素。场地的性质是建造的起点，它关系到建筑物的生存。在很多项目策划中，在策划过程中进行仔细的场地分析通常会挖掘出内部和外部的重要景观。气候因素对建筑的影响结果表现在对建造材料的考虑，也表现在对建筑形式的考虑。在南北方建筑风格的差异上表现的比较明显。文脉包括了超出直接的建筑场地以外的所有自然地形和建造特征。一些已建成的建筑形式也不能被忽略。资源的变化会影响建筑的形式，如近年来对于太阳能的利用，必然会对建筑的外观形式产生影响。

(2) 时间因素。

时间以多种不同的方式对建筑产生影响，将会影响到设计师和建造过程。生长、变化都是时间的杰作，它们的另一面就是永久。在建设的初期就为建筑将来留有发展余地解决建造地点的问题；有些建筑随着时间和发展会要求在功能上有相应的变化。而建筑的外部形式也会受内部需求变化的影响；大多数的建筑都希望能够耐久，即使将来可能会面临改造或采取其他措施来适应变化的需求。如何使建筑物耐久和如何具有适应变化的能力以及怎样生长都是需要考虑的问题。

(3) 人文因素。

人文因素是最贴近使用者的因素，也是在策划阶段主要考虑的方面。建筑师会对大多数的人文需求做出反应，人文目的和人文活动是设计的基础，是建筑师进行艺术创作的原材料。主要包括功能的、身体的、生理的、心理的。所说的"以人为本"即是主要从人文角度出发的。虽然功能性只是必须意识到的设计问题中的一个，它非常重要而且需要策划者和设计师进行特殊考虑。这不仅包括安排最节省最适宜的空间来容纳活动，还包括满足各个不同级别的活动需求或提供相对重要的信息、基本关系、活动的邻近性与接近性、特定的活动尺度和设备需求、装修和其他支持功能性活动所需的材料。这个价值领域必须进行大量的信息收集和分析工作。用户的身体特征会对建筑形式产生深远的影响。在设计中会遇到各种特殊用户的需求问题，它们必须在策划过程中被发现出来。如果一个特殊项目或用户群体需要心理方面的特别信息，则需要在建筑项目策划过程中包含心理因素。安全性、稳定性、私密性、领域性等都是从使用者（用户）的心理角度出发来考虑问题。

(4) 经济因素。

经济因素是所有业主最关注的方面，包括资金、建造、运行及维护。由廉价的材料和系统所建造的建筑物很快就会失去其最初的低造价的优越性，因为需要花费大量的运行、维护和能源费用。资金包括对设计方案进行市场评估和资金规划。如果某种设施没有市场，那么无论它设计得多么好，也很可能招致失败。资金的规划包括确定成本如各种配套设施、管理费及广告宣传费、不可预见费等方面费用，还包括投资估算。在这个过程中，还应该把风险分析和市场预测考虑在内。

在建筑项目策划过程中对建造预算进行仔细说明，对可能的建造费用进行精确评估，这是最有益的也是最节省费用的方法，可以保证设计方案在业主的预算限制内得到实施。运行和维护的费用都不是独立于策划或设计过程之外的。

(5) 文化因素。

文化因素是与项目所处的地区性和时代性相关的，如历史的、政策的、文化内涵的。建筑项目策划中可以把这些要素重点考虑突出成一个特色或亮点，显示出项目的时代特征和建设要点。

(6) 美学因素。

虽然大多数的业主将经济因素视作底线，但是很多建筑师却将美学因素看成底线。建筑"艺术"是设计师创作的驱动力。当对影响设计的种种因素做出反应时，建筑师总是偏爱形式、空间及其相关的意义。并且，几乎所有的业主都对他们的建筑有着外观上的目标和要求。他们希望向社会表达自己的设计理念、设计手法；他们会喜欢某种材料、形状和颜色；他们会对自己的建筑与周围环境如何产生关联具有非常强烈的偏好等。这并不意味着建筑师要在设计中顺应业主的所有美学取向，而仅仅意味着建筑师应该了解这些偏好并努力去理解它们，以便在设计过程中予以考虑。

(7) 技术因素。

建筑师从大量的各种有效的建筑材料、建造体系和建造过程中进行选择，主要是依据个人的喜好，以其可获得性、价格和美学因素为基础。新材料的应用、新能源新设备的应用都会对项目产生影响。时代在发展，建筑师也要紧跟时代的步伐，适时适当的使用新技术，这也取决于设计师的判断能力，并应在策划的阶段就考虑其经济效益和使用性能。

影响建筑项目策划的因素与建筑项目策划的程序是同步的，在这个程序中需要确定业主、用户、建筑师和社会的相关价值体系，应该阐明重要的设计目标，揭示有关设计的各种现状信息和所需的设备。然后，建筑项目策划编制成为一份文件，其中体现出所确定的价值、目标、事实和需求。

1.3.4 建筑项目的动态构想——抽象空间模式及构想表现

建筑项目具体的形态构想是建筑项目策划程序的中心工作。形态构想的基础基于外部和内部的条件要求，由这些条件直接自动地生成一个具体的建筑形象是不可能的，离开理论的逻辑的分析，这个生成过程便难以实现。

建筑项目具体建筑空间的构想，是建筑项目策划对下一步设计工作的准备过程。设计条件的建筑语言化、文件化为建筑设计制定出设计依据，建筑形态构想这一环节是不可或缺的。形态的构想基于对建筑项目内外部条件的把握。首先从中找出决定建筑形态的条件，以空间的形式加以表现，而后对另外一些非建筑形态的条件进行建筑化的转化，而构成一个完整的建筑形态条件。

为使这种转化进行得顺利，通常将建筑项目条件中的空间关系抽象化，进行图式化的操作和变化，得到一种空间模式。"模式"的概念具有"表象学"的优点，它能进行高水准的机能分析。从"表象学"的观点看，"模式"就是自然物体内部及内部与外部的关系在几种行动"倾向"(tendency) 和"外力"(force) 作用的影响下，彼此不发生冲突而能在建筑空间中共存的方式。

为了便于发现和研究人类活动中的问题，引入"倾向"和"冲突"的概念是必要的。所谓"倾向"，就是满足人们要求的外显的行动，这个要求 (need) 就是人类群体的文化背景对自然环境的关系和群体生命延续的必要条件与相关系统。与"倾向"相类似，反作用力、非人类的力、风雨等自然力、张力或压力等构造力以及供需的经济力，即各种群体因其所特有的倾向而产生的对系统的影响力就是"冲突"，就是倾向的明确表示。"发现冲突，解决冲突就是'模式'概念的中心问题。

如果没有了冲突，模式就是标准。"（G. T. 莫阿《新建筑都市环境的设计方法》）。这个模式的抽象变换过程可以是多侧面、多方位的。例如，可以从建筑空间内所进行的各种活动之间的联系进行抽象，也可以从各种空间的功能的联系进行抽象，还可以从人和物在空间中动线的联系上进行抽象等。从各个动态角度出发加以抽象，绘制出功能图、关系图、组织图、动线图等。这些图没有一个固定的形式，建筑师可用多种方式表达，它们是空间关系抽象化的表述，可以称其为抽象空间和空间模式。如图1-5所示为按生活事项相关性划分的建筑项目空间模式。

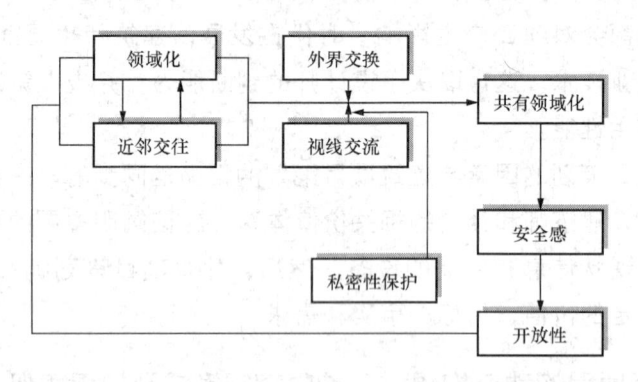

图1-5　按生活事项相关性划分的建筑项目空间模式

对于建筑空间模式及关系的表示，除框图的抽象表示之外，还有其他表现形式。例如，取建筑的一个断面，将与断面中各场点相对应的事件发生的频率值用图线描绘出来，在平面坐标系内标出各点位置（建筑中各场点）的可能性频率，以获得分布图或等值等高线。如果建筑各部分可以图式表达，那么建筑整体也可以图式表达，其图式的形式选择可与建筑项目策划所要表达的意图和对象的性格相对应地加以考虑。反过来说，如果一个项目做了建筑项目策划，那么一般可以从各个侧面得到多种图式描绘。

这些图式之间不可避免是会有相互矛盾的，这是因为制图的出发点不同而产生的，所以建筑项目策划的任务之一也就是要分析和综合这些图式。在动态构想阶段对实态空间及相关非空间形态抽象化，这一抽象化的操作过程是本阶段的主线。空间形态及相关条件抽象得越精炼就越具有指导性，越不易受到传统经验的误导，也就越容易产生全新建筑构想。这也是建筑项目策划高于传统经验创作的原因。

但是也应看到，这一抽象和图式化过程对建筑项目的总体来讲往往是不大可能的，而且有些情形不可能进行抽象化和图式化。由于操作者的思想方法的差异，同样的事物可能产生不同的抽象结果，这也就是建筑尽管功能要求相同但仍展现出千姿百态的原因。影响抽象思想方法的因素可以是历史、风土、环境、民族和社会制度等，建筑形态抽象过程的这种多元性就决定了建筑项目策划中单一的模式是不切合实际的。

1.3.5 建筑项目的运作方法和程序的研究

建筑项目的运作方法和程序的研究是建筑项目策划中的一项重要内容。建筑项目运作的方法和程序主要是指由立项到策划再到设计的运作过程，它关系到各个方面，不能简单划一，它涉及法规、行政管理的方法，设计者和施工者的选择，结构方式和设备系统的选定等因素。例如，建筑区域的建筑项目的运作，首先要考虑和接受地域内有关法规性的指令，在法规的限定范围内以争取最大的自由度和可能性，才能充分利用土地，最大限度地争取建筑面积，达到一定的经济效益和社会效益。因此，法规和制度也是建筑项目策划的一条基本依据。

设计者的选定一般是业主的职权范围，可以通过委托或公开招标来选定建筑师，但建筑项目策划应对设计者能否满足建筑项目策划所提出的要求，来审查各预选方案的可行性。结构形式和设备系统的选型，与工业化、标准化生产有很大关系，它直接影响到设计阶段的具体设计环节。

建筑项目策划向上以"立项计划书"与规划立项相联系，向下以"建筑项目策划报告书（设计任务书）"与建筑设计相联系。它的目的是要将规划立项的思想科学地贯彻到设计中去，以达到预期的目标，并为实现其目标，综合平衡各阶段的各个因素与条件，积极协调各专业的关系。虽然建筑项目策划的结论对设计来讲是指导性的，但在设计阶段对建筑项目策划的反馈修正也不少见。建筑项目策划如同乐队的指挥和电影导演的工作，把作曲者和编剧的思想，通过自身巧妙、科学、逻辑的处理手法传达给演奏者和演员，最终使作品得到实现。超出以往朴素的功能，创造更新的设计理论，建设更高的建筑技术，建筑项目策划的范围在不断扩大，不但研究功能和技术的发展，同时还担当起创造丰富新文化的职责。

例如：要研究建筑项目运作的方法和程序，应如我们上面所说的需全面了解与住宅项目运作有关的因素，即建筑项目策划的相关因素，如图1-6所示为建筑项目策划相关因素。并将它们系统化地联系起来加以研究，这是建筑项目策划得以进行的必要条件。

1.3.6 建筑项目策划的特性

建筑项目策划的特性是由其研究对象的特殊性所决定的。大致可归纳为以下4点：建筑项目策划的物质性；建筑项目策划的个别性；建筑项目策划的综合性；建筑项目策划价值观的多样性。

（1）建筑项目策划的物质性。建筑项目策划的实质是对"建筑项目"这个物质实体及相关因素的研究，因而其物质性是建筑项目策划的一大特色。

社会、地域一经确定，人们的活动一经进行，作为空间、时间积累物和人类活动载体的建筑就完全是一个活生生的客观存在了。建筑项目策划总是以合理性、客观性为轴心,以建筑项目的空间和实体的创作过程为首要点,其任务之一就是对未来目标的空间环境与建筑形象进行构想,以各种图式、表格和文字的形式表现出来。这些图式、表格和文字在现实中或在以后目标的实现中与既存的真实建筑空间相对照,它们是对建筑空间的抽象。抽象模式是对实态空间的一种逻辑的描述方式,建筑的全部层面可由若干个抽象模式来组合表示,通过对这些模式的推敲和分析,最终可以综合出建筑实体空间的全新模型。这一过程是由建设目标这一物质实体开始,以建筑项目策划结论——设计任务书的具体空间要求这一最终所要实现的物质空间为结束,全过程始终离不开空间、形体这一物质概念。如图1-7所示为建筑项目策划的物质性。

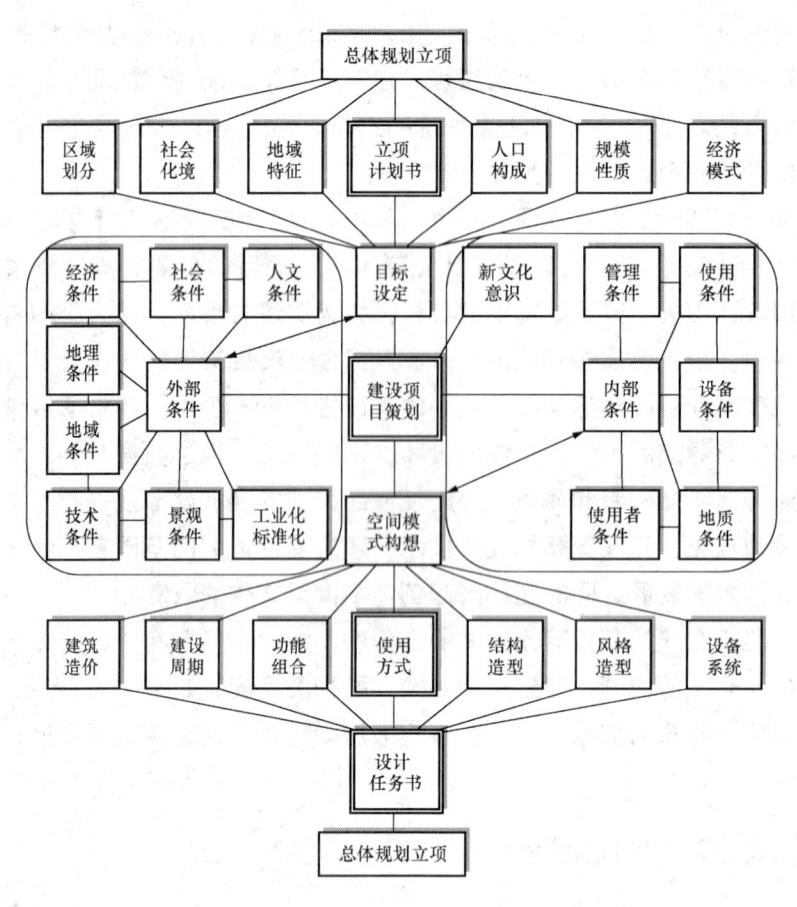

图1-6 建筑项目策划相关因素

(2) 建筑项目策划的个别性。这是由建筑生产及产品的性质所决定的。由于地域、建筑项目管理者和使用者的不同,即使是由国家投资统一兴建的建设小区,业主和建筑师以及使用者们也费尽心机地使它们各自显出不同的面貌。很显然,不同于汽车、电视,建筑是不希望产生别无二致的雷同作品的。因此建筑项目策划也就非做不可,而不可借用。这种建筑创作行为的单一性也就决定了建筑项目策划的个别性。

（3）建筑项目策划的综合性。建筑项目策划的最大特征就是它的综合性。建筑项目策划是以达到目标为轴心的，而现实中目标单一性的场合是很少的。与一个建筑相关的人，其立场各有不同，对这个建筑的期待也就各异。此外，建筑的社会环境、时代要求、物质条件及人文因素的影响都单独构成对建筑的制约条件。建筑项目策划就是要将制约条件集合在一起，扬主抑次，加以综合，以求达到一个新的平衡。在整体构成中各自占有正确的位置，也就是对于各个要素进行个别的评价，评价的方法不同，则综合的方法也就有可能不同。但我们同时要看到，建筑项目生产又是一种大规模的社会化生产。同类建筑项目的生产又可以从个性中总结出共性。建筑项目策划的抽象将建筑项目中的共性抽出加以综合，使其具有普遍的指导意义。

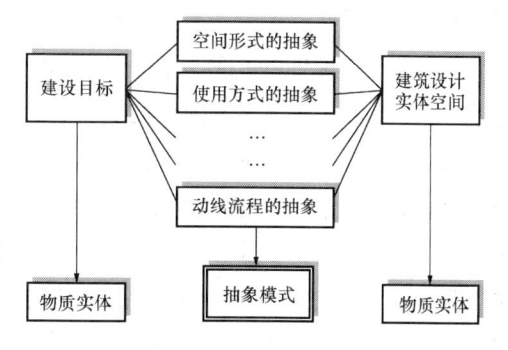

图 1-7　建筑项目策划的物质性

（4）建筑项目策划价值观的多样性。西方社会二次大战前建筑的行为多数是投资的行为，投资者的立场即为建筑设计的立场（当时还没有提出建筑项目策划的概念）。那时的设计者即建筑师是站在业主的立场上的，无疑是业主的代言人，那时的建设思想多是反映业主个人的价值观。20 世纪 50 年代末以来，建筑界开始了一场市民参与设计的革命。以建筑者、使用者的立场为理论出发点，建筑项目策划的价值观某种程度上反映了民众的价值观。随着西方市场经济的膨胀，资本成为社会中的主角。而在现代高技术发展下所进行的建筑项目策划研究，其新技术、新装备的引进以及与新兴学科融汇，则使建筑项目策划价值观带有更浓的资本和商品的气息。

20 世纪 70 年代以后，经历了建筑界思想变动和混乱时期，伴随着价值观的多样化和复杂化，以单一图式来描述社会价值观已属不可能。即便是站在民众的立场上，那么民众对何为好、何为坏的观点也是各异的。因此对建筑项目策划的形体构想结果也会大相径庭，趋于多样化。

在如此立场分歧、价值观迥异的今天，建筑项目策划则应更重视本地区社会经济文化中建筑项目发展的共性，立足国情展望未来，这也是现代建筑项目策划所应持有的多样化立场。

1.3.7　建筑项目策划特征

建筑项目策划是一门新兴的策划学，以具体的建筑项目活动为对象，体现一定的功利性、社会性、创造性、时效性、超前性等特征。

(1) 功利性。

建筑项目策划的功利性是指策划能给策划方带来经济上的满足或愉悦。功利性也是建筑项目策划要实现的目标，是策划的基本功能之一。建筑项目策划的一个重要的作用，就是使策划主体更好地得到实际利益。

建筑项目策划的主体有别，策划主题不一，策划的目标也随之有差异，即建筑项目策划的功利性又分为长远之利、眼前之利、钱财之利、实物之利、发展之利、权利之利、享乐之利等。在建筑项目策划的实践中，应力求争取获得更多的功利。在进行策划创意、选择策划方法、创造策划谋略、制定策划方案时，要权衡考虑，功利性是建筑项目策划活动的一个立足点、出发点，又是评价一项策划活动成功与否及成果好坏的基本标准，因此，一项创意策划必须具备功利性，在注意策划功利性的同时，还要注意策划投入与策划之利的比例是否协调，策划创意即使再完美，如果策划之利低于策划投入，那么这个策划也不能称之为好的策划，甚至说它是失败的案例。

(2) 社会性。

建筑项目策划要依据国家、地区的具体实情来进行，它不仅注重本身的经济效益，更应关注它的社会效益，经济效益与社会效益两者的有机结合才是建筑项目策划的功利性的真正意义所在，因此说，建筑项目策划要体现一定的社会性，只有这样，才能为更多的广大群众所接受。

在建筑项目策划的实践中，各种商业化的组织往往通过赞助体育比赛，赞助失学儿童，捐款协办大型文艺活动等方式来构筑策划主题，塑造社会形象。

(3) 创造性。

建筑项目策划作为一门新兴的策划学，也应该具备策划学的共性——创造性。

新旧的更替。新者代替旧者的行为本身就是一种发展，因此策划要想达到策划客体的发展时，必须要有创造性的新思路、新创意、新策划。真正的策划应具备有创造性，"鹦鹉学舌、照葫芦画瓢"，照搬、模仿、抄袭别人固有的模式都不是真正的策划。《孙子兵法》中有言："兵无常势，水无常形。"策划应随具体情况而发生改变，需要创造性的思维，不能抱残守缺，因循守旧，要想不断地取胜，必须不断地创造新的方法。即使成功的模式，我们也不要生搬硬套，要善于依据客观变化了的条件来努力创新，只有这样，策划才能别具一格，与众不同，吸引人，打动人，更能取得成效。

提高策划的创造性，要从策划者的想像力与灵感思维入手，努力提高这两方面的能力。创造需要丰富的想像力，需要创造性的思维。著名的策划大师科维宣言："我要做有意义的冒险，我要梦想，我要创造，我要失败，我也要成功……我不想效仿竞争者，我要改变整个游戏规则。"提高创造性的策划能力必须具备涉及的相关知识，没有渊博的文化知识、策划知识、广告知识等，策划只能是无知者的呻吟。具备了扎实的理论知识，我们才能展开理想的翅膀，放飞智慧的火花，去畅想，去创造。创造性的思维方式，是一种高级的人脑活动过程，需要有广泛敏锐、深刻的洞察力，丰富的想像力，活跃、丰富的灵感，渊博的知识底蕴，只有这样，才能把知识化成智慧，使之成为策划活动的智慧能源。创造性的思维，是策划活动创造性的基础，是策划生命力的体现，没有创造性的思维，建筑项目策划活动的创造性就无从谈起，建筑项目策划也即无踪无影。

（4）时效性。

中华民族历史文化源远流长、博大精深，在人们的日常生活中，业已继承了许多传统文化遗产。我国传统节日众多，几乎每一个月都能排上一个节日。新中国成立后，为了提高人民的道德情操，尊师重教，规定了教师节；国家为了调动全民植树的积极性及提高全民的环境意识，特别规定了植树节。改革开放后，中西文化交流甚密，西方的某些节日也陆续传入我国，影响人们的日常生活行为，例如，母亲节、圣诞节、情人节、愚人节等。我国有 56 个民族，各个民族的文化积淀，形成了各个民族的节日，例如，泼水节、古尔邦节等。每个节日都有一个特定的时间，因此，我们在进行建筑项目策划时，绝对不能不根据传统习惯而盲目策划。

（5）超前性。

一项策划活动的制作完成，必须预测未来行为的影响及其结果，必须对未来的各种发展、变化的趋势进行预测，必须对所策划的结果进行事前事后评估。建筑项目策划的目的就是"双赢"策略，委托策划方达到最佳满意，策划方获得用货币来衡量的思维成果，因此，策划方肩负着重要的任务，要想达到预期的目标，必须满足策划的超前性。建筑项目策划要具有超前性，必须经过深入的调查研究。"没有调查，就没有发言权"，同样，没有经过深入细致的调查研究，建筑项目策划方案也无从说起。要使建筑项目策划科学、准确，必须深入调查，占取大量真实全面的信息资料，必须对这些信息进行去粗取精，去伪存真，由表及里，分析其内在的本质。超前性是建筑项目策划的重要特性，在实践中运用得当，可以有力地引导将来的工作进程，达到策划的初衷。建筑项目策划一定要具有超前性，没有超前性的策划不能认为是好策划。但策划追求超前性，是以一定的条件为前提的，不能脱离现有的基础，提出毫无根据的凭空想像。建筑项目策划一定要立足现实，面向未来，诉诸对象。既具有超前性，又具有创意的策划，一定会把实体的诉求目的表达得淋漓尽致，实现策划的目的，实现策划活动的经济最大值。

1.3.8 建筑项目策划的发展指向

针对建筑项目策划的特点以及其面临的现状，当今国际上对建筑项目策划的发展有以下三个指向。

第一，建筑项目策划决策根据客观化、合理化的指向。建筑项目策划越来越摆脱了对业主和设计者个人经验的依赖，通过实态调查对现象加以认识，把握问题重点。这种基于实态调查的设计方法论，完全都是以客观化、合理化的立意为出发点的，并且对构想的评价、预测也是围绕这一主导思想进行的。

第二，继续强调人是策划主体的指向。实态调查是源于建筑环境中使用者的活动与建筑空间的对应关系的，从家庭生活到社会生活，全部的生活方式与空间环境的关系都是建筑项目策划的内容，离开任何人类活动，建筑项目策划也就失去了真实的内容。这是强调在策划中对环境、行为的理论与研究方法的运用。

第三，以求获得社会性、公众性的指向。建设目标的实现越来越不只是一个单纯孤立的事件了。建筑项目策划要求建设目标在社会实践中，强调该目标的实现对社会的影响与效益、社会的意义以及在社会中的角色。建筑项目策划也更重视地域、规模、文化对建设目标的影响。建筑项目主体——使用者对建筑项目策划的介入越来越普遍。那种凭借投资资本的大小各唱各的调的时代已被"尊重市场、用户至上"和"社区居民运动"的趋势所取代。

同是针对纷繁的公众意识，策划者也愈发重视对使用者的意愿进行系统的分析研究。力求多样性的价值观为公共性和理性所概括和包含。但是，哲学原理告诉我们，存在即是差异。

思考题

1. 策划的定义是什么？
2. 策划的特点是什么？
3. 策划的作用有哪些？
4. 策划的原则有哪些？
5. 策划的要求有哪些？
6. 建筑项目策划定义是什么？
7. 影响建筑项目策划的客观因素是什么？
8. 建筑项目策划的特性有哪些？
9. 建筑项目策划特征是什么？

第 2 章　建筑项目策划运用

本章知识点

> 本章主要介绍建筑项目策划与规划立项（建筑目标的确定、项目外部与内部条件的把握、建筑项目策划的构成框架），建筑项目策划的方法与流程，建筑项目策划体系。

2.1　建筑项目策划与规划立项

建筑项目策划受规划立项的指导，接受总体规划的思想，并为达到项目既定的目标整理准备条件，确定设计内涵，构想建筑的具体模式，进而对其实现目标的手段进行策略上的判定和探讨。

一般来讲，对建筑项目的目标确定，规划立项是决定性的、指导性的，但对目标的规模、性质等内在因素的研究，建筑项目策划则很关键。实际上，这种规划立项和建筑项目策划对项目目标的研究其分界却不是截然的，并不是总是由规划立项开始再到建筑项目策划的单向流程。通过建筑项目策划的实现条件和手段，依据预测评价的定性和定量的结果，不断反馈修正总体规划的情况并不少见。

建筑项目策划和设计的关系似乎也是如此，对于建筑项目策划来说要决定建筑项目的性质、性能、规模、利用方式、建设周期、建设程序、预算从而拟定建筑设计任务书，如果没有具体的建筑构想和方案决定上述条件是困难的。这种探讨性的方案设计也就是我们通常所说的"概念设计"。但同时我们也要清楚，建筑项目策划的概念设计应属于建筑项目策划的范畴而不是建筑项目的正式设计，它只是建筑项目策划的一部分，策划者只是依据这种探讨性的设计方案来为建筑项目策划的其他内容提供参考。但毕竟这一环节具有建筑设计的某些特性，因此，我们认为建筑项目策划与建筑设计的分界也非截然。

既然如此，建筑项目策划与前期的规划立项和后期的建筑设计阶段之间建立信息反馈程序就变得异常重要，而且建筑项目策划的内容中也应包含这些环节。

2.1.1　建筑目标的确定

如前所述，这个问题本属于规划立项范畴，但在建筑项目策划阶段对其进行检验、修正和明确化是必要的。为便于理解，我们举一个例子。某建设投资公司拟建造一个住宅小区，规划立项只是确定了建设目标是"住宅小区"，可这是一个多目的、多功能的建筑综合体，是以普通住宅为主，还是以高级公寓为主？是主要面向高层次的文化知识界人士，还是高收入的白领人士？其规模大小、使用者和经营管理者的构成以及位置朝向等问题是规划立项所回答不了的，但这些问题恰恰要在设计任务书中加以说明。也就是说，建设目标的具体确定和修正也应是建筑项目策划课题的一部分。

在建设目标的具体确定中，首先要确定的是建筑项目的主要用途和规模，然后是地域的社会状况及相互关系、使用的内容和建筑物的功能以及做出对未来使用的预测，同时对建筑造价、建筑施工做出明确的设想。

2.1.2 建筑项目外部条件的把握

建筑项目策划应同时考虑建筑项目内、外两方面的条件。

建筑项目外部条件主要指围绕建筑物的社会、人文和地域条件。一般说来，建筑项目存在于社会环境中，在社会中充当何种角色及其基本情况是由相关的社会因素决定的。亦即社会因素是决定建筑项目基本性格的基础。社会要求来自各个方面，建筑项目是和社会地域分不开的。这正如公共设施要考虑使用者分布的范围，其规模和性格也应与使用者的特征相适应；医院要考察地域内居民的生活方式以及与该地域内其他医院的关系；而学校则要对地域内儿童的数量、分布情况等进行动态预测，并进行校区划分。

不单是直接使用的问题，建筑项目在其所处地域中有形无形地受各种各样的因素的影响。例如，要研究项目所在地域内的建筑习惯及变化趋势，也要研究项目在周边社区中的价值，与周围道路广场等公共空间的关系。建筑的外形也应考虑建筑在城市景观中所充当的角色，以及所在地区的建筑风格特色、建筑限高与体量大小等。

此外，建筑项目策划还应研究建筑物与其相关的广义环境间相互关系。例如，要注意建筑项目在区域中所处的角色，它的建设对全局、对建筑经济和技术方面有无影响和贡献，即必须对环境进行全方位的考虑和研究。这里提及的环境应是一个广义的概念，它不仅包括地理、地质、水源、能源、日照、朝向等自然物质环境概念，还包括经济构成、社会习俗、人口构成、文化圈、生活方式等人文环境概念。这些外部条件的综合协调是做好建筑项目策划的关键。

2.1.3 建筑项目内部条件的把握

建筑项目内部的条件是对建筑自身最直接的功能上的要求。把握建筑项目内部条件，首先，就是研究建筑项目中的活动主体，即建筑的未来使用者，从市场学角度可以将使用者按照职业、文化特点、收入水平、建筑地等因素进行划分，即市场细分。不同的使用者，其活动方式和特征以及对建筑项目的要求也就各有不同。把握这个主体，其他条件可由这个主体通过对建筑空间的使用来实现。这种对使用主体的研究是把握建筑项目内部条件的关键。其次，就是对建筑功能要求的把握。通常的方法是将以往同类建筑的使用经验作为基础，建筑项目策划的核心是通过对同类项目使用和生活状态的实态调查，来统计和推断建筑项目的功能要求。由于时代的变迁，生活方式的改变，建筑功能不是一成不变的，调查统计现状，分析推测未来，寻求时代的变化，并对未来建筑功能变化趋向加以论证，以科学的发展观指导设计也是建筑项目策划的重要内容之一。通过建筑项目策划对其建筑项目需求形态进行预测，研究新的建筑模式，这对建筑设计的创新与变革具有深刻影响。

近年来，对人类生活方式和与之对应的建筑空间的环境研究的方法论有了很大进展。欧美、日本盛行的"以市场立场研究建筑"的运动，使市民在社会这个大建筑市场中参与和听询城市的总体规划和建筑设计，于是各种观点和要求如潮水般涌来。建筑师要想在这个纷繁的世界里，满足全社会各种各样的要求，恐怕只是"乌托邦式"的幻想，而充分协调以求得一个理性的、完善的提案则是建筑项目策划所要达到的目的之一，这一提案的谋求过程，不是简单的算术平均，而是与近代数学原理和计算机技术相结合产生出来的。

把握内部条件，还不只是简单地将生活与空间相对应。建筑空间自身也有其规范和自律的一面，如空间形态如何与用途和性能相适应，构造方式如何与设备系统相适应，组团划分、建筑规模、结构选形如何考虑建筑项目管理者的资金运作情况、建设周期和工程的投资概算等。

内部条件的把握是为设计提供依据的关键，同时对外部条件和目标的设定也起到反馈修正作用。

在一般的建设程序中，建筑项目策划应由建筑师（或建筑师和业主）来承担。它是紧跟随着总体规划立项之后的一个环节。业主应在委托设计前，首先委托建筑师（或建筑项目策划师）进行建筑项目策划的研究，以求得设计阶段的理论依据。建筑项目策划是在建筑学领域内建筑师根据总体规划的目标设定，从建筑学的学科角度出发，不仅依赖于经验和规范，更以实态调查为基础，通过运用计算机等现代科技手段对研究目标进行客观的分析，最终定量的得出实现既定目标所应遵循的方法及程序的研究工作。它为建筑设计能够最充分的实现总体规划的目标，保证项目在设计完成之后具有较高的经济效益、环境效益和社会效益而提供科学的依据，对人和建筑环境的客观信息建立起综合分析评价系统，将总体规划目标设定的定性信息转化为对建筑设计的定量的指令性信息。其中，人在建筑环境中的活动及使用的实态调查是它的关键所在。

2.1.4 建筑项目策划的构成框架

根据建筑项目策划所涉及的领域及内容，我们可以得出其构成框架。建筑项目策划的构成框架可由两个"节点"分解成四个过程。如图2-1所示为建筑项目策划的构成框架。

其一是信息吸收过程，它是将规划立项、投资状况、分项条件、原始参考资料等进行全面的收集，存入原始信息库。通过对原始信息的初级论证，初步确定项目的规模、性质。其二是在既定的目标及规模性质下，进行全方位的实态调查，拟定调查表，将调查结果进行多因子变量分析，并将结果定量化，这是信息加工过程。其三是将调查结果反馈到前级的初级论证阶段，对目标的规模、性质进行修正，这是信息反馈过程。其四是依定量的分析结果，将建筑项目建立起模型，并将设计条件和内容图式化、表格化，产生出完整的、合乎逻辑的设计任务书，这是最终建筑项目策划信息的生成过程。

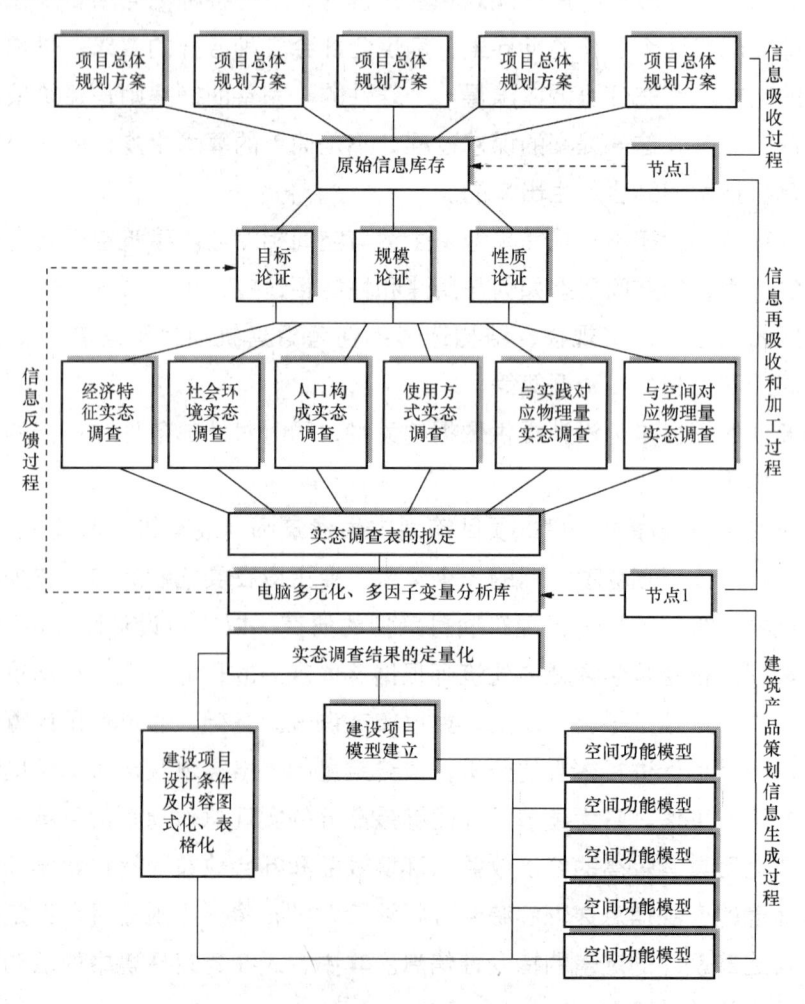

图2-1 建筑项目策划的构成框架

2.1.5 建筑项目策划的专门化及其组织管理

建筑项目策划成为一个分支体系，是建筑项目产业和市场经济发展的客观需要，也是建筑学系统化、科学化和完整化的必然要求。建筑项目策划有自己的理论体系、研究目标、研究领域和独特的研究方法。随着当今项目建设规模愈来愈大、类型愈来愈多样化，对建筑项目策划的要求也相应更多更复杂。

在进行建筑项目策划的组织过程中，受过系统专业训练的建筑师并通晓建筑项目策划规律的专家是掌握全局的关键人物。建设目标、规模、性质的设定以及实态调查中的相关量的分析与拟定，对建筑空间模式的分析和建议，调查结果的建筑化等都需要建筑项目策划师参与研究并提出综合意见。但在与总体策划、投资立项的信息交换中，建筑项目管理者或其代理者也要充当建筑项目策划组织中的一分子。同样，在指导实施建筑项目策划时，具体设计者也常常介入其中，更有城市规划师、经济学家、市场营销专家的参与，甚至还需要数学家和电脑工程师等的参与。除了建筑师本身随近代建筑科学和其他学科的发展知识越来越广博外，建筑项目策划群体中其他成员的知识结构也相应发生了变化。

建筑项目策划规模的不断扩大，项目的复杂化，使策划工作需要有各方专家参与，并要求其知识结构更加全面。然而，目前我国大多数建筑项目管理者在项目建设过程中，往往在经过简单的立项研究以后，就急于进入委托设计阶段，一些重视前期策划的建筑项目管理者，也往往由于建筑专业认识的欠缺，而受到那些满天飞舞的策划公司的误导，将策划停留在对项目进行感性研判和概念描述层面。那种既不系统也没有建筑化的感性描述，不仅不能解决立项与建筑设计脱节的问题，反而进一步造成了两者之间的阻隔。建筑项目策划没有被当成设计前期不可缺少的一个必要的建筑专业环节来对待。即便建筑项目管理者有些建筑项目策划方面的研究，也仍旧是杯水车薪，解决不了大问题。

国外建筑项目策划已成为建筑活动中一个独立的必不可少的环节，其研究成果具有相当大的理论和实践价值。结合我国国情和建筑项目产业的实际情况，在充分借鉴国外建筑项目策划理论的基础上，创造性地开展建筑项目策划的理论探索与实践，必将大大推动建筑项目产业的创新与发展，并产生巨大的经济效益和社会效益。

2.2 建筑项目策划的方法与流程

2.2.1 建筑项目策划的综合方法

（1）以事实为依据的建筑项目策划方法。该策划方法强调社会经济生活对建筑项目策划的限定性，从而以认识建筑项目和社会生产、生活的关系为目的，只反映客观的现象，将建筑项目策划的方法都建立在事实的记录和收集之上，反对主观的思维和加工；只研究实际相关的资料，其所表述的内容和结果如面积、大小、尺寸等恰恰是建筑项目策划可操作性的反映，而对建筑项目策划中理论原理和技术的适用漠不关心。

（2）以技术为手段的建筑项目策划方法。它强调运用高技术手段对建筑项目与生产和生活相关信息进行推理，只研究信息的分析和处理方法，而忽视建筑项目策划对客观实际状态的依赖关系和因果关系；过分强调以技术的手段解决建筑项目实施中的前期问题，而把建筑项目策划片面地引导到只关心高科技的方向上去，使其脱离现实。

（3）以规范为标准的建筑项目策划方法。该策划方法是单纯摒弃对现实生产、生活实际状态的实地调查，不关心社会生产、生活方式因时代发展而发生的新变化，只凭人们通过对经验总结而形成的习惯方法和程序的记载——规范、资料及专家的个人经验进行建筑项目策划。由于该方法不去关心社会生产、生活方式的改变对建筑项目的影响，总是以既成的、有限的建筑项目作为新建筑项目的范本，因此该策划方法所创造的将是停滞而僵死的建筑项目。

（4）综合性的建筑项目策划方法。上述三种建筑项目策划方法都有其特点，但也有其明显的不足，综合性的建筑项目策划方法就是将上述三种建筑项目策划方法进行综合，以摆脱上述三种建筑项目策划方法的偏颇。综合性的建筑项目策划方法就是从事实的实态调查入手，以规范的既有经验、资料为参考依据，适用现代技术手段，通过建筑项目策划人员进行综合分析论证，最终实现建筑项目策划的目标。

2.2.2 建筑项目策划定性方法

（1）头脑风暴法。

头脑风暴法又称集体思考法或智力激励法。这一方法由纽约广告公司创始人奥斯本提出，其目的是以集思广益的方式，在一定时间内采用极迅速的联想方式，大量产生各种想法。因此它通常被定义为："一组人员运用开会的方式将所有与会人员对某一问题的主意汇集起来以解决问题"。这种策划方法的优点是：可获取广泛的信息、创意，互相启发、集思广益，在大脑中掀起思考的风暴，从而启发策划人的思维，想出优秀的策划方案来。不足之处是邀请的与会人数受到一定的限制，挑选不合适，容易导致策划的失败。其次，由于与会人员的地位及名誉的影响，会出现不敢或不愿当众说出不同观念的情况。

（2）德尔菲法。

德尔菲法是在20世纪60年代由美国兰德公司首创和使用的一种特殊的策划方法。所谓德尔菲法是指采用函询或电话、网络的方式，反复的咨询具备与策划主题相关的专业知识、熟悉市场情况、精通策划业务的专家们的建议，然后由负责人对结果进行统计处理,如果结果不趋向一致,就再征询专家,直至得出比较统一的方案。其过程可简单图示如下:匿名征求专家意见——归纳、统计——匿名反馈——归纳、统计,若干轮后,停止。总之,它是一种利用函询形式的集体匿名思想交流过程。这种策划方法的优点是:参加人员不受地域限制;可覆盖众多领域的专家;且专家们互不见面,不能产生权威压力,可以自由充分的发表自己的见解,从而得出比较客观的策划。不足之处是:缺乏客观标准,主要依靠专家判断,依赖于参与人员的水准;不同意见有可能被忽略或不被重视;再者由于次数较多,反馈时间较长,也可能出现部分专家因工作繁忙或其他原因中途退出的情况,影响策划的准确性。

(3) 逆向法。

从事物的反面去观察分析,会看到通常正向所看不到的东西,发现正向所发现不了的事因,这就是逆向法。逆向思考可以使策划者突破常规,突破一些条条框框的限制,从更新、更广的角度对项目进行构思,从更客观、更全面科学的态度审视、补充和完善项目构思。最经典的案例便是福特从屠宰场的分拆线受到启发后将其作业程序颠倒过来,构成了装配线,从而深刻改变了整个制造业。

2.2.3 建筑项目策划定量方法

(1) 滚动发展法。

滚动发展法是将项目实施过程分为若干阶段或环节,将项目总目标分解为若干阶段目标,各个阶段紧密相关,环环相扣,在每个阶段的运作中,一方面巩固前一阶段的成果,另一方面又为下一阶段的运作奠定基础、积累资本、提供条件、创造机会,使得整个项目滚动前进。滚动发展法在投资项目实施中运用的实质是:科学运作投资各个阶段的存量资本,使资本得到较大的增值,新增值的资本又成为下一阶段项目进展需要追加的增量资本的主要来源。滚动发展法是走内涵发展的发展方式。通常滚动发展法的第一个目标即基本目标是近期能够达到的目标,这主要根据企业自身的实力决定。

(2) 价值工程法。

价值工程是运用集体智慧和有组织的活动,对所研究对象的功能与费用进行系统分析并不断创新,使研究对象以最低的总费用可靠的实现其必要的功能,以提高研究对象价值的思想方法和管理技术。这里的价值,是功能和实现这个功能所耗费用的比值。价值工程的表达式为:$V=F/C$,其中:V 为价值系数;F 为功能系数;C 为费用系数。价值工程主要解决这些问题:价值工程的对象是什么,它是干什么的,其费用是多少,其价值是多少,有无其他方法实现同样功能,新方案的费用是多少,新方案能否满足要求。价值工程可以分为四个阶段:准备阶段、分析阶段、创新阶段和实施阶段。其大致可以分为八项内容:价值工程对象选择、收集资料、功能分析、功能评价、提出改进方案、方案的评价与选择、试验证明和决定实施方案。

(3) 方案比选。

方案比选也称多方案比较，是项目可行性研究的基础，方案比选是对项目可行性研究的各个单项内容，如建设规模、建设标准、主要设备选择、总平面布置、环境保护治理、投资和融资等提出若干方案，从技术的、经济的角度进行分析论证、比较选择，从中选出最佳单项方案作为可行性研究的推荐方案。比选的目的是确定哪个方案最优，而不是哪个方案可行，是在项目前期策划阶段反复运用的科学方法。项目建设方案的比选包括技术方案比选、经济方案比选和技术经济方案比选。方案比选的四个原则：一是方法科学，考虑资金时间价值的影响，采用以动态分析为主、静态分析为辅对可靠的数据进行定量和定性分析；二是方案可比，各个方案具有可比性，如研究的深度、比较的范围和时间都应相同；三是口径一致，选用的方法和指标一致，投入和产出、效益和费用计算口径一致，并考虑相关效益和相关费用；四是权衡效益和风险，考虑不确定性因素和风险因素的影响，必要时进行方案效果分析，保证比选结果的有效性。方案比选的方法一般采用互斥方案比选的方法。互斥方案比选的方法常用的有两类，即不考虑资金时间价值的静态分析法和考虑资金时间价值的动态分析法。

2.2.4 建筑项目策划的流程

(1) 建筑项目调研。

建筑项目调研是指在一定的建设环境下，系统地搜集、分析报告有关建筑项目信息的过程。

建筑项目策划要作出正确的决策，就必须通过建设调研，准确及时地掌握建设环境情况，使决策建立在坚实可靠的基础之上。只有通过科学的建筑项目调研，才能减少建筑项目的不确定性，使市场决策更有依据，降低建筑项目策划的风险程度，另一方面，建筑项目策划在实施过程中，可以通过调研检查决策的实施情况，及时发现决策中的失误和外界条件的变化，起到反馈信息的作用，为进一步调整和修改决策方案提供新的依据。

(2) 建筑项目市场细分与选择。

1) 建筑项目市场细分。

建筑项目市场细分就是指按照建筑项目消费者或用户的差异性把市场划分为若干个子市场的过程。市场细分的客观基础是消费者需求的差异性。

2) 建筑项目市场选择。

建筑项目市场细分之后，存在着众多的子市场，如何在子市场中选出自己的目标市场，主要有以下几种策略：

集中性策略是指从追求市场利润最大化为目标，建筑项目不是面向整体市场，而是将主要力量放在一个子市场上，为该市场开发具有特色的建筑项目活动，进行广告宣传攻势。这种策略主要适用于短期建筑项目活动，成本小，能在短期取得促销的效果。

无差异策略是指建筑项目活动不是针对某个市场，而是面向各个子市场的集合，以一种形式在市场中拓展开来。这种策略应配以强有力的促销活动，进行大量的统一的广告宣传，但是成本比较大，时间比较长，一般适合于大型建筑项目活动。分化的市场，从中选择两个以上或多个子市场作为目标市场，分别向每个子市场提供有针对性的活动。这种策略配置的促销活动应有分有合，建筑项目在不同的子市场。广告宣传应针对各自的特点有所不同，从调动各个子市场消费者的消费欲望，从而实施实际消费行为。

（3）建筑项目策划书撰写。

在一系列前期工作结束后，应着手编写建筑项目策划书。建筑项目策划书的主要构件有以下几项：

1）封面。策划组办单位；策划组人员；日期；编号。

2）序文。阐述此次策划的目的，主要构思、策划的主体层次等。

3）目录。策划书内部的层次排列，给人以清楚的全貌。

4）内容。策划创意的具体内容。文笔生动，数字准确无误，运用方法科学合理，层次清晰。

5）预算。为了更好地指导建筑项目活动的开展，需要把建筑项目预算作为一部分在策划书中体现出来。

6）策划进度表。包括策划部门创意的时间安排以及建筑项目活动本身进展的时间安排，时间在制定上要留有余地，具有可操作性。

7）策划书的相关参考资料。建筑项目策划中所运用的二手信息材料要引出书外，以便查阅。

编写策划书要注意以下几个要求：

①文字简明扼要。

②逻辑性强、顺序合理。

③主题鲜明。

④运用图表、照片、模型来增强建筑项目的主体效果。

⑤有可操作性。

（4）建筑项目方案实施。

建筑项目策划书编写出来之后，应制定相应的实施细则，以保证建筑项目活动的顺利进行，要保证策划方案的有效应做好三方面的工作。

1）监督保证措施。科学的管理应从上到下各环节环环相扣，责、权、利明确，只有监督才能使各个环节少出错误，以保证建筑项目活动的顺利开展。

2) 防范措施。事物在其发展过程中有许多不确定的因素，只有根据经验或成功案例进行全面预测，发现隐患，防微杜渐，把损失控制在最小程度内，从而推动建筑项目活动的开展。

3) 评估措施。建筑项目活动发展到每一步，都应有一定的评估手段以及反馈措施从而总结经验，发现问题，及时更正，以保证策划的事后服务质量，提高策划成功率。

2.3 建筑项目策划体系

2.3.1 生态建筑项目策划

一、生态建筑项目策划的理解

所谓"生态建筑"，就是基于生态学原理规划、建设和管理的群体和单体建筑及其周边的环境体系。其设计、建造、维护与管理必须以强化内外生态服务功能为宗旨，达到经济、自然和人文三大生态目标，实现生态健康的净化、绿化、美化、活化、文化等"五化"需求。其实就是将建筑看成一个生态系统，通过组织（设计）建筑内外空间中的各种物态因素，使物质、能源在建筑生态系统内部有秩序地循环转换，获得一种高效、低耗、无废、无污、生态平衡的建筑环境。评价建筑是否是生态建筑，要看在整个寿命期内是否满足"可持续发展"的要求，如在涉及能源、水、空气、声、光、热、材料、绿化和废弃物处置等多方面是否能满足节约资源、防止污染，居住健康、舒适以及与自然生态环境相融合这些要求。生态建筑的另一特征是健康、舒适的室内外环境。现在人们可以借助先进的数字技术准确估算建筑内外能量的吸收和转化数量，对建筑环境参数进行精确调控以维持舒适的环境条件。具体来说，生态建筑在创造舒适健康环境的同时要满足以下五点要求：

(1) 节约能源。

(2) 不污染环境。

(3) 使用可重复利用的建筑材料和地方材料。

(4) 保护环境。

(5) 保护留有发展余地。

目前，各个国家的生态建筑评价机制一般包括三个方面：确定评价指标项目（根据当地自然环境以及建筑因素等条件）、确定评价标准（定性或定量）、执行评价。

二、生态建筑项目策划的理念

生态建筑项目策划要综合考虑到建筑项目基地现状、城市规划条件以及建筑项目所在区域的人文与风土环境，建议在建筑项目规划设计中，结合具体项目考虑从以下三方面引入和实现生态建筑理念。

(1) 充分利用原有自然环境条件进行规划布局与建筑设计。例如：某一"江南水乡"项目建议在充分保留地块原有的天然水系，并增加新的人造水系景观，将水作为未来整个园区景观设计的主要元素，既有利于整个区域内部的自然和谐生态环境的营造，创造良好局部气候，又有利于延续"江南水乡"的风貌特征，尊重历史与文脉，实现从传统到现代的新陈代谢与有机更新。规划设计理念要强调生态自然环境与现代城市风貌的融合，设计手法上要注意处理好继承与创新的关系，要创造出新江南水乡特色。建筑布局和交通规划要充分考虑与其水域景观的结合，实现"天人合一"的和谐建筑观。水道建设要充分吸取国内外建设经验教训，不能采用硬质混凝土铺底，而应采用自然形态的河岸处理，有利于区域小生态环境的营造，创造出"富有生机、鸟语花香"的自然环境。

(2) 建筑尽量采取分散式布局，尽可能减少大体量建筑的数量。园林建筑布局规划建议以松散自由的形态与模块式的发展相结合，既有利于凸现生态特色，利用自然条件，减少区域人流过度集中对区域生态的压力，又符合现代总部园区逐步向"生态自然"发展的趋势。此外，模块式的发展不仅符合现代生态建筑设计的规划和建筑形态要求，同时也有利于园区的分期建设和滚动开发，能尽早产生效益，推动建设和实施快速推进。分散式的布局还将有利于减少园区内少量的大体量建筑引起的人流和交通流的过度集中所造成的危害，同时，也便于区域内"宁静舒适"环境的营造。

(3) 建筑设计上尊重自然条件，使用节能材料，降低能耗。

三、生态建筑设计准则

生态建筑也被称作绿色建筑、可持续建筑。生态建筑涉及的面很广，是多学科、多工种的交叉，是一门综合性的系统工程，它需要整个社会的重视与参与。它是将人类社会与自然界之间的平衡互动作为发展的基点，将人作为自然的一员来重新认识和界定自己及其人为环境在世界中的位置。生态建筑不是仅靠几位建筑师就可实现的，更不是一朝一夕就能完成的，它代表了新建筑的方向，是建筑师应该为之奋斗的目标。一般来讲，生态是指人与自然的关系，那么生态建筑就应该处理好人、建筑和自然二者之间的关系，它既要为人创造一个舒适的空间小环境（即健康宜人的温度、湿度、清洁的空气、好的光环境、声环境及具有长效多适的灵活开敞的空间等）；同时又要保护好周围的大环境——自然环境（即对自然界的索取要少且对自然环境的负面影响要小）。

这其中，前者主要指对自然资源的利用，包括节约土地，在能源和材料的选择上，贯彻减少使用、重复使用、循环使用以及用可再生资源替代不可再生资源等原则。后者主要是减少排放和妥善处理有害废弃物（包括固体垃圾、污水、有害气体）以及减少光污染、声污染等。对小环境的保护则体现在从建筑物的建造、使用，直至寿命终结后的全过程。

以建筑设计为着眼点，生态建筑主要表现为：利用太阳能等可再生能源，注重自然通风，自然采光与遮阴，为改善小气候采用多种绿化方式，为增强空间适应性采用大跨度轻型结构，水的循环利用，垃圾分类、处理以及充分利用建筑废弃物等。仅从以上几个方面就可以看出，不论哪方面都需要多工种的配合，需要结构、设备、园林等工种，建筑物理、建筑材料等学科的通力协作才能得以实现。这其中建筑师起着统领作用，建筑师必须以生态的、整合的观念，从整体上进行构思。

恩格斯指出："自然的历史和人的历史是相互制约的"。因此，建筑师在进行设计时必须要在关注人类社会自身发展的同时，关注并尊重自然规律，绝不能以牺牲地区环境品质和未来发展所需的生态资源为代价，用"向后代借资源"的方式求取局部的利益和发展。在具体实施操作层面上，生态建筑设计应注重把握和运用以往建筑设计所忽略的自然生态的特点和规律，贯彻整体优先的准则，并力图塑造一个人工环境与自然环境和谐共存的，面向可持续发展的未来的建筑环境。

四、生态建筑生态技术

原生的生态建筑设计是在节约经济和低技术的条件下，不用或者很少用现代的技术手段来达到生态化的目的。然而，此类建筑的节能效率和可持续性都不甚理想，缺乏普适性。

同时，停滞不前的原生态技术，并不是可持续的生态观。因此，应当考虑将现代的生态技术运用到普通的建筑设计中去，即"适宜技术"。

"适宜技术"就是具有一定适宜性、普遍性的技术，又能根据环境的不同而有一定地域特色的生态建筑应该成为研究的重点。也就是说，从满足基本的人居环境的要求出发，通过"适宜技术"设计手段，运用当地的资源，结合适宜的经济的技术，进行生态建筑设计来达到可持续发展的目的。

生态建筑设计从"原生的"向"适宜技术"转变通常有三种手法：一是将传统技术进行改造；二是将先进的技术改革、调整以满足适宜技术的需要；三是进行实验研究。

五、生态建筑经济意义

人们在衡量一种新思想或技术的合理性时往往重视其短期效益是否明显高于传统思想或技术的效益，如果其短期效益不被看好，纵使它有更好的长期效益，也很难被人们所接受，这可能成为在可持续发展原则基础上推广生态建筑的一道门槛。在经济方面，生态建筑是需要更多前期费用而利益目标速度又相对较为缓慢的一类项目。

更主要的是，用于生态设施方面投资所带来的回报最终并不是一定是给开发商，而更多为使用者和社会所分享，并且若干年后，才能体现出节约能源的价值大于生态建设投资的价值，这可能使决策者与开发商望而却步。要彻底解决这一问题，就应当在可持续发展原则基础上建立一套新的价值观和行为规范。例如，使采用节能设备与材料、无公害材料及各种节约资源的措施成为设计中的必须，并通过政府在立法、税收等方面的政策调整，加强生态建筑在经济上的可行性，从而促进生态建筑的推广。

总之，在建筑领域里，呼吁与环境共呼吸的建筑设计观，提倡各种建筑生态技术的应用，发展生态建筑。这不仅有助于推动全球环境品质的改善，而且有助于个人生活品质的提高。对于发展中国家，加大生态建筑的研究，推进建筑的生态化，积极运用适宜技术，无论从环境的角度、能源的角度或是建筑设计的角度都将有深远的现实意义。

总的来说，各国建筑师都在潜心研究生态建筑的技术和设计方法，从建筑设计上看，主要有两种倾向。一种是将建筑融入自然。就是把建筑纳入与环境相通的循环体系，从而更经济有效地使用资源，使建筑成为生态系统的一部分，尽量减少对自然景观、山石水体的破坏，使自然成为建筑的一部分。第二种是将自然引入建筑，运用高科技知识，促进生态建筑化，人工环境自然化。

2.3.2 居住小区建筑项目策划

一、居住小区建筑项目策划的内容

在城市建筑项目中居住区的建设非常普遍，因此居住小区建筑项目策划非常具有典型意义。一个居住小区建设的成功与否，关键在于开发商是否对项目进行了认真科学的策划和决策。在居住区建设方面开发商从过去片面追求容积率到追求环境和房型，重视技术创新和理念创新，注重居住环境的整体均好性和文化内涵。居住小区项目策划能够帮助开发商寻找市场项目及综合效益比较理想的结合点，从而使项目建设顺利实施。居住小区从选址、设计、建设到投入使用要经过五六十个环节，程序非常繁琐，但作为策划的重点大体上包括项目投资策划、规划设计策划、建设施工策划、营销策划和物业策划5个环节。

(1) 项目投资策划主要是对房地产市场和开发项目周边地区楼市各种信息的收集与处理、市场分析和预测、开发定位、成本测算、价格定位等可行性、合理性分析，编制可行性报告进行投资决策。

(2) 规划设计策划主要是根据可行性研究报告和基地的实际情况，对居住小区外部一定地域范围内的社会环境的分析和目标客户的定位，进行小区特色定位，然后研究小区的总体布置、居住环境、建筑风格、住宅房型、配套设施、停车方式以及建筑结构等并进行不断优化。

(3) 建筑施工策划主要是通过进行施工招标选择有实力的施工队伍，根据政策规定和市场行情研究合同补充条款，对建筑小区建设进度、质量、投资控制进行策划。

(4) 营销策划通过对目标客户的定位,对住宅房型、住宅质量标准、层高、厨卫设施、强弱电等技术性能、热工、隔声、采光、通风、智能化等安全防范措施小区公建配套进行定位和优化,开展亮点宣传广告策划,促进销售。

(5) 物业策划通过对物业管理模式的先进性、合理性、可行性、经济性的策划和定位促进小区规划设计,特别是小区配套设施、建筑设备智能化等建筑项目的定位和优化,以便于小区建成后的科学管理。在居住小区建筑项目策划的 5 个环节中,投资策划主要是为项目决策服务的,这是项目成败的关键,而规划设计、建设施工、营销和物业策划是项目决策后为实现预定目标进行的经营决策策划,这其中最重要的是规划设计策划。

二、居住小区项目投资策划

居住小区项目投资策划是在对开发项目的社会经济环境技术等因素进行全方位研究的基础上进行开发定位、可行性研究和投资决策。具体来说,居住小区建筑项目在创造舒适健康环境的同时还要满足以下六点要求。

第一,要重视小区的周边环境质量全面分析,项目周边地区自然条件、地形地貌、空气质量、水环境、噪声污染、日照条件、视觉条件以及商业文化娱乐等公共设施和道路交通等市政设施的情况进行选址决策。

第二,了解项目所在地区的详细规划和市政规划实施情况、公共设施和市政设施配套情况分析,基地开发的可行性。

第三,了解基地的地形地貌和工程地质概况、周边道路状况,估算基地开发的工程量和费用。

第四,了解基地周围居住区的定位目标客户、小区环境、住宅房型、户型面积、住宅的质量标准、技术标准、智能化定位、建筑风格、建筑材料、公建配套、停车方式、价格定位、销售情况等分析,基地周边地区房地产开发现状,树立品牌意识进行准确的开发定位,提升小区的品位。

第五,综合考虑房地产开发的宏观市场、地区市场、小区的外围环境、开发定位、户型等情况进行成本预测与风险分析,确定合理的价格定位。

第六,根据以上分析进行综合考虑提出投资决策意见和措施。

三、居住小区规划设计策划

居住小区规划设计策划要坚持以人为本的指导思想,以市场为导向,以项目投资策划为依据。小区规划设计策划大体分 4 个阶段。

(1) 投资决策阶段的主要策划内容:目标客户、小区开发定位、品牌策划、综合小区的规划参数、层数比例、环境等因素,选定合适的容积率、户型及户型面积的确定及其大致比例,住宅技术性能和质量标准的确定、停车方式、物业管理模式的定位,小区亮点分析和主题的确定。

(2) 设计招标文件编制阶段的主要策划内容:按照投资决策策划的有关内容进

一步细化、深化，作为设计招标的设计依据。

（3）中标设计方案优化和扩初设计阶段的主要策划内容：开发商的决策策划和设计人员的设计思想相结合，编制规划设计方案，进行多方案比较选定中标方案并进一步优化，将环境设计、物业管理、能化定位、分质供水等内容统筹考虑后进行扩初设计。

（4）施工图设计和项目开工后的跟踪优化和调整阶段的主要策划内容：根据扩初设计要求和开发商对扩初内容进一步研究，在施工图设计前再次进行调整优化，项目开工后根据市场情况和预销售情况对房型环境等进一步调整和优化。小区规划设计策划不仅是通过技术创新、理念创新提高产品附加值的关键阶段，也是控制和降低开发成本的关键阶段，它能有效地将开发商、土建、环境、营销、物业等环节有机地结合起来，互为补充，不断优化，最终实现项目投资策划确定的目标。

2.3.3 商业建筑项目策划

开发过商业地产的企业懂得业态设计是商业建筑项目策划的基础，商业建筑项目策划解决整个项目的建筑空间问题，商业设施解决项目的具体使用问题。

良好的商业建筑项目策划要解决两个大的问题：第一，项目本身是顾客的目的地，能够吸引本市顾客和外地游客。第二，商业建筑项目策划能够创造良好的经济效益。

一、商业建筑项目策划的概念

商业建筑项目策划主要研究商业建筑的项目策划规律和方法，用以指导商业地产开发与运营的实践活动。商业建筑项目策划的目的是让建筑项目产生经济效益，如果建筑师按照自己的思路闭门造车，那么辛苦设计的建筑项目就没有效益，无疑浪费了社会资源，也浪费了建筑师的劳动成果。商业建筑项目策划是建筑项目策划的重要应用领域，其与办公居住类建筑项目策划的区别是：商业建筑投资规模大、风险大，经营成功回报也大。商业建筑项目策划首先要进行商业市场分析和商业业态设计，而后进行建筑项目策划。不同的商业建筑项目策划思路产生不同的商业建筑规划方案，规划方案不同，投资产生的经济效益差异也就较大。

在多个大型购物中心与商业步行街策划实践中，总结商业建筑项目的策划与商业建筑规划的经验教训，提出了商业建筑项目策划的方法。商业建筑项目的策划方法就是从事实学的实态调查入手，以规范学的既有经验、资料为参考依据，运用现代技术手段，由商业物业的经营者事先招商，归纳分析商家意见，根据商业经营的投入产出分析，确定基本业态，而后提出对商业建筑的要求，通过建筑师和策划师进行综合分析论证，最终实现建筑项目策划的目标。作为大型商业建筑的投资方，可以分为两种类型：一种是资金充足的大型集团，只出租不销售，重点考虑经营与商铺增值就可以了；另外一种是，资金不充足的投资企业必须通过销售商铺回笼部分资金。因此，建筑项目策划就必须在考虑兼营的同时，还要考虑商铺购买者的偏好与要求。大型商业建筑往往还是城市商业文化的中心，因此，需要深入了解城市商业文化特征，提炼地域文化的精华，在商业建筑中使用，例如在大型商业广场内安排具有地方特色的促销等文化娱乐活动演出场所。建筑项目策划的外部条件主要包括地理条件、地域条件、社会条件、人文条件、景观条件、技术条件、经济条件、工业化标准化条件以及总体规划条件和城市设计、详细规划中所提出的各种规划设计条件和现有的基础设施、地址资料直至该地区的有关历史文献资料。

二、商业建筑项目策划的组织

商业建筑项目策划的组织需要在投资立项中与商业经营专家、商铺营销策划师、规划师、景观师、建筑师等进行沟通。商业地产专家需要精通商业经营与商铺营销，是地产与商业跨学科人才。对于以旅游和商业以及文化艺术为主题的购物中心，需要事前邀请艺术家参与策划，室内设计师和景观设计师参与论证可操作性，例如拉斯维加斯的恺撒宫购物中心，构思中有大量古代罗马艺术雕刻，实施难度很大。在进行商业建筑项目策划的过程中，商业地产专家与建筑师都是把握全局的关键人物。商业地产策划师要具备多学科人才协同组织能力，根据项目所处区域历史文化特点，特别是根据当地消费者偏好，设计项目开发的总体理念，确定文化定位与市场定位。商业地产建设目标、规模、性质的设定以及实态调查中的相关分析与拟订，对建筑空间模式的分析和建议，调查结果的分析等都需要建筑师参与并提出综合意见。在实施建筑项目策划时，除了商业经营专家、策划师、建筑师以外，还需城市规划师、计算机人才共同参与，才能形成完整的建筑项目策划方案。我国建筑项目的可行性研究起步较晚，主要停留在对项目投资的经济损益的分析研究上。而建筑项目策划主要研究投资立项以后的建筑项目的规模、性质、空间内容、使用功能要求、心理环境等影响建筑设计和使用的各种因素，从而为建筑师提供建筑设计的依据。由于现行的可行性研究报告主要是请工程咨询公司完成，它本身的结论的可靠性令人怀疑，因此，建筑项目策划工作能够帮助修正可行性投资报告。

三、商业建筑项目策划的知识体系

建筑项目策划与建筑规划是建筑学体系两个独立的环节，其理论原理的建立、方法论的构成以及实践活动的范围和性质都各自形成完整的体系，对它们可以独立地进行分析研究，并产生不同阶段的结论结果。建筑规划对建筑项目策划有指导意义，但由于城市规划理论的新进展与实践，建筑项目策划对建筑规划产生积极影响。建筑项目策划的研究内容超越了建筑本身，深入到街道社区和周边环境，而建筑规划在关注宏观的同时也关注着微观的建筑设计，规划水平的高低也通过众多的建筑与环境来反映。因此，建筑项目策划与建筑规划都关注环境的研究。建筑项目策划是建筑设计的依据，两者具有不可分割的关系，但这并不意味着建筑项目策划的研究结果只是建筑设计的前提条件，它在项目的决策、实现等阶段也占有极其重要的地位。因建筑项目策划结论的不同，同样项目的设计思想与空间内容可以完全不同，更有导致项目完成之后引发区域内建筑、人类使用方式、价值观念、经济模式的变更以及新文化创造的可能。商业建筑项目策划除了要运用策划的公共知识以外，还要运用商业知识，将商业市场调查流程与商业经营规律运用到商业建筑项目的建筑项目策划之中。

四、现代商业建筑项目策划实践分析

商业形态决定了商业建筑的形式，而商业形态取决于市场定位，其中最重要是对消费者的理解。

例如，一香港购物中心项目，在满足规划要求的前提下，在规划设计时可尽量考虑亲近自然，尽量多利用自然光，不仅可以营造出一个舒适、通透的购物空间，而且从长期来看还有较好的节能效果。

（1）采用类似阳光中庭式的规划设计，将各品牌以独立店铺的形式进行经营，将各品牌的目录设置在主要的进出口，便于顾客有针对性地购物和消费。

（2）"民以食为天"，在经营业态中合理引入和分配餐饮的比例，建议引进数家餐饮名店，重点布置在顶层以及二层以上其他层的两端，引导人流向上走。

（3）香港又一城的占地面积和建筑面积和深圳宝安中心区滨海购物中心项目相近，经营时间较长，是一个比较成熟的购物中心，只是地势和形状有差别，故滨海购物中心项目在规划设计时，又一城有一定参考性，建议项目管理部重点考察又一城。

（4）在规划设计中要注意处理好各种交通的组织关系，以方便顾客进出作为重点考虑。我们不仅要考虑地铁的连接，而且要考虑公共汽车站点的设置。

（5）在规划和业态设计中考虑好购物、休闲、餐饮、娱乐之间的相互关系，购物比例不超过50%。

（6）提前设计招商手册，统一设计导示系统，做好安全通道和各种标示系统的规划设计工作。

（7）结合深圳滨海购物中心的区位情况，可考虑作中档次定位，局部高档，例如一层和地下一层可以选择国际名品店。

（8）香港购物中心项目前期投入较大，市场调研和建筑项目策划以及招商准备工作充分，设计大多是由著名设计单位来完成的。

（9）注重业态创新，例如商品群创新，要吸引多家具有创新概念的旗舰店加盟。

（10）香港的大型购物中心只租不售，采用统一管理模式。

2.3.4 建筑项目策划的程序与模板

一、建筑项目策划的程序

由于在具体建设项目的策划中,其目标确定、空间构想、预测和评价等内容是相互交叉进行且互为依据和补充的,所以各个环节的逻辑顺序并非一成不变。一般建筑项目策划程序可以概括如下:

(1) 目标的确定。这是根据总体规划立项,明确项目的用途、使用目的,确定项目的性质,规定项目的规模(层数、面积、容积率等)。

(2) 外部条件的调查。这是查阅项目的有关各项立法、法规与规范上的制约条件,调查项目的社会人文环境,包括经济环境、投资环境、技术环境、人口构成、文化构成、生活方式等;还包括地理、地质、地形、水源、能源、气候、日照等自然物质环境以及城市各项基础设施、道路交通、地段开口、允许容积率、建筑限高、覆盖率和绿地面积指标等城市规划所规定的建设条件。

(3) 内部条件的调查。这是对建筑功能的要求、使用方式、设备系统的状态条件等进行调查,确定项目与规模相适应的预算、与用途相适应的性格以及与施工条件相适应的结构形式等。

(4) 空间构想。又称为"软构想",它是对总项目的各个分项目进行规定,草拟空间功能的目录——任务书,确定各空间面积的大小,对总平面布局、分区朝向、绿化率、建筑密度等特征进行构想,确定设计要求。同时对空间的成长、感官环境等进行预测,从而导入空间形式并以此为前提对构想进行评价,以评价结果反馈修正最初的设计任务书。

(5) 技术构想。又称为"硬构想",它主要是对项目的建筑材料、构造方式、施工技术手段、设备标准等进行策划,研究建设项目设计和施工中各技术环节的条件和特征,协调与其他技术部门的关系,为项目设计提供技术支持。

(6) 经济策划。根据软构想与硬构想委托经济师草拟出分项投资估算,计算一次性投资的总额,并根据现有的数据参考相关建筑,估算项目建成后运营费用以及土地使用费用等项可能的增值,计算项目的损益及可能的回报率,做出宏观的经济预测。经济预测将反过来修正软构想和硬构想。一般较小的项目可能无需这一环节,但大项目特别是商业性生产性项目其经济策划往往成为决策的关键。

(7) 报告拟定。这是将整个策划工作文件化、逻辑化、资料化和规范化的过程,它的结果是建筑项目策划全部工作的总结和表述,它将对下一步建筑设计工作起科学的指导作用,是项目进行具体建筑设计时科学的、合乎逻辑的依据,也便于投资者作出正确的选择与决策。

归纳建筑项目策划的形成和运作模式可抽象概括为以下表述:认识、限定条件、解决方案、实施。

二、建筑项目定位策划的模板

第一部分：项目分析

第一节：项目概况

(1) 宗地位置。宗地所处的城市、行政区域、非行政区域（经济开发区、商贸金融区等）的地理位置，附图：项目在该城市的区位图，标记出宗地区域位置，与标志性市政设施、建筑物（市中心商场）的相对位置及距离，以及地段的定性描述（与主要的中心区域办公/商务/政府的关系）。

(2) 宗地现状。①区域的自然状况：(a) 自然资源；(b) 空气状况；(c) 噪声状况；(d) 污染情况（如化工厂、河流湖泊污染）；(e) 危险源情况平面地形图标记四周范围及相关数据。②地形地貌图主要反应宗地地面建筑、河流、高压线等地下状况图包括地下管线、暗渠、电缆光缆等。

(3) 项目周边的社区配套（周边3000m范围内的社区配套）①交通状况。(a) 公交系统情况包括主要线路、行车间距等宗地出行主要依靠的交通方式。(b) 附图：交通状况示意图（包括现有和未来规划的城市交通和快速捷运系统）；②大中小学及教育质量情况；③医院等级及医疗水平；④大型购物中心、主要商场、菜市场；⑤文化、体育、娱乐设施；⑥公园；⑦银行；⑧邮局，附图：生活设施分布图，标明具体位置和距离。

(4) 近期或规划中周边环境的主要变化包括：道路的拓宽、工厂的搬迁、大型医院、学校、购物中心、超市的建设。

(5) 项目规划控制要点。①总占地面积、建筑占地面积、绿化面积、道路面积；②住宅总建筑面积、公建建筑面积、公建的内容，并区分经营性和非经营性公建的建筑面积；③综合容积率、住宅容积率；④建筑密度；⑤控高；⑥绿化率；⑦其他。

(6) 项目土地价格。①土地价格的计算方法根据购买价格计算总地价、楼面地价；②从地理位置、土地供应、周边环境及配套设施、市场发展情况、政府规划、城市未来发展战略角度对土地价格比较分析；③立即开发与作为土地储备优缺点的比较分析。

第二节：项目SWOT分析

(1) 项目优势分析；(2) 项目劣势分析；(3) 项目机会分析；(4) 项目威胁分析。

优势分析：外部景观及内部景观俱佳。国际化休闲度假性质大社区初具规模，处于片区的最高点，居高临下户型设计新颖，面积配合比合理，"老年公寓"设想是市场的空白。

劣势分析：项目的地形特征客观上增加了工程施工的难度，增加了项目的开发成本，三面临路噪声污染比较严重。

机会分析：本项目主力户型面积较其他项目紧凑，周边几个较大的楼盘主要以大户型为主，中小户型较少，银行按揭利率低，有利于促进房地产消费，房改政策影响日益深远。

威胁分析：市场供应量大，竞争激烈，尤其是周边几个大项目对本项目冲击较大，项目发售时预计周边在售尾盘多，将面临价格战的压力。预售项目发售时，周边现楼较多对本项目远期楼花冲击力较强。

第二部分：项目定位

第一节：客户群定位

(1) 片区在售楼盘主要客户构成及销售效果分析。

(2) 竞争项目的客户定位。

(3) 本项目外销市场可行性分析。

(4) 本项目的目标市场定位。

(5) 本项目目标客户需求及定位分析。

第二节：物业形象定位

(1) 本区在售及潜在楼盘的形象定位特点。

(2) 本项目定位。①物业功能定位及阐释；②物业形象定位及阐释；③项目命名及 LOGO 建议；④主要宣传口号建议。

(3) 物业户型定位。①周边在售项目及潜在竞争项目的户型定位分析；②本项目户型定位建议；③与竞争项目的比较分析。

(4) 物业价格定位。①定价的影响因素；②定价的基本原则；③参考均价评定；④项目预售售价项目产品规划报告。

第三部分：市场分析

(1) 区域住宅市场成长状况。

(2) 区域住宅市场描述。①形成时间；②各档次住宅区域分布；③购买人群变化。

(3) 区域住宅市场各项指标成长状况（近3~5年）。①开工量和竣工量；②销售量和供需比；③平均售价。

(4) 区域内表现最好个案状况附图：项目周边楼盘个案分布图。①其中一些具代表性的未来主要竞争楼盘还要配置现场图片；②未来2~3年区域内可供应土地状况、产品供应量和产品类型；③分析本项目在区域市场内的机会点和威胁点。

(5) 结论。①本项目所在位置的价位区间和本项目开发产品的价位区间及总价控制；②本项目在区域内市场开发的潜力；③本项目在营销中的营销焦点问题。

(6) 区域市场目标客层研究和市场定位。①分档次产品目标客户层特征及辐射区范围；②本项目目标人群特征包括区域来源行业特点、对产品偏好、购买方式，以及主要的关注点、诉求点；③目标客户；④市场定位；⑤整体市场对本项目有重大的影响因素；⑥产品特征、重点个案、成长状况、市场容量、消费者特征等；⑦产品定位及建议；⑧户型类型、面积标准、不同类型产品的比例。

第四部分：规划设计初步分析

(1) 规划设计的可行性分析确定既定容积率、建筑密度和配套公建面积时，按照楼层完全平均及多层、小高层、高层不同比例分配的假设情况，进行最基本的建筑排列。

(2) 周边自然环境和人文环境对规划设计的影响，如：治安状况、噪声情况、污染情况、空气情况、危险源情况、"风水"状况等因素对产品规划设计和环境保护的影响及解决办法。

(3) 市政配套设施对规划设计的影响，如：道路情况、供水、排水、通信等对产品规划设计的影响及解决办法。

(4) 周边生活配套设施对规划设计的影响和考虑，如：交通状况、商业设施(大型购物中心)、教育现状、体育娱乐公园等休闲场所、银行医院等生活设施对自身配套建设规模和面积作出判断。

(5) 规划设计的初步概念。①设计概念：表现项目预期的风格和设计主题；②技术概念：计划采用的重要新技术及其与规划设计的关系。

思考题

1. 建筑目标如何确定？
2. 如何把握建筑项目外部与内部条件？
3. 如何构建建筑项目策划的框架？
4. 建筑项目策划的综合方法有哪些？
5. 建筑项目策划定性方法有哪些？
6. 建筑项目策划定量方法有哪些？
7. 建筑项目策划的流程是什么？
8. 生态建筑项目如何策划？
9. 居住小区建筑项目如何策划？
10. 商业建筑项目如何策划？
11. 建筑项目策划的程序与模板有哪些？
12. 建筑项目策划的程序有哪些？

第 3 章　建筑项目前期、规划与建筑设计策划

本章知识点

本章主要介绍建筑项目前期策划的目的、特点与前期策划理论基础，规划师与建筑项目策划关系，建筑项目策划与建筑设计关系。

3.1　建筑项目前期策划

3.1.1　建筑项目前期策划的概述

目前，我国建筑业在规划立项到建筑设计之间存在一个"断层"，不少设计任务书制定得不合理、不科学，从而导致建筑设计不合理、不科学，以致项目建成后，社会效益、经济效益欠佳，使用效果不好。在项目运作过程中，技术与经济有脱节现象，搞技术的人不注意经济，搞经济的人不懂技术，二者不能够很好的结合。一方面，许多建筑师与业主处于一种茫然的设计状态，同时，在业已进行的项目中，不少项目包括一些重大项目在建设后发现使用中存在大量不合理的情况。究其原因，建筑设计者专业知识不足，严重缺乏可靠的设计依据，与项目各阶段、各成员之间沟通渠道不畅等是其中的重要因素。另一方面，近几年来一系列名曰"房地产项目策划"、"商业地产项目策划"或是"房地产策划"之类的咨询管理服务行业开始迅速走红。"策划"已经与"创意"联体，成为当代商业市场上的时尚标杆。然而，此类策划服务对建筑设计的真正指导潜力还有待开发和挖掘。另外，目前国内各大院校对建筑师建筑设计能力的培训与实际建筑项目的操作之间具有相当大的差异性，前者比较注重建筑师自身设计能力的培养，几乎很少涉及在设计项目中与业主和使用者的合作。而与业主和使用者之间的合作是否成功又往往是实际建筑项目成功与否的关键。因此为了衔接这个"断层"，建筑项目策划应运而生。

建筑项目前期策划在项目建设全过程生命周期中，管理的首要任务是在项目前期，通过收集资料和调查研究，在充分了解信息的基础上，针对项目的决策和实施或决策和实施中的某一个问题，进行组织、管理、经济和技术等方面的科学分析和论证。这将使项目建设有正确的方向和明确的目的，也使建筑项目设计工作有明确的方向并充分体现业主的建设目的。

建筑项目前期策划的核心思想是根据系统论的原理，通过对项目多系统、多层

次的分析和论证，逐步实现有目标、有计划、有步骤的全方位、全过程控制。包括对项目目标进行多层次分析，由粗到细，由宏观到具体；对影响项目目标的项目环境的要素组成及对项目如何影响进行分析，预测项目在环境中的发展趋势，对项目构成要素进行分析，分析各构成要素功能和相互联系，以及整个项目的功能和准确定位；对项目过程进行分析，在考虑环境影响的前提下，分析项目过程中的种种渐变和突变以及各种变化的发展情况及结果，并预先采取管理措施等。这些构成了项目策划的基本框架，也是项目策划的重要思想依据。

建筑项目前期策划的主要作用有两个：一是在项目决策前，为项目决策提供科学依据；二是在项目策划后实施前，为项目如何施工进行系统策划。根据不同的作用和阶段，项目前期策划可分为项目决策策划和项目实施策划两大类。

我国项目管理学家丁士昭教授曾说过"要提高国内建筑项目管理的水平，必须重视项目前期策划和项目管理信息化两个最重要的方面。"

3.1.2 建筑项目前期策划的目的

建筑项目前期论证决策阶段是项目业主方构建项目意图，明确项目目标并论证项目是否上马的重要阶段，同时也是制定项目管理实施方案，明确项目管理工作任务、权责和流程的重要时期。为此，需要进行完整的项目前期策划，在项目前期要回答为什么做、做什么以及怎么做等问题，为项目的决策和实施提供全面完整的、系统的目标、计划和依据。建筑项目前期策划目的包括：

(1) 把项目意图转换成定义明确、目标清晰且具有可操作性的项目策划文件，为项目提供决策依据。

(2) 澄清项目构成，确定项目管理工作的具体对象。项目构成是整个项目实施过程所包含的各种成分和因素，是项目管理工作的具体对象。澄清项目构成，一是为了细化不同子项目的规模、功能、标准和要求，明确项目定义；二是为了区别不同类型的项目进行有针对性的管理。项目策划在明确项目目标后，分析并确定项目构成是圆满完成项目管理工作的基础。

(3) 分析项目过程，明确项目管理的主要工作内容。项目过程中的各个工作环节和方式是项目管理的主要工作对象。如果项目过程不明确，或者难以确定，那么项目管理工作也就根本无法展开。通过项目策划，可明确项目实施过程具有的工作环节和方式，对多种方式优化比选，从而确定项目管理的主要工作内容。

(4) 分解项目工作任务并制定控制性计划。项目策划将主要的、复杂的工作任务划分为比较具体、比较单纯、由多个不同的组织机构来分别承担完成的工作任务，制定控制性计划，确定工作任务的基本程序和要求，这充分保障了整个项目管理工作得以高效、协同的完成。

(5) 通过有计划地、系统地安排项目目标、项目组织、项目过程等活动，减少或消除项目管理中的不确定因素,为项目建设的决策和实施增值。增值应该反映在人类生活和工作的环境保护、建筑环境变化、项目的使用功能和建设质量提高、建设成本和经营成本降低、社会效益和经济效益提高、建设周期短、建设过程的组织和协调强化等方面。

3.1.3 建筑项目前期策划的特点

建筑项目前期策划本身是一种创造性的活动,因此具有鲜明的个性和特点,不同项目所采用的策划方法会有所不同,但也存在共性和一定的规律性。归纳起来,建筑项目前期策划具有以下几个特点。

(1) 重视项目自身环境和条件的调查。

任何项目、组织都是在一定环境中从事活动的,环境的特点及变化必然会影响项目发展的方向、内容。可以说,项目所面临的环境是项目生存发展的土壤,它既能为项目活动提供必要的条件,同时也对项目活动起着制约作用。因此必须对项目环境和条件进行全面的、深入的调查和分析。只有在充分的环境调查基础上进行分析,避免夸夸其谈,才有可能获得一个实事求是、优秀的策划方案。环境调查和分析是项目策划最重要的工作内容和方法。

(2) 重视同类项目的经验和教训的分析。

尽管项目前期策划具有创造性,敢于思索、勇于创新很重要,但是,同类项目的经验和教训也显得尤为重要。对国内外同类项目的经验和教训进行全面、深入的分析,是环境调查和分析的重要方面,也是整个策划工作的关键部分,是保证本项目正确决策,避免重蹈覆辙的必要因素,应贯穿项目策划的全过程。

(3) 坚持开放型的工作原则。

项目前期策划需要整合多方面的专家知识。以建设建筑项目为例,项目前期策划需要的只是包括组织知识、管理知识、经济知识、技术知识和法律知识等,涉及经验包括设计经验、施工经验、项目管理经验和项目策划经验等。因此仅仅一个人很难胜任,策划往往是团队行为。项目前期策划可以自己组织力量做,也可以委托专业咨询单位进行。但即使从事策划的专业咨询单位也往往是开放性组织,政府部门、科研单位、设计单位、供货单位和施工单位都拥有许多某一方面的专家,策划组织者的任务是根据需要把这些专家组织和集成起来。

(4) 策划是一个知识管理的过程。

策划不仅是专家思维的组织和集成过程,而且也是信息的组织和集成的过程。通过收集信息、分析信息,在思考的基础上产生创新成果,因此策划的实质是一种知识管理的过程,即通过知识的获取、编写、组合和整理,加上大胆的思考,集体的思考,集体的智慧,最终形成新的知识。

因此,策划是一个专业性活动,策划团队所拥有和积累的信息、知识和同类项目的经验是策划成功的重要保证。策划团队应注重文档管理，并利用专业性软件建立项目库和知识库，加强信息和知识管理。

(5) 策划是一个创新增值的过程。

策划是"无中生有"的过程，十分注重创造。项目策划是根据现实情况和以往经验，对事物变化趋势做出判断，对所采取的方法、途径和程序等进行周密而系统的构思和设计，是一种超前性的高智力活动。策划的创新不能单单是梦想，必须是可以实现的创新，这种创新所付出的代价必须有丰厚的回报，创新的目的是为了增值，通过创新带来经济效益。

(6) 策划是一个动态过程。

策划工作往往是在项目前期进行的，但是，策划工作不是一次性的，策划成果也不是一成不变的。一方面，项目策划所做的分析往往还是比较粗略，随着项目的发展，设计的细化，项目策划的内容根据项目需要和实际可能将不断丰富和深入；另一方面，项目早期策划工作的假设条件往往随着项目进展不断变化，必须对原来的假设不断验证。因此，策划结果需要根据环境和条件的不断变化而不断进行论证和调整，绝不是一成不变。

3.1.4 建筑项目前期策划理论基础

建筑项目前期策划是建筑项目管理的重要组成部分，项目管理理论是项目前期策划重要的理论基础。根据建筑项目管理基本理论，项目建设从整体上看是一个有明确目标的复杂系统，项目管理过程就是在项目建设过程中，以项目目标管理为中心，由项目组织来协调控制整个系统的有机运行，从而最终实现项目目标。

因此，项目策划要用系统论思想对项目目标、环境组织、过程、任务等进行分析，提出多个可行方案，经过评价、论证，选择最优的项目方案，项目策划是对知识的组织与集成，也是对人的思维的组织与集成，项目策划要为决策服务，其本身是一个不断决策的过程，其最终目的是为业主决策提供依据。因此，除了建筑项目管理理论外，系统论、组织论、决策论等理论也是项目策划的基础理论。

一、系统论

系统论将各种存在内在联系的群体看做具有一定共性的整体，研究它们存在和发展的普遍规律，并建立了一套完整的理论和方法。这些思想和方法，也完全适用建筑项目的决策、建设、运营过程，适用于项目策划工作。

(1) 系统的性质。

1) 系统的结构指构成系统诸要素间相互作用、相互联系的内在形式。

2) 系统的层次指系统内部构成的层次性。

3) 系统可分为自然系统和人工系统。

任何系统都具备如下特性：整体性、相关性、等级秩序、目的性、环境适应性、动态性。

(2) 系统分析。

系统分析是根据系统特点和性质,从系统的整体最优出发,采用各种分析工具和方法,对系统进行定性和定量的分析,对系统的目的、功能、环境、费用、效益等进行充分的调查研究,探索其构成发展的规律,提供解决问题的若干个可能的方案,并进行比较和优选,为决策提供可靠依据。

系统分析应贯彻下列四个结论原则:将系统的内部因素与外部环境条件相结合原则,局部情况与整体情况相结合原则,当前利益和长远利益相结合原则,定量分析与定性分析相结合原则。

系统分析的内容包括以下几部分:

1) 系统环境分析:一是确定系统与环境的边界,二是分析系统环境的要素组成及其对系统的影响程度,预测系统在环境中的发展趋势。

2) 系统目标分析:其目的一是认证总目标的合理性、可行性和经济性;二是按系统的层次性逐层分解总目标为基本的目标单元,并与系统的构成要素和其功能保持一致,建立目标系统。其下一层次的目标是实现上一层次目标的手段,上一层次目标是下一层次多个目标协调均衡的结果。

3) 系统构成分析:按照系统的整体性和层次性,分析系统的要素组成,分析各要素功能及其相互联系,分析整个系统的功能和运行机制。系统运行机制应有两个最基本的功能:自动适应外界环境;自动维持系统内部的相对平衡。

4) 系统过程分析:根据系统的动态性和系统的运行机制,在考虑系统环境因素的情况下,分析系统的发展变化中的种种渐变和突变过程,分析系统发展变化的方向和结果。

系统分析往往需要上述几项工作协同进行,否则很难得到全面、合理的分析结果。

(3) 系统控制。

系统控制研究按照系统目标对系统进行控制的各种要素和操作过程,以及系统在控制下的运行机制,力求实现系统控制过程的最优化。

系统控制的要素可分为如下三个方面:

1) 控制目标:对系统目标进行技术性转化后得到的目标参数,往往具有多重性和相互矛盾性,需要进行综合的协调和均衡,得到最优的可行性控制目标。

2) 控制手段,控制手段往往也是多重性的。不同的手段,其控制作用也各有所侧重。一般对多个控制手段进行组合。

3) 控制方式:分开环控制和闭环控制两种,复杂系统的控制方式都是闭环控制,闭环控制要求系统反馈信息及时、准确,控制系统的反应合理、迅速及时。

系统控制关键在于选择可行且最优的控制目标,建立完善的控制系统,采用合理的控制方式，达到最优的控制效果。

二、组织论

组织论作为经典学科，形成于 1940 年以后。组织有两个含义：其一为结构性组织，指人们以某种规则的结合，是一种静态的组织结构模式，如企业组织、项目管理组织等；其二为过程性组织，是对行为的筹划安排、实施控制和检查，如组织一次会议、组织一次大型活动等，对项目而言它包括了策划、计划、控制的全部工作。

三、决策论

决策论主要研究内容是针对一个系统内某个问题，在系统调查、预测、信息处理基础上，根据客观需要和可能，确定其行动目标，采用一定的科学理论方法，拟定出多个可供选择的方案，并将方案及采取方案对系统的影响进行综合研究评价，按某种衡量准则，选出最优方案。

决策的程序一般包括如下步骤和内容：

(1) 确定决策目标，从系统现状调查入手，进行问题分析、定义问题的性质、内容范围、原因。系统地考虑各方面需要和可能性，对决策目标的概念、时间、条件、数量四方面进行明确的界定。

(2) 拟定多个可行方案，根据确定的目标，收集资料和信息，系统分析各种因素，策划出多个可行方案，每个方案都要进行可行性分析。

(3) 应用不同决策标准，按"最优"或"最满意"原则进行决策，选择最优方案。其中决策标准是方案评价与选择的依据和准则，它需要考虑到两个问题：一是价值标准问题，什么是好，好的标准是什么，这通常取决于决策的需要，如果以经济效益为中心，就涉及多目标问题，价值标准不同，各目标在决策中的地位就有不同，这需要采取加权排序法处理；二是不同状态情况下决策标准问题，决定于问题所处状态，确定性决策一般可采用价值标准，不定性决策多采用期望值标准。

3.2 规划师与建筑项目策划

3.2.1 规划与规划师

我国的城市规划正从传统城市规划向现代城市规划转型，同时经济建设的发展也促使城市规划工作者看到一些新的问题和新的任务，其中之一便是建筑项目的规划和建筑项目策划有什么关系？为什么规划师要进行策划工作？如何进行策划工作？

规划的原意应是一种最具综合性的计划形式，包括为实现一个组织：大到国家，小到企事业单位基本使命而必须明确的具体目标、战略政策、规则、资源配置、任务分配、工作程序等内容以及各要素之间的协调。策划也属于计划范畴，它是一种最具战略性的计划步骤，包括实现本组织使命的机会估计、具体目标的确定、达到目标的前提条件、分析与风险、评估达到目标的具体方案以及各种方案的评价。策划的基本成果是两个以上的方案，由组织高层管理人员完成一般大型组织，由专门的智囊团完成中小型组织，可能要借助组织外的专家力量。例如科研机构、高等院校以及咨询公司等在组织最高管理层亲自主持策划或最高管理层授权的情况下策划工作的进一步拓展，也可包括对方案的选择，即决策。

从规划和策划的概念比较中可以知道规划和策划是有区别的，规划侧重于作为一种计划形式，当然我们也常常把产生这种计划形式的行为过程称为规划。策划主要指一种高层的计划过程，它产生的成果是达到目标的方案。当然方案也是一种计划形式，同时规划和策划也有许多重合的地方，策划作为一种高层的计划过程必然会在规划过程中出现，特别是在规划的前期工作中出现。例如，目标确定、预测、风险评估等策划工作通常是规划工作所必备的，而规划中所包括的战略政策规则、资源配置、任务分配、工作程序等内容虽然不可能全部出现在策划中但是其中的关键性内容肯定是策划所要考虑的。

规划师的任务就是通过一些咨询技巧、借助一些评估方法帮助咨询者更深入地了解自己及相关需求，并最终由自己作出决策。规划师最重要的工作是给咨询者展现更多的选择，而不是替咨询者作决策。

城市规划师是指经全国统一考试合格，取得《城市规划师执业资格证书》并经注册登记后，从事城市规划业务工作的专业技术人员。

在实际规划工作中我们的规划师经常会被邀请参与委托单位的策划工作，少则接受部分的专业咨询，多则接受专门的策划项目。如山东省枣庄市开发建设一个风景名胜区，枣庄市委托山东建筑大学规划设计研究院制定风景名胜区总体规划。规划过程中委托单位要求山东建筑大学规划设计研究院做出旅游码头的选址方案，这样规划师们就参加了枣庄市政府部门主持的策划工作，规划单位非决策部门无权决定最后选在哪里？决策部门非专业单位又无法从技术上保证选址的正确性，只有两者结合起来才能做出正确的决定。此类事情不胜枚举，说明规划师参加策划工作从根本上来说是实际工作的需要，城市规划以空间资源、土地河流空间等的开发和优化城市建设布局为主要内容。城市规划部门是规划行政部门，本身并不拥有专门的规划技术队伍，必须委托由规划师组成的技术团体来编制城市规划，在编制过程中涉及大量的策划，如城市建设怎样发展的问题。以编制城市总体规划为例，其前期工作城市规划纲要几乎全部都是策划内容。

建筑项目策划走在建筑规划设计之前，提出建筑规划设计的条条框框，约束建筑设计如何去运作。业主单纯从"产品生产"的角度出发，为获取最大的投资利益，所以总要求建筑师提交最节省的建筑方案。而建筑师单纯从"作品设计"的角度出发，总是提出最大胆的建筑方案。所以建筑项目策划是在业主与建筑师之间为满足"投资性价比"而相互沟通的一个重要环节。以建筑项目策划的观点规划建筑，建筑项目策划的市场研究数据主要包含八个因素，分别是：建筑环境和文化背景研究；建筑风格定位研究；主力户型选择研究；室内空间布局研究；环境规划及艺术研究；公共装饰材料研究；背景灯光设计研究；生活方式研究。

3.2.2 规划师与策划

规划与策划实为统一体，规划师要善于将局部利益最大化，并与全局利益合理协调解决有关矛盾，促进社会经济环境协调发展，推动社会进步与繁荣，这是建筑项目策划的基本内涵。科学的规划与策划是第一生产力，规划师要尽快提高素质，真正成为第一生产力中的一员。

规划、策划属于同一范畴，在现代人类社会生活中时刻都离不开它。随着社会生产力的发展出现了劳动地域分工、产业分工、社会劳动者分工，其中第二、第三产业的集聚产生了城市，城市的整体建设和各建筑项目运营，必然需要规划策划。当前，规划师在社会劳动中的作用日益重要起来。从理论上说，城市发展建设活动中，等量的必要劳动时间可以产生不等量的劳动价值。企业所有制形式多元化并具有独立的利益和经营自主权导致生产要素的不同组合，产生不同的国民收入。规划师的价值体现在优化组合社会生产力的过程中满足利益合理分配，提高效率等多方面的要求，这都需要科学的规划与策划。不称职的或不能胜任要求的规划师势必会被市场经济所淘汰。从这一意义上说当前情况下规划师不擅长建筑项目策划是难以生存的。

一、规划师必须掌握建筑项目策划的基本功

（1）建筑项目策划规划的基本内涵。

城市发展建设是由众多的单体建筑项目组合而成，每个单体项目与城市区域整体建设的优化是局部与全局的关系。在市场经济发展条件下，利益竞争日益激烈，利益驱动推动社会发展。规划师要善于将局部利益最大化并注意与全局利益合理协调，全面解决有关矛盾，促进社会经济环境协调发展，推动社会进步与繁荣这是建筑项目策划规划的基本内涵。

（2）规划师的职责。

规划师既要服务于整个城市也要服务于众多单体建筑项目，整个城市的规划是政府行为。政府制定规划，规划调控市场，市场引导企业，企业策划项目，参与竞争，竞争促进社会发展。社会发展推动政府修编规划，规划师的作用是因势利导，旨在推动社会朝公平、效率、安定方向发展，将整个城市规划与众多单体建筑项目策划共同优化是规划师不可推卸的责任。

（3）注重建设发展过程策划。

目前对城市规划的要求，特别重视近期建设规划，强调发展规划的实施步骤、措施和方法的综合技术经济论证，这也是建筑项目策划的核心内容。衡量建筑规划设计方案的标准不仅要有合理的目标，更要有解决问题的能力和实施可行性。有实用价值的规划是可行的规划，而不是美好的空中楼阁，理想和现实可行性必须统一。因此规划和策划都要根据对现实社会及市场的判断，为实现价值目标策划好每一个实施步骤，制定出有关的管理措施。从工作内容实质看规划与策划实为统一体，二者根据项目规模的大小、内容，从宏观到微观、从政府政策方针到具体管理对策、从整个城市系统工程到单体房屋建筑都涉及非常广泛。

(4) 规划师需要提高知识水平。

规划师要做好项目策划需要有广博的知识，除了在学校里学的城市规划、经济、地理、工民建等专业知识外，还需要掌握工程经济学、运筹学、房地产经济学、环境学等基本内容，熟悉宏观经济学、投资项目评估学、建筑相关法律等基本知识，了解社会学、计量统计学、决策学等基本常识。

二、建筑项目策划与传统建筑规划设计的评价

建筑项目策划与建筑规划紧密结合会达到良好的效果。

(1) 节省费用。

在没有遇见具有绝对影响力的建筑师以前，业主仍然首选以招标委托的方式寻找建筑师。传统的方式是：招标宣传—报名接待—资质筛选—发出标书—设计提案—委托设计。

这个过程其实就是一个费钱、费力的过程，从宣传、报名、筛选、招标到提案的每一个环节都是需要费用的，特别是招标环节上就是只考虑投标设计师的成本要求，就是一笔不菲的费用，甚至操作不好还严重影响到企业自身形象和行业声誉。

而建筑项目策划作为传统建筑规划设计的前置环节，在不占用建筑师大量的时间、精力、财力的情况下，由建筑师首先提交一个建筑项目策划方案，即建筑创意提示与业主进行专业交流，业主认同创意提示和设计思路后即可直接委托设计。这样就由传统的"招标宣传—报名接待—资质筛选—发出标书—设计提案—委托设计"过渡到"建筑项目策划—委托设计"阶段，为双方节省了大量费用。

(2) 规避风险。

业主选择建筑师的传统方式有两种：直接委托和招标委托。这两种方式对于业主和建筑师都各有利弊：直接委托的方式对业主的风险最大，没有了解就需要全面合作，做不好怎么办？招标委托的方式对建筑师的风险最大，不提交全面创意又不能说明自己的专业能力，提交了全面创意也就没有了主动权，被利用怎么办？这都是双方担心的问题。所以在传统建筑设计程序下很少有业主直接委托设计，建筑师在工作中也会有或多或少的保留。

而建筑项目策划"以首先认同创意思路再行委托的方式"却可以较好地规避双方的委托风险。

(3) 缩短时间。

传统的建筑设计招标方式从"招标宣传—报名接待—资质筛选—发出标书—设计提案—委托设计"需要一定的时间才能完成整个流程，而传统的规划设计投标提案从平面布局到建筑表现的完成或多或少总是需要一定的时间。

而建筑项目策划流程的插入就可以极大地缩短"业主考察建筑师—建筑师给业主提交创意思路"的工作时间。

好的管理是事业成功的关键，而好的管理者则是各种生产资源中最为稀缺的资源。自然科学只是为人类带来发展生产力的方法，而管理科学是将其方法优化组合落实为实践行动。众所周知的古代齐王与田忌赛马的故事告诉我们，精明的策划才是取胜的关键。在市场经济激烈竞争的今天更是如此，优秀的规划或策划是社会经济发展中最具方向性、指导性、决策性的内容，可称为先进生产力。

三、规划师的执业素质

要想成为规划师，还要求在自身的素质上有特点，具体有以下的方面。

(1) 具有助人技巧。精通规划流程，熟悉助人的基本技能并能在与咨询者的互动中加以运用，针对不同的情况和个案提出有建设性的建议。

(2) 熟悉建筑市场信息和资源。熟悉建筑市场、职业信息及发展趋势，并能使用这些资源，在咨询时结合市场的动态为来询者提供符合项目建设的建议。

(3) 具有专业技术。在咨询过程中，能根据不同的群体选择并实施正式及非正式的测评和评估工具。

(4) 熟知多元化的人群。能够识别各类人群的不同需求，并根据他们的需要提供相应的服务，在特定的领域内为他们从事特定的工作出谋划策。

(5) 具有职业道德操守，熟悉相关的法律规范。遵守职业规划师的行业道德规范，还要注重拥有一定的个人魅力，会使规划的成功实施概率大大提高。除此以外，还必须了解与建筑相关的法律法规，只有在合法的情况下，才能提供合法的建筑规划。

(6) 掌握建筑发展的理论和实施模型。熟悉建筑发展领域的相关理论、模型和技术，并能够将上述内容灵活运用于建筑规划活动中，为来询者提供适当的可实施的宝贵建议。

(7) 掌握一定的计算机技术。理解和应用职业发展的计算机技术，运用高科技的分析方法为来询者提供基于技术层次的较为准确的职业规划建议。

想要做一名优秀的建筑规划师除了一些能力、资质方面的要求外，更重要的是对这份职业的热爱，且愿意投入这份事业的热诚。

3.3 建筑项目策划与建筑设计关系

3.3.1 从建筑学角度理解建筑项目策划的概念

建筑项目策划是揭示业主、用户、建筑师和社会的相关价值体系，阐述重要的设计目标及与设计有关的各种现状信息的过程。从建筑学角度上讲，建筑项目策划特指在建筑学领域内建筑师根据总体规划目标设定，从建筑学的学科角度出发，不仅依赖于经验和规范，更以实态调查为基础，通过运用计算机等科技手段对研究目标进行客观分析，最终运用计算机等科技手段对研究目标进行客观的分析，最终定量地得出实现既定目标所应遵循的方法及程序的研究工作。简言之，建筑项目策划就是将建筑学的理论研究与近现代科技相结合，为详细规划立项之后的建筑设计提供科学而符合逻辑的设计依据。简单地说，就是在总体规划目标确定后，根据定量得出的设计依据。概括起来，重点强调的是模拟设计任务书的重要性，以及量化分析的科学性。建筑项目策划方法就是对事实学、技术学和规范学的结合，即从事实学的实态入手，以规范学的既有经验、资料为参考依据，运用现代技术手段，通过建筑师进行综合分析论证，最终实现建筑项目策划的目标——设计任务书。

建筑项目策划是建筑设计过程的第一阶段，这种建筑设计过程应该确定业主、用户、建筑师和社会的相关价值体系，应该阐明重要的设计目标，应该揭示有关设计的各种现状信息，所有的设备都应该被阐明。然后将建筑项目策划编织成一份文件，其中体现出所确定的价值、目标、事实和需求。建筑项目策划的成果以设计任务书的方式表现出来，设计师按照设计任务书的要求进行设计。

建筑项目策划是建筑价值管理的重要组成部分，它揭示业主的价值并将其转换为建筑设计条件，它是保证实现业主价值的手段。建筑价值管理包含建筑项目策划。从对整个建筑项目进行价值管理，可以把建筑项目管理看成是价值的形成、传递和增值的管理过程。工程价值是通过工程价值链来实现的。所谓价值链，就是指企业各种活动的组合。而工程价值链就是指在工程实施过程中，为了使工程的价值得以实现而所做的各种活动。它贯穿于工程整个实施过程中的每个阶段、每种活动中。建筑项目的价值链为业主价值—设计价值—施工价值—使用价值。把业主价值传递到设计价值的过程称为建筑项目策划。

建筑项目策划的效果巨大。建筑项目策划中使用的方法包括行为科学、调研、相邻性分析、空间分布和动线分析（动线分析包括人群的分类、流量与路径组织等）、价值工程等。建筑项目策划中实施的价值工程，处于项目实施和运营的全寿命过程中项目构思阶段。研究和试验表明，尽管在项目实施和运营的全寿命过程中都可以进行价值工程，但就其效益和效果来说，价值工程研究还是越早越好。越在项目的早期采取措施，项目节约成本的可能性就越大。随着时间的推移，实施设计变更所花费的成本将越来越大。根据这个结论，如果在方案设计阶段就进行价值工程研究活动，其节约成本的可能性会大大提高。影响建筑项目投资的因素有很多，从参与项目实施和运营的有关各方来说，不同单位和人员的影响程度是不同的。影响程度最大的是业主方的要求、标准、设计准则以及设计和咨询工程师的经验、能力等。而这些影响也主要体现在项目的前期和设计阶段，随时间的推移，各方面的影响程度都会大大降低。建筑项目策划对建筑项目的成本影响很大，进行建筑项目策划对整个建筑项目的效果影响巨大。

3.3.2 建筑项目策划在建筑创作进程中的位置

建筑项目策划应作为不同于设计方的第三方存在，其与业主之间的关系为雇佣与被雇佣的关系，实现业主价值最大化是其工作目标。满足业主要求用专业语言帮业主表达出建筑项目的想法，用符合业主要求的详尽的设计任务书传达给设计方。建筑项目策划不能由设计方进行，业主有可能不专业，无法表达自己的想法，业主与设计方信息不对称。而业主的要求越多越具体，进行设计的障碍就越大。设计方肯定不会主动争取自己设计障碍，因此设计方不能完全站在业主的角度考虑问题。因此在业主不专业的情况下，就会产生业主与设计方信息不对称，设计方不会以实现业主价值最大化为目标。

建筑科学不仅是一门研究空间、环境及艺术的科学，更是一门研究提供人类生产生活空间、改造环境、创造环境的科学。建筑学要提供人类生产生活空间、改造环境、创造环境，为社会发展服务，就应首先站在全社会的角度，以社会性、使用性为出发点，明确以人为本的研究体系。而反对将建筑科学作为一种纯艺术来对待、探讨。建筑项目策划正是体现和保证建筑学社会性、实用性、科学性的重要环节。通过策划使建筑学可以与其他学科进行更加广泛、更加深刻的交流和借鉴。建筑项目策划的理论思想的社会性、公共性、研究主体的人文性以及方法论的客观性、合理性和逻辑性都使得建筑项目策划成为建筑学发展中一个不可缺少的环节。我国正处于经济建设时期，建筑界早应强调科学设计、合理设计，提高设计的科学性和实用性及经济效益。由于建筑项目策划环节的引入，促进了建筑设计向合理、科学、实用及注重经济效益的方向发展，这也正是建筑项目策划理论及方法的意义所在。

一般认为，传统建筑的创作进程是首先由城市规划师进行总体规划，业主投资方根据这一总体规划确立建筑项目并上报主管部门立项，建筑师按照业主的设计委托书进行设计，而后由施工单位进行建设施工，最后付诸使用。

投资活动则是由业主单方面进行的，建筑师只是在规划立项的基础上，接受了任务委托书后进行具体设计，而施工单位则只是按设计图纸进行施工。从字面上来看这是一个单向的流程，但事实上建筑师的工作既属于建设投资方的工作范畴，又属于建筑施工方的工作范畴，其工作是多元的。

为明确建筑师这种双重职责，不妨将总体规划立项与建筑设计从中剪开，插入一个独立的环节，这就是建筑项目策划。建筑创作的全过程如图 3-1 所示。

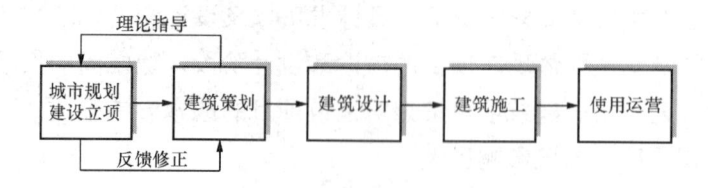

图 3-1　建筑创作全过程

这一过程是与建筑规模的扩大化、建筑技术的高科技化和社会结构的复杂化等近现代科技发展特征相适应的。总体规划立项是对建筑设计的条件进行宏观的、概念上的确定，但对设计的细节不加以具体限制，是一项指导建设规模、建设内容以及建设周期等的指令性工作。但随着社会生活的变更和丰富，设计条件的确定工作逐渐变成了一项繁杂的、多元的、多向性的系统工程。

3.3.3　建筑项目策划与建筑设计

广义的建筑设计应包括前期设计、总体设计和单体设计三个部分，狭义的建筑设计特指建筑的单体设计。建筑的前期设计，是指一个建筑项目从提出开发设想到做出最终投资决策的工作阶段。这一阶段的任务，主要是受建设方委托，与建设方一起对建筑项目的启动进行必要的准备工作，包括以书面的形式评估项目的可行性，提出项目建议书，完成可行性研究报告并获得批准，最终做出建筑项目的评估报告。

目前，大多数的建筑项目策划几乎是和前期设计进程同步进行的。在设计开始进行之前，提供给建筑师的信息和资料是微乎其微的。建筑师和建设方就建筑设计所要解决的问题进行探讨，获得相应的设计依据。建设方经常是以设计委托书的形式，列出总建筑面积和各明细面积、总投资和建筑造型上的要求等。在中国目前建筑市场对时间的要求极为苛刻的前提下，建筑项目策划结果的产生并不需要很长的时间就可以完成，建筑设计马上就可以着手进行。

建设方与建筑师之间这种不明确的关系存在一个缺点，使得建筑设计的修改不断，时间延长和成本增加。这是因为，建筑项目策划是文本文件而建筑设计是图纸文件，文本文件的编写显然要比图纸文件绘制要节约时间和成本。可喜的是，我国建筑项目的可行性研究已经法制化，为建筑项目策划提供了一个良好的环境。自1997 年全国一级注册建筑师考试开始，《设计前期与建筑项目策划》已被列入专业考试之中。尽管与国际接轨还有一定差距，然而，对前期设计的重视，可以看到建筑项目策划正逐渐进入一个科学而正规的轨道。

前期设计是建筑设计的前期阶段，是建筑师进行建筑设计的前期准备。建筑项目策划则是一个独立的环节，或由具备这方面能力的建筑师承担完成，或由专职的策划师承担完成。

一、我国建筑设计的现状

（1）人员及其知识构成。建筑设计的工作人员绝大部分从高校建筑系毕业，接受传统建筑学教育，普遍具备较强的空间塑造能力，较高的美术基础，较多的方案图、施工图绘制经验，对国内毕业生而言，还具有较强的图面表达能力。但又普遍对房地产行业认识单一，缺少综合经济意识，无意介入建筑设计的前后期工作。

（2）成为开发商的绘图员。建筑师丢弃自己的想法，成为开发商的绘图员，是目前建筑市场上的普遍现象。由于建筑市场长期繁荣，建筑师长期处于项目做不完的紧张状态，没有时间和精力站在开发商的角度、市场的角度、用户的角度去全面考量建筑项目，而是完全听从于开发商的号令，满足于充当绘图员的角色。

（3）既有作品去填充新项目。在建筑师成为绘图员的情况下，面对大量待设计建筑项目尤其是重复性较大的住宅项目，难免不来回复制，使用既有作品去填充新项目，把南方的方案照搬到北方、沿海的方案照搬到山区也是常有的事。建筑师们不再有自己的创作灵感与激情，因为他们需要在一两周内完成整个住宅甚至小区的规划、景观和建筑设计。

二、我国建筑项目策划人员构成的现状

（1）人员及其知识构成。建筑项目策划行业没有完全的所谓"科班出身"。从业人员的知识背景极其繁杂，来自于社会的方方面面。从经济、建筑、财务到房地产、销售、广告乃至导游、公关行业一应俱全。整个建筑项目策划行业尚未形成系统的培育流程，也尚未总结出系统的学科体系和知识结构。

（2）利益最大化驱动。目前的建筑项目策划往往陷入具体的投入产出比之中，完全以投资者可见的短期效益为准绳。其根本原因是建筑开发在前一时期一直以营销策划为中心的理论和实践导向，把建筑项目策划等同于营销策划也是国内建筑界的长期误区。对产品本身的研究（建筑项目策划）却往往被放在了次要的位置。由于没有产品的支撑，很多营销策划被消费者称为广告欺骗。

（3）外行指导内行的卖点创造。由于房产公司的策划部或者独立的策划代理公司相对建筑设计者处于"甲方"的位置，因此他们往往代表房产公司的意志，以各种非理性的、外行眼光来指挥和引导着真正内行的建筑师所长的工作。

（4）自发的改进。一些建筑师正在实践中逐步改进，与开发商加强交流，同时也促使业主知识更新，而简单地用建筑师的传统语言很难实现这一沟通，而是要量化的、实实在在的，让开发商能接受。建筑师明确了这点，就要有开发商共同参与研究策划，使建筑项目策划成为下一步建筑设计的依据，使这些建筑师有可能做好下一步的建筑设计，因为这种策划是客观的、有依据的，把这个结果交给下一阶段的任何设计师都是可行的、可参照的。建筑师的研究领域从传统的仅研究空间尺度、比例、造型，拓展到对人类、社会、环境、生态、经济等方面是历史必然。要想成为优秀建筑设计师、成为成功的房地产开发商，就必须研究建筑项目策划。

三、建筑项目策划对建筑设计的影响

建筑项目策划是研究建筑设计依据，论证和确定项目的规模、性质、内容、尺度形式等，然后制定空间模式和空间组合概念，建立起建筑创作的"骨骼系统"，建筑设计是建筑创作中填补"肌肉"的工作。建筑项目策划的研究成果，对建筑设计有直接的指导意义。策划结论的不同，设计作品的空间内容可以完全不同，更有导致项目完成之后，引发区域内建筑，环境中人类使用方式、价值观念、经济模式的变更以及新文化的创造的可能。

建筑项目策划为建筑设计提供社会性、实用性、科学性依据。建筑项目策划建立在项目相关范围的实态调查和分析的基础上，它提供的设计依据涵盖了社会环境、经济环境、人文地理气候环境等包罗万象的相关因素。其中社会性、实用性因素又是设计建造所遵照的最根本依据，许多得到社会认可的建筑特色创意也来源于此。而建筑项目策划的分析往往要依靠现代高科技手段，并与其他学科进行更广泛和深刻的交流、借鉴，其方法和过程都包含着客观性、合理性、逻辑性，因而具有科学性。建立在策划基础上的设计同样涵盖了上述因素，策划为设计提供了可以深入挖掘的社会性、实用性、科学性依据，使特色的创造不再是建造空中楼阁，而取得了与现状和过去相联系的纽带并将延续到未来。

四、建筑项目策划和建筑设计的关系

（1）建筑项目策划为建筑设计指明方向。

建筑项目策划首先考虑整个项目的价值目标，而这个价值目标将是通过对这个项目中各个方面需求的研究而得出。在《Architectural Programmingand Predesign Managet》一书中罗伯特 G 赫什伯格先生归纳了八个价值因素：人文、环境、文化、技术、时间、经济、美学、安全，而这八个价值因素中包含了一个建筑所有可能的需求。建筑项目策划就是对这些需求进行研究，经过对各个方面的比较分析总结最后的主要需求。这些主要的需求也许是一个也有可能是多个，而这个主要需求也就确定了这个建筑项目的目标。这样，在建筑设计中，建筑项目策划师的工作将围绕着这个目标进行。同时其他方面也将在建筑项目策划中得到研究，将毫无关系或较小的需求减去，这样在以后的建筑设计中将不会出现无用功而提高了效率。

（2）建筑项目策划是建筑设计的前提。

建筑项目策划在工作的同时，将会对在整个建筑项目运行的过程中可能遇到的问题进行预警，同时提出相应的解决方法。同样从上述的八个价值因素进行分析，而这八个价值因素几乎涵盖了所有能影响到建筑的方面。当然也有相对于每个建筑

的特殊方面而可能遇到的问题。比如有的建筑会出现经济问题，有的会出现对环境污染问题，还有的将涉及人的安全问题。而这些问题的提出，就是建筑项目策划在对建筑设计的警示。建筑设计中就要提出相应的解决方案，这些方案就会体现在建成后的建筑中。简单地说，建筑项目策划是对建筑设计进行定义的阶段，是发现并提出存在问题的阶段；而建筑设计就是解决建筑项目策划所提问题并确定设计方案的阶段。

(3) 建筑项目策划预见建筑设计的问题。

建筑项目策划还包含对其后的三个步骤研究预测，这三个步骤中将会出现的问题提醒人们在工作的过程中应给予重视。因此建筑设计在运行过程中，将解决建筑项目策划中提出的项目问题，同时也要注意在建筑项目策划中估计的过程问题。

(4) 建筑设计检验建筑项目策划的合理性。

主持建筑设计的建筑师将带着长期从事建筑设计的丰富经验参加建筑项目策划，他们将对建筑项目策划中一些无法或难于实现的提案提出质疑并和策划组的成员一起探讨最佳的解决方案。这样不仅能让策划的主要目标，在之后的建筑设计中实现，也可以提高后续各个步骤的工作效率。

(5) 建筑项目策划与建筑设计共同引导创新。

建筑也是艺术，是最为动态发展的行业，同样有着时代性的要求。建筑项目策划具有对时代的敏感，可以将最为现代而时髦的理念开发出来并指导建筑设计，而建筑设计自身也在不断完善。新的设计形式、结构形式的出现更是为建筑项目策划的新鲜理念提供保障。

五、建筑项目策划与建筑设计的差异

(1) 主要的内容不同。

建筑项目策划先从城市规划和政府部门制定的政策方针和控制要求出发，对建筑的外部和内部条件进行全面考察和研究。而所得到的是数据、统计表格或是分析图甚至是文字性的描述，同时运用计算机等近现代科技手段对研究目标进行分析，最终定量地得出实现既定目标所应遵循的方法及程序；确定业主、用户、建筑师和社会相关价值体系，阐明重要的设计目标，揭示有关设计的各种现状信息并阐明所需的设备。建筑设计是完成建筑方案的阶段，是将建筑项目策划中的抽象理论转变成可行方案的过程，将建筑项目策划确定了的价值目标体现在建筑中，让建筑中的组成部件和建筑语汇（如墙、柱、窗、构架等）以相对理想的方式来实现建筑项目策划确定的价值目标；让建筑在最后的施工到建成使用中呈现建筑项目策划中的每个设想。

(2) 参与的人员不同。

在对建筑项目进行全面策划的同时，也就确定了参加建筑项目策划的人员并不是通常人们认为的建筑项目委托方和建筑师，还应该有政府的官员、立法、安全保障机构、经济师、广告设计师和环境组织等，当然现有使用者也将介入。这些成员在策划工作时各抒己见，共同探讨问题，在不同的领域开发新的理念，同时也从不同的方面来考察影响工作和建筑的问题。而建筑设计阶段中参与的人员应该包括建筑设计师、室内设计师、结构工程师、水电暖通工程师等，现在还加入了表现公司、模型公司及打印装帧制作公司等。与建筑项目策划不同的是，参加建筑设计阶段的人员相对专业，都是建筑范畴相关的行业人员。他们的工作更多的是将建筑项目策划人提的目标实现出完整的建筑设计方案。而这样明确而细致的分工将使整个建筑设计阶段保持较高的工作效率。

(3) 从建筑项目策划到建筑设计过程不同。

建筑项目策划的运行是一个相当复杂的过程，不同类型的建筑在策划进行的过程可能有所不同，而其中的几个大而关键的步骤多是相似的。建筑项目策划运行主要步骤为：

制定目标—研究目标—成立策划组安排工作进度—收集相关信息条件—提出策划初步构想—研究需求—总结出各项策划要点—制定策划书。

在进行建筑项目策划的时候，建筑设计师可以进行简单概括，设计用初步的方案构想来检验建筑项目策划的合理性。当建筑项目策划书确定后即可进入建筑设计阶段。而一个完整的建筑设计阶段应当包含 4 个步骤：①概念设计；②方案设计；③扩初设计；④施工图设计。在建筑设计阶段建筑设计师以及工程师会不断地和工程委托方及政府部门等相关人员进行交流，对方案没有满足需求的地方进行修改。当确定建筑设计的方案已经满足建筑项目策划中各项需求后，建筑师就开始进行施工图设计。其间将涉及建筑使用的具体材料和工程施工方法，这时候造价师和施工人员将介入共同探讨如何在最少资金和时间的投入下高质高效的完成工程而投入最后的使用。

建筑项目策划并不应该完全由项目委托方完成，也不是建筑师单独完成。而对待建筑项目策划和建筑设计，存在几种观点，一种人认为建筑项目策划就是建筑设计，在这个过程中项目委托方和建筑师共同完成整个建筑的策划和方案的设计；也有人认为，建筑项目策划和建筑设计应该是完全独立的两个工作阶段；有的时候它们之间的关系微乎其微，更是狭隘地认为建筑项目策划就是商业策划，只是体现了在建筑建成之后商业活动中的作用。形象地说建筑项目策划和建筑设计就像两个集合，不是互相包含也不是完全相离或是仅仅的相切关系，只有相交的才是建筑项目策划和建筑设计之间的关系。它们互相交错，互相影响，有可以共同借鉴的成分，也有各自特有的因素。

思考题

1. 建筑项目前期策划的目的是什么?
2. 建筑项目前期策划的特点有哪些?
3. 什么是系统论?
4. 什么是组织论?
5. 什么是决策论?
6. 规划与规划师关系有哪些?
7. 如何理解规划师与策划?
8. 规划师的执业素质有哪些?
9. 建筑项目策划与建筑设计关系有哪些?
10. 如何理解建筑项目策划和建筑设计的关系?

第4章 房地产项目策划

本章知识点

> 本章主要介绍房地产项目策划的发展、策划的重要性及必要性、房地产项目策划内容。房地产全寿命期策划包括：房地产项目投资决策策划、规划设计策划、建设施工策划与营销策划等。

4.1 房地产项目策划概论

4.1.1 房地产项目策划的发展

我国房地产项目策划从萌芽、起步直至发展到现在，已走过了十几年的历程，大致可分为四个阶段，即单向策划阶段、综合策划阶段、复合策划阶段和整合策划阶段。

(1) 单向策划阶段（1993—1997）。

此前，房地产策划正处于孕育时期，未真正引入策划的理念。这阶段房地产策划的主要特点是运用各种单项技术手段进行策划，并利用某种技术手段深入拓展、规范操作，有的在前期投资策划方面取得成功；有的在营销策划方面取得成功；有的在设计策划方面有独到之处。随着房地产策划实践的逐渐深入，通过房地产策划成功的个案不断增多，房地产策划理论思想也逐渐形成。由于房地产开发项目在各个阶段引入策划的理念和手段而获得成功，房地产策划因而普遍得到了人们的认可。于是，房地产商开始在企业内部设立策划部，专业的策划代理公司、物业顾问公司也应运而生，以房地产策划为谋生手段的自由策划人也大量出现。房地产策划在实践中创造出典范项目并为企业创造可观的经济效益，引起了人们的极大兴趣和关注，以致出现对房地产策划和策划人的神化、无限夸大策划的作用等思潮，这对以后房地产策划的发展产生了一定程度的影响。

(2) 综合策划阶段（1997—2001）。

此阶段房地产策划的主要特点是各项目根据自己的情况，以主题策划为主线，综合运用市场、投资、广告、营销等各种技术手段，使销售达到理想的效果。随着房地产策划实践的不断深入，出现了各种策划理论。最具代表性的房地产策划理论是王志纲提出的"概念地产"理论，其认为许多项目都是先给人们一个概念，这个概念被社会接受以后，它所支持的硬件就能被消费者对象所接受。大连国泰·帝柏湾建筑项目策划分析"概念地产"理论对整个房地产策划领域产生很大影响，不少房地产项目策划就是在"概念地产"理论的指引下，通过独特的概念（理念、主题）设计（策划）使开发的楼盘顺利走向市场，获得成功。此阶段，各种房地产策划研讨活动也不断出现。房地产策划巡回演讲活动、各种与房地产策划有关的研讨活动、房地产企业峰会等接连不断。

（3）复合策划阶段（2001—2005）。

该阶段房地产策划的主要特点是狭义地产与广义地产相结合，将房地产与其他产业链接、结合，即房地产策划除了在房地产领域运用各种技术手段外，还运用房地产领域以外的其他手段。开发房地产可以不局限于房地产，还有更广阔的领域等待人们去开拓、去探索，如房地产与IT业相结合、房地产与自然山水相结合、还有房地产与养身保健相结合、房地产与旅游业相结合、房地产与海洋文化相结合等。

这一时期有代表性的理论主要是：王志纲的"战略策划"、朱曙光的"房地产全程营销"、曾宪斌提出的"品牌策划"等。在地产界对房地产策划的研究不仅仅是实战技术和方法，而是进入到策划基本理论研究的层面。

（4）整合策划阶段（2005至今）。

这一阶段房地产项目策划的主要特点是整合市场资源，运用各种手段，使推出的楼盘具有更高的科技含量，产品更新换代，推动了整个房地产业的发展。策划出现几大特点：大盘策划、连锁策划、城市策划。经过多年的房地产项目策划实践，房地产项目策划的模式在此阶段基本形成。

纵观房地产项目策划的发展轨迹，当前房地产项目策划模式呈多元化，从初期的注重产品转向注重市场需求，有力地推进了项目的创新、营销机制的创新，它赋予楼盘以生命和灵魂，引导了消费者购房观念的转变，逐渐满足了消费者对住宅个性化的追求。但同时，在我国房地产项目策划实践中也暴露出很多问题：

第一，人们对房地产项目策划价值的看法在思想上比较混乱，出现了过分苛刻和盲目崇拜的心理。房地产项目策划是伴随着人们的争议成长、发展起来的。虽然人们普遍认可了房地产项目策划的经济价值和社会价值，但还有不少人否认房地产项目策划存在的价值，对房地产项目策划的地位作用存有质疑。一种观点认为，房地产项目策划在房地产开发项目中没有作用，开发项目主要是管理与操作问题；另一种观点认为房地产项目策划很神秘，过分夸大策划的作用。

第二，房地产项目策划从沿海发达城市向内地城市推进，许多项目策划照搬发达城市住宅设计思想，"克隆"现象比较普遍。其实，创新才是房地产项目策划可持续发展的关键所在。

第三，在项目投资策划过程中，开发商往往不重视科学的市场分析，倾向于凭直觉和经验来判断市场，导致建成的许多项目缺少明显的特色，使得投资方向不明确，难以满足消费者的需求。还有的项目想把所有的市场需求全都"一网打尽"，最后的结果是项目没特色，缺少生命力。

第四，房地产项目策划组织以知名策划人领衔"主演"，其他有关人员以"跑龙套"的形式出现。经过多年的实践和摸索，一些"自由策划人"积累了丰富的房地产策划理念、思想，创造出许多项目典范和营销经典，赢得房地产开发企业的认同。于是，他们纷纷成立各类房地产策划咨询公司，为房地产策划发展的专业化、规范化而不懈努力。并且，这种以知名策划人领衔主演的形式一直保持至今，为房地产策划咨询业的一大风景。

■ 4.1.2 房地产项目策划的重要性及必要性

一直以来，房地产策划主要由营销人员完成并用以指导建筑项目设计，然而营销人员往往缺乏建筑专业设计知识，导致其制定出的建筑设计建议书虽然符合市场需求，但缺乏实际建设的系统性、可行性和经济性，使建筑设计成果与策划成果偏差较大。因此建筑设计往往多次反复，有时还因为工程实施难度较大而致使整个策划被推翻。在将来的房地产设计策划中，建筑师在整个项目中应处于"主导"地位，结合市场策划及投资策划来完成建筑项目定位设计等工作，并加强与营销公司及业主的沟通，使建筑项目能达到经济效益、社会效益和环境效益的最大化。据相关资料显示，规划、设计对建筑项目投资的影响，在初步设计阶段为 $75\%\sim90\%$，在施工图阶段为 $10\%\sim25\%$，在项目开工后为 10% 左右。因此，前期建筑项目策划对房地产项目的经济性影响非常大。

■ 4.1.3 房地产项目策划内容

房地产项目策划就是把科学、规范、标准、定额等科学理论运用到房地产领域的策划活动，它根据房地产开发项目的具体目标，以客观的市场调研和市场定位为基础，以独特的概念设计为核心，综合运用各种策划手段（如投资策划、建筑项目策划、营销策划等），按一定的程序对未来的房地产开发项目进行创造性的规划，并以具有可操作性的房地产项目策划文本作为结果的活动。它包括五层含义：

一是房地产项目策划具有可操作性的具体目标。

二是房地产项目策划是在市场调研和市场定位基础上进行的。

三是房地产项目策划要遵循特定的程序。

四是房地产项目策划要综合运用各种策划手段。

五是房地产项目策划最终要提供可操作性的策划文本。

目前关于房地产项目策划有两种不同的理解：一种观点认为，房地产项目策划就是促销策划，即如何想方设法把楼盘卖出去，这是一种狭义的理解；另一种观点认为，房地产项目策划就是从房地产开发商获得土地使用权开始，到市场调查、消费者行为心理分析，再到物业管理全过程的策划，即房地产项目全程策划。房地产项目全程策划主要包括以下内容。

一、投资决策策划

房地产投资分析是全程策划的起点，是房地产开发的关键，对开发项目进行社会、经济、环境、技术等全方位的研究，进行开发定位、可行性研究和投资决策。

二、规划设计策划

通过完整科学的投资策划分析，开发商有了明确的市场定位，从而进入了产品设计阶段，将投资决策阶段的意见和措施化为具体的规划设计要求，设计方案要求有弹性，可以根据市场情况和新趋势进行调整和优化，以营造布局合理、地域特色明显的规划方案。

三、建设施工策划

质量与工期是房地产项目开发重要的指标之一，实际房地产项目中因房屋质量、工期延误等原因而造成销售停滞和购楼者要求换房或退房的现象屡有发生，严重影响了开发商及项目的信誉。建筑施工的原则不外乎质量最优、工期最短、造价最低的原则，而对于开发商来说，则是在保证质量、进度目标的前提下，坚持造价最低原则。

四、整合营销策划

房地产项目营销策划是房地产企业对未来将要进行的营销推广活动进行整体、系统筹划的超前决策，它是一个房地产企业获得市场价值的关键。房地产产品不同于一般的消费品，其具有不可移动性、价值的高额性、生产周期的长期性、消费需求的层次性和多样性，因此开发商必须要对项目进行价格定位，以投资决策策划阶段的市场定位为主，研究市场的有效需求，根据市场动向适当调整营销方案。

五、物业管理策划

物业管理策划是针对房地产项目内的群体进行分析，以进行特别服务设计和特色设计，而不是满足简单的基本设施服务需求。到位的物业管理，一定会为后期的开发销售树立好口碑，对后期工程的销售工作有促进作用。房地产物业管理不仅是项目品质和销售的有力保证，它更是品牌项目的重要支持。

4.1.4 房地产项目策划的特性、地位及其作用

一、房地产项目策划的特性

房地产项目策划主要有七个特性。

(1) 地域性。

房地产项目策划的地域性主要体现在以下三个方面：

第一，房地产开发项目所在地的地理位置、自然环境、经济条件、市场状况等

区域经济情况。

第二，房地产开发项目周围的市场情况，要重点把握市场的供求情况、市场的发育情况以及市场的消费倾向等。

第三，房地产开发项目所在地的区位情况，如自然区位、经济区位等。

(2) 系统性。

房地产项目策划是一个庞大的系统工程，房地产项目的开发从开始到完成经过市场调研、投资研究、规划设计、建筑施工、营销推广、物业管理等几个阶段，每个阶段构成房地产策划的子系统，各个策划子系统共同组成一个大系统。各个子系统各有一定的功能，系统的结构与功能具有十分密切的联系。

(3) 前瞻性。

房地产开发项目完成的周期相对较长，房地产项目策划的理念、创意、手段应着重超前性、预见性。在市场调研阶段，要预见到几年后房地产项目开发的市场情况；在投资分析阶段，要预知未来开发的成本、售价、资金流量的走向；在规划设计阶段，要在小区规划、户型设计、建筑立面等方面预测未来的发展趋势；在营销推广阶段，要弄清当时的市场状况，并在销售价格、推广时间、楼盘包装、广告发布等方面要有超前的眼光。

(4) 市场性。

房地产项目与其他产品最大的区别是其位置的固定性、不可移动性，这就决定了在项目策划时一定要结合当地的市场供求情况，以消费者需求为依据。房地产的市场变了，项目策划的思路、定位都要变，房地产项目策划要造就市场、创造市场。

(5) 创新性。

房地产项目策划创新首先表现为概念新、主题新。由于概念、主题是房地产项目的灵魂和房地产项目发展的指导原则，其有创意才能使房地产产品具有与众不同的内容和形式；其次表现为方法新、手段新，不同的方法与手段在不同的情况下的运用和整合所产生的效果是不同的，随着时间推移也会不断产生新的方法和手段。

(6) 操作性。

房地产项目策划方案一定要有可操作性，表现在三个方面：一是策划方案在实际市场环境中要有可操作的条件；二是在具体的实施上要有可操作的方法；三是策划方案要易于操作、容易实施。

(7) 多样性。

房地产项目策划要比较和选择多种方案，对多种方案进行权衡比较，选择最科学、最合理、最具操作性的一种。同时，房地产项目策划方案应在保持一定稳定性的同时，根据房地产市场环境的变化不断对策划方案进行调整和变动，以保证策划方案对现实的最佳适应状态。

二、房地产项目策划的地位

房地产项目策划是房地产企业策划的组成部分，是企业决策者的亲密助手，在社会经济发展中处于越来越重要的地位，主要体现在：

首先，房地产项目策划贯穿于房地产开发项目建设的始终，经过市场调研、项目选址、投资研究、规划设计、建筑施工、营销推广、物流服务等一系列过程，策划活动都参与其中。实践证明，只要一个项目其每个开发环节都经过科学、规范的策划，此项目成功的几率就高，经济效益就好。

其次，由于众多策划人努力实践，房地产项目策划在创造许多精彩的项目典范和营销经典的同时，也创造出不少闪光的策划概念、思想和策划理论。这些都给房地产企业以智力、思想、策略方面的帮助与支持，为房地产企业创造更多的经济效益。

最后，房地产项目策划在我国经过众多的策划人共同努力，已创立了许多新的策划理论和思想，为填补我国房地产项目策划的空白作出了巨大贡献。

三、房地产项目策划的作用

房地产项目策划在房地产整个开发建设过程中发挥重要的作用。

第一，房地产项目策划是在对房地产项目市场调研后形成的，是策划人不断面对市场而总结出来的智慧结晶。因此，房地产项目策划是房地产项目成败的关键，通过策划可以提高房地产企业决策水平，避免项目在运作中出现偏差。

第二，房地产项目策划能使房地产企业对项目进行准确的市场定位，提供更多消费者满意的产品，增强房地产项目的竞争能力，使房地产企业在激烈的市场竞争中赢得主动地位。

第三，房地产项目策划能探索解决企业管理问题，增强企业的管理创新能力。房地产策划帮助房地产企业遵循科学的策划程序，从寻求房地产开发项目的问题入手，探索解决管理问题的有效途径。

第四，房地产项目策划能有效地整合房地产项目资源，使人力资源、物力资源、社会资源等协调发展。房地产项目策划将这些资源有效的整合，形成一种优势，推动房地产健康发展。

此外，房地产项目策划还有预测未来市场，满足居民居住具体要求等作用。

四、房地产项目策划模式与程序

房地产项目策划，从运用各种策划技术手段使房地产开发项目成功推向市场的角度看，房地产项目策划发展至今主要形成了三种典型的策划模式。

(1) 卖点策划模式。

卖点策划模式出现在市场需求大于或者略小于供给、竞争不是太激烈、消费者的心理也不是够理性和成熟的市场中。卖点策划解决了消费者识别选择的问题，它能够引导购房者在众多楼盘中比较容易的按照个人需求进行选择。然而，卖点策划缺乏对项目的综合部署，导致整体配置不够合理，难以形成一个有机整体。同时，卖点策划模式会滋生楼盘之间的攀比，这就会带来盲目的追加投资。由于卖点易于模仿，这部分投资的市场竞争力会随着竞争对手的模仿而消失，于是再次追加投资，再次被竞争对手模仿，形成恶性竞争。

(2) 概念策划模式。

随着经济的发展，社会中开始出现了生活行为模式的变化，房地产市场已经由卖方市场转为买方市场。概念策划开始由注重产品转向注重市场需求，在进行目标市场的科学分析的基础上，对开发项目进行内涵与外延的挖掘，使项目各部分有机融合，避免了卖点策划模式中的一些不足。然而，概念策划模式缺乏对企业长远发展目标的考虑，只能适应竞争不太激烈的市场。随着消费者消费观念变化速度的加快，将整个开发项目的前途押注于一个概念的风险是非常大的。此外，随着消费者日渐理性，概念对他们的刺激效果会逐渐减弱。

(3) 全程策划模式。

消费者们的居住观念已经随着社会的发展不断发生变化，住宅消费者需求的变化进一步分化了市场，加剧了房地产市场的竞争。全程策划模式从策划实践中产生，是综合策划阶段理论研究的结晶，为房地产策划领域提供了一种全新的模式。房地产的全程策划就是从楼盘的开发初期（开发构想）至楼盘最后全部售完及后期物业管理的全过程策划。全程策划将与房地产开发相关的各种社会专业服务结合在一起，将各部门的运作置于整个策划系统中。另外，全程策划模式将开发商的风险分散到各个相关社会部门，在充分运用社会资源实现高效开发的同时，提高了企业的抗风险能力，增强了企业的市场竞争能力。

全程策划模式采用以消费者需求为中心的、整体战略性很强的营销观念，其目标就是满足消费者的需求和实现企业的长足发展。随着全程策划模式的发展，将卖点策划与概念策划模式逐渐地融入全程策划系统中，使之成为营销的工具，对于实现整体策划目标是非常有利的。全程策划模式主要强调两方面：一是房地产项目策划应从市场调研、项目论证、概念设计、规划布局、建筑设计、工程控制、营销推广、售后服务等一系列环节中以进行"全过程"策划，各个环节相互连贯，缺一不可；二是在每一策划环节中以提高房地产产品价值为主要目的，强调提升价值的手段和空间。

五、房地产项目策划的原则

在房地产开发与经营中，本着"以人为本"的指导思想对房地产项目进行全过程的策划，应体现以下几方面的理念和原则。

(1) 独创原则。

独创就是独到、创新、差异化、个性化，它应贯穿房地产策划项目的各个环节，使房地产项目在众多的竞争项目中脱颖而出。无论房地产项目的定位、建筑设计的理念、策划方案的创意、营销推广的策略,没有独创或毫无新意,要在市场竞争中赢得主动地位是不可能的。房地产策划要达到独创,永不雷同,必须满足以下几个要求:策划观念要独创;策划主题要独创;策划手段要独创。

(2) 整合原则。

在房地产开发项目中,有各种不同的客观资源,大概可分为两大类:一是从是否能明显看出来分,有显性资源、隐性资源;二是从具体形式来分,有主题资源(或称概念资源)、社会资源、人文资源、物力资源、人力资源等。为了有效地整合好房地产开发项目的客观资源,必须做到以下几点:第一,要把握好整合资源的技巧。在整理、分类、组合中要有的放矢,抓住重点,使客观资源合力加强;第二,整合好的各个客观资源要围绕项目开发的主题中心,远离主题中心的资源往往很难达到目的;第三,要善于挖掘、发现隐性资源。

(3) 客观原则。

在房地产策划运作的过程中,策划人通过各种努力,使自己的主观意志自觉能动地符合策划对象的客观实际。要遵循客观原则做好房地产策划,必须注意以下几点:①实事求是进行策划,不讲大话、空话。②做好客观市场的调研、分析、预测,提高策划的准确性。③在客观实际的基础上谨慎行动,避免引起故意"炒作"之嫌。④策划的观念、理念既符合实际,又有所超前。

(4) 定位原则。

所谓"定位",就是给房地产策划的基本内容确定具体位置和方向,找准明确的目标。房地产开发项目的具体定位很重要,关系到房地产项目的发展方向。要在房地产策划中灵活运用好定位原则,它的具体要求是:

第一,具体要从"大"、"小"两方面入手,大的方面是房地产项目的总体定位,包括开发项目的目标、宗旨,项目的指导思想,项目的总体规模,项目的功能身份,项目的发展方向等。小的方面是房地产项目的具体定位,包括主题定位、市场定位、目标客户定位、建筑设计定位、广告宣传定位、营销推广定位等。房地产项目的总体定位确定了项目的总体位置和方向,对项目的具体定位有指导、约束作用;房地产项目的具体定位是在总体定位下进行的,具体定位是对总体方向的分解,各个具体定位要符合总体定位的方向。

第二,把握各项定位内容的功能作用。要做到这一点,策划人首先要全面掌握定位内容的内涵,深入其中间去,确定其定位的难易点,有的放矢地找准目标。其次,每项定位内容的具体功用是一样的,要把它们整合好,利用好,为整个项目的总体定位服务。

第三,要熟练地运用项目定位的具体方法和技巧。在项目定位过程中,方法和技巧运用得好,往往会达到事半功倍的效果。

(5) 可行性原则。

可行性原则是指房地产策划运行的方案是否达到并符合切实可行的策划目标和效果，它要求房地产策划行为应时时刻刻地为项目的科学性、可行性着想，避免出现不必要的差错。贯彻房地产策划的可行原则，可以从以下几方面着手：

一是策划方案是否可行。在房地产策划过程中，确定方案的可行性是贯彻可行原则的第一步。有了可行的方案以后，还要对方案实施的可行性进行分析，使方案符合市场变化的具体要求，这是贯彻可行原则的第二步。

二是方案经济性是否可行。策划方案的经济性是指以最小的经济投入达到最好的策划目标。投资方案通过量的论证和分析，可以确定策划方案是否可行，为项目的顺利运作保驾护航。

三是方案有效性是否可行。房地产策划方案的有效性是指房地产策划方案实施过程中能合理有效地利用人力、物力、财力和时间，实施效果能达到甚至超过方案设计的具体要求。

(6) 全局原则。

全局原则从整体、大局的角度来衡量房地产策划的兴衰成败，为策划人提供了有益的指导原则。从房地产策划的整个过程来讲，它分为"开局、析局、创局、选局、布局、运局、馈局和结局"八大过程，每个过程都跟全局有密切的联系，每个局部的运作好坏都会对整个全局造成影响。

全局原则要求房地产策划要从整体性出发，注意全局的目标、效益和效果；从长期性出发，处理好项目眼前利益和长远利益的关系；从层次性出发，总揽全局；从动态性出发，注意全局的动态发展。

(7) 人文原则。

人文原则是强调在房地产策划中要认真把握社会人文精神，并把它贯穿到策划的每一个环节中去。在房地产策划中要把握好人文原则，必须注意以下四点：第一点是把握好人文精神的精髓，并在人文精神的具体形式中深入贯彻；第二点是把握好人口各个要素的内容、形式以及它们的功用，分析它们对市场影响的大小、轻重，找出它们运行的具体规律；第三点是把文化因素渗透到开发项目中去，才能迅速占领市场，建立自己的项目个性；第四点是通过民族文化的积累，促进产品及企业品牌的形成。

(8) 应变原则。

所谓应变就是随机应变，它要求房地产策划要在动态变化的复杂环境中，及时准确地把握发展变化的目标、信息，预测事物可能发展变化的方向、轨迹，并以此为依据来调整策划目标和修改策划方案。房地产策划的应变原则有以下四点。

一是增强动态意识和随机应变观念。

二是时刻掌握策划对象的变化信息，为策划提供具有真实性、时效性、系统性的信息资料。

三是预测对象的变化趋势，掌握随机应变的主动性。

四是及时调整策划目标，修正策划方案。

六、房地产项目策划的趋势

在当前激烈竞争的市场环境下，许多房地产开发商已不再被动的迎合消费者的口味，而是努力的引导市场，创造超越现有的生活需求，将自身对居住文化的理解和独特的审美品位融入项目中，形成鲜明的个性特征。

根据房地产项目策划的原则，房地产业界认为，今后的房地产项目策划业将会呈现五大趋势：

（1）房地产的策划观念从产品品牌观念向企业品牌观念转变，从追求社会效益和经济效益观念向生态效益和可持续发展的观念转变。

目前倡导的一个全新的住宅开发理念——"第五代住宅"，即着眼于环境，追求生活空间的生态和文化环境，以创造舒适的人居环境为主题，从空间、环境、文化、效益四个层次进行综合性整合，做到人、住宅与自然环境、社会环境之间形成一种融洽的共生关系。

（2）房地产的策划组织从自由策划人走向群体组织，从群体组织走向专业分工、相互协作的轨道。房地产项目策划最早是由"自由策划人"实践、探索而逐渐发展起来的，随着房地产项目策划业的深入发展，策划人必须走向规范的组织化道路。这是因为房地产业的发展以及项目开发涉及人文、经济、管理、建筑、IT业、生态与环境等多个方面，各方面需要互相协作。

（3）房地产的策划方法从侧重项目概念转到项目概念与项目细节并重的方法上。项目策划概念是当前房地产项目策划方法上的主要特征，它强调某个概念的创意而使楼盘热销。随着消费者消费出发点的改变，消费者买房不只是买"概念房"，而是买"精品房"。因而，楼盘的细节的完美和舒适将进一步引起购买者的重视。未来的房地产项目策划，将从侧重项目的概念转到项目的概念与细节并重。

（4）房地产的策划理论由单薄、零散的思想、理念逐步形成全面、科学的理论体系。近几年来，房地产项目策划经过优秀策划人的辛勤努力，策划思想不断丰富，策划理论研究日益深入，这些实践积累起来的真知灼见是房地产项目策划理论不可多得的财富。对房地产项目策划的研究已从实务操作层面，逐渐向深入、科学的理论探究，具有中国特色的房地产项目策划理论体系正在形成。

（5）房地产的策划信息从人脑收集转移到人机结合；在信息的分析上，从定性分析转移到定性与定量分析相结合。现代计算机技术、互联网技术的发展，使人们利用计算机和互联网进行房地产信息的收集、分析、加工、整理乃至运用成为可能。现代信息工具可以帮助人们收集、分析大量信息，通过综合归纳并运用各种技术手段可模拟策划结果和实战状况，为策划达到的预期效果提供参考。目前，房地产项目策划的信息分析大都只处于定性分析的层次上，策划过程中的科学性不够。从发展的观点看，处理信息时定性与定量分析相结合，互为促进，才能使信息准确地反映市场动态情况。

随着房地产全程策划的快速发展，对房地产全程策划若干问题的探讨，有利于更好地实施房地产项目的全过程策划，促进房地产的持续健康发展。在全程策划过程中，首先，房地产全程策划不等于专业化操作。策划一定要以差异化战略为前提，要创新，要创造，而不是按照一定的程序、方法、模式来运作。时下许多楼盘的所谓策划，严格来说都不叫策划，最多只是专业化操作。其次，策划贵在思维方式。成功的策划使企业人与策划人之间的双向互动与共同思维，策划人具有广阔的行业视野和自由的思维跨度，其思考问题的出发点和思维方式与企业人不同，能以更客观、中立和超脱的立场思考问题。再者，全程策划越早介入越好。一般房地产开发商往往是在项目已经进入实施阶段，即规划设计要点已经审批，设计单位已经委托，甚至部分项目形象进度已做好，此时项目策划所做的工作只是对项目进行诊断并提出新的包装、推广计划，这对项目内在因素的提升极其有限。

4.2 房地产全寿命期策划

房地产全寿命期策划，对房地产全寿命期若干问题的进一步探讨与研究，有利于更好地实施房地产项目的全过程策划，促进房地产的持续健康发展。

4.2.1 房地产项目投资决策策划

住宅开发项目分类较庞杂，从规模上主要分为小规模住宅、居住小区、综合开发的大型住宅区等；从档次上主要分为普通住区、高档住区等不同档次住区；从使用功能上主要分为一般住宅、别墅区、公寓、商住区等；从房产性质上分为廉租房、经济适用房和商品房。由于房地产业在国内发展的局限性，市场的诸多不确定因素：投资周期长、不确定性和风险程度高，市场供给缺乏弹性，市场需求的广泛性和多样性，市场消费的层次性和发展性等，在进行房地产项目的投资分析时，需要根据房地产项目的实际情况，根据市场因素、经济因素等多方面综合分析，做到项目决策的可行性、可操作性。

一、房地产投资决策概述

投资决策策划是对房地产项目进行社会、经济、环境、技术等全方位的研究，进行开发定位、可行性研究和投资决策。分析项目周边地区的条件（地形地貌、日照条件、环境质量、空气质量、水环境、景观条件等），进行项目选址决策，了解项目所在地的规划情况（规划要求及实施情况、公共设施和市政设施的配套情况等），分析基地开发的可行性；了解基地的地形地貌和工程地质概况，估算开发工程量和费用；分析房地产开发现状，进行目标客户群的实态调查，确定开发定位，树立品牌意识。

房地产的投资决策是一个多目标、多因素的分析过程，是对项目风险与收益权衡的结果，同时也是科学分析与直觉的综合考虑。在实际操作中，不能只看各种理论数据、理论指标，还要对项目开发过程可能发生的各种风险，进行客观的估计和预测，综合分析以得到最终的投资决策结论。

对于中小型规模的房地产开发建筑项目，首先应根据具体周边环境及周边已有重要的建筑和公共场所（如学校、公园、医院等）的发展情况，在规划上以求与其相结合，充分利用其优势。预测与该地块相适应的购买人群，以及周边的基础设施及环境的现状及发展趋势，如基础设施完善程度、交通便捷性、人文环境状况等。

对于大型房地产综合开发建筑项目，在规划上力求统一，以品牌性大公司为龙头，联动中小开发商协同运作，在开发和建设上滚动经营，形成集成式规模开发格局，发挥房地产开发与建设中的积聚效应，形成设施完善、交通便捷、环境洁静、生活舒适并且居住效率高、生态效率高、运行效率高、集聚效率高的现代化住宅区。对于这种形式的集成式房地产规模开发，既考虑了各个开发商利益分配要求以及权属明晰的要求，又使得各个开发商的优势能够在联手打造区域性房地产消费热点的过程中实现互补，取得优势。

二、项目用地的获取与选址

开发商根据自身对房地产市场的分析及认识，寻求投资的机会，将投资设想落到一个或若干个具体地块上，通过市场分析和拟选项目的财务评估（评价）工作进行决策，这一阶段需提出项目投资建议，编制项目初步投资估算，这是房地产整个开发过程中最为重要的一个环节。开发商与策划人首先在开发用地选择上进行深入研究，主要工作内容有：研究城市规划并了解当地房地产市场情况；研究地块的开发价值；研究如何获得土地使用权及了解地块所在地的政策法规。

三、项目市场调查

房地产项目市场调查是为了实现房地产项目特定的目标，运用科学的理论和方法以及现代化调查技术手段，有目的、有计划、系统地收集房地产市场的信息资料，通过整理、分析这些资料来正确判断和把握市场的现状及发展趋势，从而为有关项目建设的必要性、建设内容、建设规模、建设档次、建设时机及开发经营方式等决策提供正确依据。

一般在获得土地使用权后，由于政府规划部门对项目用地规定了详细的规划控制指标，这种情况下，开发商对项目用地已有了一定的考虑，为了使决策更科学，把产品定位更准确，必须通过市场调查，了解消费者心理，寻找目标客户，在这阶段开发商与策划人研究通过什么方法和手段获得相关的信息。一般委托专业调查机构,实施问卷调查,对消费者心理与行为进行分析。

四、项目目标市场及定位

目标市场就是企业决定进入的那个市场,即企业经过市场细化,以及对细化市场评估以后,决定以相应的商品和服务去满足细化市场需要和服务的顾客群。就房地产企业而言,目标市场就是一个为满足细化市场的特定项目,以及该项目一系列的开发理念、市场定位、卖点设计等营销策略的组合。

如果将目标市场的选择看成"获得消费者",项目的市场定位就可看成"获得消费者的心"。实践证明,不管是什么样的楼盘,若想获得成功,没有一个好的定位是难以实现的。因此,房地产产品的营销者必须设计出在目标市场中能够给产品带来最大竞争优势的市场定位,使产品在消费者心目中能够占据一个清晰的位置,并且还要设计出实现这一目标定位的市场营销组合。项目定位主要解决的问题是:

项目市场定位,即房子主要卖给谁,有哪些竞争对手,目标客户有哪些消费习惯。产品定位,确定开发什么样的产品,找出你开发产品限制性条件,制定具体的产品定位方案和定位策略。

房地产项目的概念设计,即对拟建项目提出一种概念、精神和思想,它是贯穿于整个项目的灵魂,是项目的主题,也称为房地产项目的主题策划,成功的概念设计给项目赋予更多的文化内涵,引领一种新的生活理念和生活方式。

投资决策策划是对开发项目进行社会、经济、环境、技术等全方位的研究,进行开发定位、可行性研究和投资决策。而对开发商来说,投资这一部分一般是企业内部的行为。但从整个项目过程看,它是一个不可缺少的重要环节,需对项目进行全面、详细、深入的技术经济分析论证,评价选择拟建项目的最佳投资方案,这一阶段的主要工作有:投资环境分析、确定项目投资方向、投资组合以及确定项目的总体资金运作方案等。

4.2.2 房地产项目规划设计策划

一、房地产规划设计概述

现阶段是我国住宅建设由温饱型向小康型过渡的关键时刻,住宅建设发展的目标向设计师提出了新的课题,即要求以新的观念作为设计的主导思想。从房地产项目总体开发原则来说,良好的规划和建筑设计是保证房地产项目成功的要点之一。在整个房地产项目的运作中,规划设计是其中一个重要的有机组成部分。

随着经济的发展,社会的进步,技术的改善,人们对于居住的要求也逐步从以往的简单的物理要求层析上升到更加全面的要求层次。也正是由于这些因素,才行成当代住宅在规划和建筑设计上的新的发展方向。规划和设计的发展趋势,其实正是由于经济、社会、技术因素的改变,人们才对居住条件要求的改变而促成的。以往的住宅建筑设计只注意硬件（建筑、道路、广场、城市等可见部分）的设计，却忽视了弹性件（阳光、空气、水、土地、绿化等）的设计，忽略了人类聚居的生活环境，甚至忘掉了软件（人、家庭、群体、社会、自然和社会生态）部分，忘掉了建筑的目的和建筑中的生态平衡。

住宅设计应该以积极的态度，把人与建筑、人与自然环境间的关系建立在反物化、反消耗的价值观上，以"配合应用"环境资源取代"消费"环境资源，视大自然为生命母体，与自然环境维持共生存关系。此观念要落实在节地、节能、节材上，落实在结合地理环境、气候条件上，落实在提高居住环境质量上，落实在生态平衡与自然解除等空间性内容之中。一个成功的住宅项目策划，应该是在开发资金的限度之内，使住宅区的总体规划、建筑及环境设计达到最佳，使住宅区的居住质量达到最高水平。这是住宅区整体框架设计的重要步骤。住宅项目的规划设计，就是要制定整个住宅工程的设计原则，给住宅项目最终的成功奠定坚实的基础。

住宅设计要求建筑师在新理念的指导下，以人为本，以人与环境的和谐发展为核心，运用先进的科学技术、手段，综合社会、经济、环境、文化等多方面内容创造性地解决各种矛盾，去创造出符合时代、社会、居民需求的城市住宅。

公共建筑设施是居民基本的物质和精神生活方面的需要，是城市规划服务设施系统的社会基础设施，其设置的总体水平不仅反映了居民对物质生活的客观需要和对精神生活的需求，也体现了社会对人的关怀。公共建筑设施设计布置的内容和布局直接影响到居住生活的质量。公共建筑的功能、经济及美观的问题基本属于内在因素，城市规划、周围环境、地段状况等方面的要求则是外在的因素，这些关系构成一个整体统一而又和谐完整的空间体系。在进行室外空间组合时，常表现为功能与经济、功能与美观以及经济与美观的矛盾，这些内在矛盾的不断出现与解决，则是室外空间组合方案构思的重要依据。

景观设计包括绿化种植景观、道路景观、场所景观、硬质景观、水景景观、庇护性景观、模拟化景观、高视点景观和照明景观。美化生活环境要体现社区文化的社会性，节能节材合理用地的经济性、生态性、地域性和历史性。

二、项目整体规划设计

建筑密度是指建筑物的覆盖率，具体指项目用地范围内所有建筑的基底总面积与规划建设用地面积之比（％），它可以反映出一定用地范围内的空地率和建筑密集程度。容积率是指项目用地范围内总建筑面积与项目总用地面积的比值，即

$$容积率 = 总建筑面积 \div 总用地面积$$

容积率越低，居民的舒适度越高，反之，则舒适度越低。对于房地产开发商来说，容积率决定地价成本在房屋中占的比例，而对于住户来说，容积率直接涉及居住的舒适度。绿地率也是如此。绿地率较高，容积率较低，建筑密度一般也就较

低，房地产开发商可用于回收资金的面积就越少，而住户就越舒服。这两个比率决定了这个项目是从人的居住需求角度，还是从纯粹赚钱的角度来设计一个社区。一个良好的居住小区，高层住宅容积率应不超过 5，多层住宅应不超过 3，绿地率应不低于 30%。

三、公共建筑规划设计

因地制宜、因时制宜和因材制宜，有机的处理个体与群体、空间与体形之间的关系，使公共建筑的空间体形与周围环境相互协调，不仅可以增强公共建筑本身的美观，又可丰富城市环境的艺术面貌。室外环境空间的形成，一般考虑以下几个主要组成部分，即建筑群体、广场道路、绿化设施、雕塑壁画、建筑小品、灯光造型与夜间的光照艺术效果等。

四、景观设计

目前环境问题已是购房者关注的主要问题，有"家"要有"园"。最贴切的景观设计就是在具体的地块上讲究天人合一，建筑与环境相统一的设计才能使住宅社区独具特色，焕发出个性魅力。园林是一门融文学、绘画、建筑、雕塑、工艺美术等门类于一体的独特的艺术。

4.2.3 房地产项目建设施工策划

一、建设施工策划概述

长期的实践证明，工程建设要做到安全、适用、美观、经济，必须坚持科学发展观，全面规划，统筹兼顾，科学策划，优化管理。这样才能防止因盲目决策和粗放管理而造成的严重失误，才能避免给工程质量留下隐患，或给使用者留下永久的遗憾，或给城市留下不和谐的败笔。建设施工的原则不外乎质量最优、工期最短、造价最低的原则，对于开发商来说，则是在保证质量、进度目标的前提下，坚持造价最低原则。

建立一个完善的施工组织体系是实施项目策划的基础，而作为建筑项目部，需要根据施工项目的组织形式、规模、复杂程度、专业特点、施工任务和施工进展，对人员实行人才储备、择优聘用，同时合理调整，实现动态管理。在实施项目建设过程中，其管理是相当重要的，因为它直接关系到工程的进度、质量和造价，直接关系到项目开发成本的控制。三者的关系是盘根错节的，在保证质量、保证进度的前提下把建造成本压到最低。

通过项目策划，对项目决策和实施中的问题进行风险、组织、管理、经济、技术、环境、质量和进度方面科学分析和论证，对施工过程中的各方面进行充分的调查研究，制定切实可行的施工组织方案和目标，为项目盈利提供重要前提。归结起来，项目施工管理策划的作用主要体现在以下四个方面：

一是保证建筑项目投标阶段决策的科学性和合理性。在复杂激烈的市场竞争环境中，企业对于工程投标信息要进行仔细的分析和论证，要有所为，有所不为。企业经营越困难，越要谨慎，对认准有所为的项目要进行认真调查研究和预测，制定投标报价的策略，努力战胜对手获得中标，并要签订一个有利合同。

二是保证施工过程中各要素间的协调一致性。通过项目策划，落实施工各要素的协作配合，从而保证项目施工顺利有序进行。越是复杂的项目，其项目策划的重要性越强，项目策划的结果是施工制定各项工作的依据，是圆满完成施工任务的保证。

三是保证企业获得良好的效益。通过项目策划，制定出项目施工中的质量、工期、安全目标，并进行成本分析，限定施工成本的损耗，将各项目标进行责任落实，保证工程建设获得必要的效益，在目前建筑业竞争激烈、利润微薄的情况下，这是企业获得效益的重要途径。

四是降低企业施工风险。建筑项目施工周期长、工作量大、协作单位多、风险因素较强，通过项目策划，实现能全面的对风险进行识别，进而制定风险对策，可以对施工过程中风险的规避、转移、索赔补偿提供前提和基础，这对于复杂项目具有重要意义。

目前，各施工企业基本实行了项目施工管理策划制度（项目施工规划），但落实程度不一，效果不一。建筑项目施工管理策划工作还存在一些问题：投标阶段的策划与实际出入比较大；策划人员力量不够，策划组织仓促，策划成果与实际相差大；部分项目不可预见性强，策划的指导性不强；实施阶段动态调整不及时，影响了策划的效果；策划成果落实力度不够，也是影响策划效果的一个重要原因。

二、建筑项目进度管理

进度管理是指按照施工合同确定的项目开、竣工日期和分部分项工程实际进度目标确定的施工进度计划，按计划目标控制工程施工进度。对项目竣工日期或各阶段目标进行策划，并将目标计划分解，编制合理的进度计划。首先，收集企业或上级部门对进度的要求、发包人或其他相关方的要求、工程现场的实际情况、企业类似工程的实际进度情况等资料；其次，确定阶段性目标和竣工目标。一般把合同要求的竣工目标作为工程的竣工总目标，在此基础上制定如基础、地下部分、主体工程、装饰装修工程等阶段目标；再次，根据总竣工目标和阶段性目标，合理配置实现目标所需要的各种资源和施工方法；最后，编制施工进度计划图和资源图。工程技术人员按照工程总进度计划制定劳动力、材料、机械设备、资金使用计划，同时还要做好各工序的施工进度记录，编制施工进度统计表，并与总的进度计划相比较，做到平衡和优化进度计划，保证主体工程均衡进展，减少施工高峰的交叉，最优的使用人力、物力、财力，提高综合效益和工程质量。

施工阶段对其进度实施控制是建设工程进度控制的重点，也是建筑项目管理的重要控制目标之一。因此，首先要做好施工进度计划与项目建设总进度计划的衔接；其次，跟踪检查施工进度计划的执行情况；最后，在必要时对施工进度计划进行调整。为此，我们应从以下几个方面入手：

(1) 确定施工阶段进度控制的目标。

要保证建筑项目按期完成并交付使用。同时，为了有效地控制施工进度，首先要将施工进度总目标从不同角度进行层层分解，形成施工进度控制目标体系。

在确定施工进度控制目标时，必须全面细致地分析与建设工程进度有关的各种有利因素和不利因素，以提高进度计划的预见性和进度控制的主动性。

确定施工进度控制目标的主要根据是施工工期的要求、工期定额、类似建筑项目的实际进度、工程难易程度、工程条件的落实情况等。

(2) 施工进度控制的任务。

根据业主（或监理）要求编制施工总进度计划，按年、季、月、旬编制工程实施计划；经常性检查施工进度实施的情况，对比实际进度和计划进度，必要时应采取相应措施对进度做适当调整；定期组织召开不同层级的现场协调会，以解决施工过程中相互配合的问题；整理工程进度资料，为今后其他类似建筑项目的进度控制提供参考。

(3) 工程进度控制的方法。

有了进度控制的目标以及控制工作任务还不够，要实施进度控制必须根据建设工程的具体情况，认真制定一套行之有效的进度控制措施，以确保建设工程进度控制目标的实施以及任务的顺利完成。控制措施应包括技术措施、经济措施、合同措施等方面。

建筑项目进度管理主要是选好施工单位，抓好各种工序搭接的总进度计划设计，并有足够的流动资金支持工程的建设。工程实际施工进度要不断与计划进度进行比较，若出现滞后的情况应及时查找原因，制定相应的措施及时赶上，因为相当一部分的建设资金主要由银行贷款解决，工期的快慢直接影响到财务成本问题，即直接影响到开发的总成本。同时，工程建设进度也为工程的预售创造条件，工程进度快就可以争取尽量预售，尽快让投入的建设资金回笼，并能保证预售合同所签订的交楼时间，如期交付使用，不至于引起各类赔偿、罚款等经济纠纷，影响楼盘声誉及公司的经营业绩。

三、工程造价管理

房地产项目的工程造价数额往往比较大，从几十万元到几百万元甚至上亿元，它对国民经济产生很大影响，它的价格构成是多个行业市场价格的综合反映，所以说做好房地产项目全过程造价管理具有特殊的重要意义。房地产项目造价管理在房地产项目全过程中应形成如下制度，抓好以下几个方面的工作：

(1) 决策阶段的工程造价控制。

建筑项目策划是选择和决定投资行为方案的过程，是对拟建项目的必要性和可行性进行技术经济论证，对不同建设方案进行技术经济比较选择及做出判断和决定的过程。项目决策的正确性是工程造价合理的前提，项目决策的内容是决定工程造价的基础。项目决策深度影响投资估算的精确度，也影响工程造价的控制效果。建筑项目决策阶段工程造价的控制涉及的行业较多，且包括诸多经验数据，工作量大，具体操作应注意以下几点：参与人员应由经济专家、市场营销专家、工程技术人员、企业管理人员、造价工程师、财会人员组成，且必须具备一定的专业实践经验，必须保证数据的真实性、科学性、可靠性，从而保证造价的准确性和客观性。

(2) 设计阶段的工程造价控制。

合理确定设计限额。在进行项目可行性研究中编制投资估算科学合理、实事求是，克服和避免为了某种目的而不顾客观实际，随主观意向编制估算，使项目的经济信息从一开始就出现错误，无法进行投资控制。

设计中按专业分配限额。为了有效地进行投资控制和造价管理，一般在初步设计阶段进行多方案比较，运用价值工程理论，从使用功能和技术经济指标上进行分析评价，使工程造价在投资估算额度内尽可能最大限度满足使用功能要求。设计中可将固定的投资限额分专业下达到设计人员，促使设计人员进行多方案比较。力求将造价和工程量控制在限额范围之内。若初步设计阶段的设计概算超过投资估算，则需对初步设计进行修改。

施工图设计阶段的价格控制。施工图设计必须严格按批准的初步设计确定的原则、范围、内容、项目和投资额进行，其造价严格控制在批准的概算之内。目前建筑项目造价超预算的情况十分普遍，其原因不外乎是设计变更、政策性调价、"三材"市场价格波动。

设计变更的管理工作。设计单位建立相应的管理制度，尽可能将设计变更控制在施工图设计阶段，尽量减少施工中的设计变更，同时要注意工程质量的跟踪监督。在施工中，建立严格的设计变更审批程序，对所发生的变更引起的造价变动进行计算，若确实需要追加投资，则召开专门会议讨论，报有关部门及负责人批准，避免设计变更随意性。

(3) 招标阶段的工程造价控制。

在招标过程中，对选择施工单位、采购主要机电设备及建筑原材料实行招标择优的方法。一方面，在招标中应标者必须提供各种优惠条件，即达到了压低造价的目的；另一方面，在招标评标过程中能做到货比三家，避免决策的盲目性。为加强对这一阶段的造价控制，需着重做好以下几个方面的工作：

应加强对招标文件的编制管理，由专职造价工程师参与审定其中设计工程造价方面的条款。

通过细化委托编标合同内容，来进一步明确社会中介机构的编标责任和义务，促使其规范谨慎执业,具体可采用质量与中介机构经济社会效益挂钩的办法。

在竣工结算时,可选几个项目,对原项目审定控制价造价进行全面计算,详细复审,编标单位应对所编控制价质量负全责,审标单位应对经审查后计增或计减的造价负全责,并对原控制价因编标单位原因引起的累计错误超出规定误差范围的情况负一定连带责任。

(4) 项目实施阶段的工程造价控制。

施工阶段造价控制的关键,一是合理控制工程洽商,二是严格审查承包商的索赔要求,三是做好材料的加工订货。实施阶段应注意以下问题:

抓好隐蔽工程的现场签证管理及设计变更的审批,要确保一次性就能得到贯彻实施,抓好隐蔽工程的现场签证管理是防止工程造价增加的一道重要环节。严格设计变更的审批制度,在变更前应充分论证,对非变更不可的项目才给予核批。由于工程建设历时较长,在现代科技条件下,建筑材料的新旧更替更为频繁。所以"设计变更是绝对的,设计不变更则是相对的",重要的是我们如何把好这个关,尽最大努力降低建造费用,为企业争取更大的经济效益。

认真对待索赔和反索赔。索赔是工程施工中发生的正常现象,引起索赔的常见因素有:不利的自然条件与人为障碍、工期延误和延长、加速施工、因施工临时中断和工效降低、业主不正当的终止工程、物价上涨、拖延交付工程款、法规、货币及汇率变化、因合同条文模糊不清甚至错误等。

工程价款结算也是施工阶段造价管理的一个重要内容。按月结算、分段结算、竣工后一次结算等是我国现行的常见的结算方法。无论采用何种结算方法,结算的条件都应该是质量合格、符合合同条件、变更单签证齐全,特别是要实行质量一票否决权制度,不合格的工程绝不结算。

(5) 竣工阶段的工程造价控制。

根据多年的工作经验,在工程竣工结算中洽商漏洞很多,有的是有洽商没有施工;有的是施工没有进行核减,没有洽商;有的是洽商工作量远远大于实际施工工作量等。竣工结算是控制建设造价的最后一关。凡进行竣工结算的工程都要有竣工验收手续。为了保证工作少出纰漏,应实行工程结算复审制度和工程尾款会签制度,确保结算质量和投资效益。通过对预结算进行全面而系统的检查和复核,及时纠正所存在的错误和问题,使之更加合理地确定工程造价,达到有效地控制工程造价的目的,保证项目目标管理的实现。

四、施工质量管理

当前建筑施工项目质量管理现状主要表现在两个方面:

(1) 建筑施工项目质量体系。

在多数项目上未能得到真正有效运行,程序文件得不到有效贯彻执行,具体有如下表现:施工组织设计及施工方案编制欠针对性,施工作业指导书不能紧贴作业面；每个工程都有各自的弱点，但有些项目部却照搬方案；材料进场检验及试验不到位，致使有不符合要求的材料被使用；工程技术交底笼统、形式化；过程检验不规范，作业人员以完工为目的，质量好坏不管，而项目质检员又未能尽责；质量控制点的设置与管理不合理、不规范；关键、重点部位有失控现象；工程质量检验评定不客观、不及时。

(2) 建筑施工企业法律意识淡薄。

《中华人民共和国建筑法》及其相关法律法规和技术规范标准的颁布实施，既明确建筑施工企业的责任和任务，同时也明确了施工企业在工程技术、质量管理中的操作程序和规范。但一些施工企业由于法律意识淡薄、法制观念弱化，在施工活动中违反操作，不按图施工，不按顺序施工，技术措施不当，由此造成工程质量低劣。目前还有许多承包商为了盈利，在施工过程中经常偷工减料，结果工程施工存在严重的质量隐患，乃至发生事故，严重影响公司形象和长远利益。

为了加强项目的质量管理，明确整个质量管理过程中的重点所在，可将建筑项目质量管理的过程分为事前控制、事中控制和事后控制三个阶段。

对项目施工而言，质量控制就是为了确保合同、规范所规定的质量标准，所采取的一系列检测、监控措施、手段和方法。在进行项目施工质量控制过程中，应遵循以下原则：坚持"质量第一，用户至上"；以项目团队成员为管理核心；以预防、预控为主；坚持质量标准、严格检查；贯彻科学、公正、守法的职业规范。而有效地进行建筑项目施工质量管理的策略为：

1) 重视施工准备过程的质量控制。首先，要做好质量策划，把质量隐患消失在萌芽之中；其次，要完善预控措施，要做好施工图纸和细部构造的会审；最后，开工前要仔细阅读施工图纸和做好记录，提出各自负责的内容和任务，经汇总后编制成施工组织设计，并交有关部门审核、批准。

2) 提高人员素质是提高工程质量管理的根本保证。首先，必须提高自身的政治素质，政策观念强，行业道德高尚，能认真执行党和国家的方针、政策，遵守国家法律和地方法规，坚持原则，公正廉洁；其次，还必须加强人员的理论学习和业务培训，使其不断在建筑项目建设实践中得到锻炼，以提高人员的决策能力、组织能力、指挥能力、判断能力和应变能力。

3) 保证建筑材料、建筑构配件和设备的质量。原材料控制首先要控制原材料进场关，在确认实物与质量证明材料相符的情况下，外观检查合格后方可卸货下车进场。材料进场验收后，应按照施工规范要求及监理规范要求，在监理人员的监督下采取正确的方式采集样品，并按规定送到有资质的检测单位进行检测，检测合格后方可使用，不合格的必须退场，重新采购。

4) 建筑项目施工现场的质量管理。首先，控制原材料的质量，各种材料必须要有合格证，双控材料还要有试验化验单，部分材料要有建设主管部门颁布的推荐证书；其次，加强施工中的跟踪检查，各级管理人员仔细抓好每一道工序的检查，不合格者坚决返工，各项检验、分项工程、分部工程等要严格把关，定期召开现场会；再次，要做好事后检查，它包括检验批、分项工程、分部工程的验收；组织联动试车或设备的试运转；单位工程或整个项目的竣工验收。

目前施工质量管理主要由施工队自检、监理公司复检、业主核验、政府质量监督机构测评四部分组成，严把质量关。同时，业主通过参与每道工序的质量抽查，做到心中有数。这里主要指前三个部分的管理工作。施工单位自检：这是质量保障的基础，因为它始终贯穿于项目建设的全过程，所以必须监督施工单位建立健全的质量自检管理体系，必须保证其在质量管理中始终发挥良好作用，把质量隐患扼杀在萌芽状态。监理公司复检：是对施工单位自检的全面监督，能够站在公平的立场上严把工程质量。值得一提的是，业主一定要依据监理单位认可的工程月进度报表支付工程进度款，这样才能保证社会监理的效力。业主核检：是对施工单位自检及监理公司复检的必要补充。很多业主认为，请了监理公司以后，工程质量就可以高枕无忧。但仅仅只有监理公司监督是不够的，因为业主实际参与了质量监督，工程质量才多了一层保障。项目公司的工程部应参与每道工序的质量抽查，做到心中有数。工程现场及室外总体的建设管理。工程现场应注意防火、防盗、防意外事故，保证施工安全。室外总体应清理整洁，做到文明施工。有条件的工地尽量争取与主体结构配合，尽早完成室外总体管线、道路、绿化的施工，为物业的预售及销售营造气氛，争取商机。在工程施工过程中，无论是业主或者施工单位及设计单位提出的工程变更或图纸修改，都应通过监理工程师审查并组织有关方面研究，确认其必要性后，由监理工程师发布变更指令方能生效予以实施。

五、施工安全管理

在建筑项目中安全工作为头等大事，要确保建筑建筑项目人员在施工过程中的人身安全和建筑项目相关管理工作，必须要用理念科学扎实地进行策划、组织、指挥、协调、监督控制和改进来发展安全管理工作。

项目环境、职业安全健康、文明施工的策划坚持做到合理可用，既符合要求又能以最低成本组织运行。例如，具体结合现场实际特点对施工大门、围墙按JGJ59—1999规范等要求进行规划、改造，喷上公司名称、司徽、宣传标语；合理布置生活区、办公区、施工区并种上绿化植物；对影响工程安全及形象较大的外架、四口防护要求按一道主要工序设专人负责等，切实建设好环境，安全、文明施工生产，确保施工顺利进行。

建筑项目监理单位要将建筑项目施工方案的安全审查相关内容纳入建筑项目监理范围，具体要做到建筑项目实施安全、质量、工期和投资思想同步控制。

房地产开发企业不得要求施工单位违反建筑项目安全生产法律、法规和强制性标准进行施工。施工单位应当建立以本单位安全生产第一责任人为核心的分级负责的安全生产责任制，设立安全生产管理部门，配备与工程规模相适应的安全工程师，并向建筑项目派驻项目安全工程师。项目安全工程师负责有关安全生产保证体系有效运行和实现安全管理目标的人员、物资、经费等资源计划，对项目安全生产保证体系实施过程进行监督、检查、组织参与安全技术交底和安全防护设施验收，纠正和制止违章指挥、违章作业，验证预防措施和应急预案。施工单位应当接受建筑项目安全监督机构的监督管理，分阶段向当地建筑项目安全监督机构申请安全审核。

施工单位应当针对下列工程编制专项安全施工方案：土方开挖工程，模板工程，起重吊装工程，脚手架工程，施工临时用电工程，垂直运输机械安装卸载工程，拆除、爆破工程，其他危险性较大的工程。同时，进入施工现场的垂直运输和吊装、提升机械设备应当经检测机构检测合格后方可投入使用。施工单位应当根据不同施工阶段和周围环境及天气条件的变化，采取相应的安全防护措施。施工单位的项目经理、安全管理人员应当经过上级安全培训考核，合格后，方能持证上岗。

六、项目施工策划

开发商组织管理人员到现场勘察，详细了解建设用地的基本情况，包括地形地貌、水文地质、树木植被、现有建筑和设施，当地的气象、气候、道路交通、供水排水防洪设施以及工程建设条件。做好环评专项工作，合理制定土地开发建设中对山、水、石、树等自然资源的利用与保护措施，以及污水、垃圾等处理方案。研究项目建设的计划与步骤，分析工程建设的有利条件和不利因素，做好项目建设前期各项筹备工作。工程施工是建筑项目由图纸转为实体的生产过程，也是项目策划最终的落脚点。在整个施工过程中，仍要继续对项目进行优化管理和控制，以确保获得最优的成果。施工过程中要抓好三个环节：

(1) 把握整体，协调各方。建筑项目是一个复杂的系统工程，包括土建、设备、装修、市政工程、景观工程等。要根据国家有关部门的批复及投资控制要求，统筹兼顾，合理确定所有系统的建设标准和质量要求，并正确处理好质量安全与工期、投资控制的关系。质量与工程投资有相当大的关系，但也不是绝对的，关键在于管理，关键在于从业人员的责任意识、道德品质、业务素质和工作能力。

(2) 注重局部和细部的处理。包括所有建筑内外装修、设备安装、室外工程、广场地面、照明灯具等都精心设计和施工。有些细节在设计中也许没有考虑或考虑不周，需要在施工中，在现场研究处理，这些都是项目策划和优化的补充和完善。

(3) 加强建设方和使用方的协调配合。建筑的根本目的在于使用，项目策划的优劣最终要通过使用检验。因此在项目建设过程中始终要为业主着想，要尊重业主的意见和要求。比如装修工程与设备安装，不仅要满足功能需要，还要方便今后使用管理与维护、更新。此外，在保证施工秩序和人员安全的前提下，开发商根据实际可以请业主到施工现场查看施工质量，根据业主的合理建议进行优化设计，这样既拉近了开发商与业主的距离又使开发商免费获得了"监理工程师"和"优化方案小组"，并对社会广泛宣传以获得良好企业形象的无形价值，而且良好的工程质量不仅可以赢得业主及社会良好评价，也能减少日后维护及能源消耗的费用，对开发企业及社会具有重要的现实意义。

4.2.4 房地产项目整合营销策划

一、整合营销策划概述

房地产项目营销策划是指在房地产营销理念的指导下，根据房地产开发项目的具体目标，在对企业内外部环境予以准确地分析并有效地运用各种经营资源的基础上，通过客观的市场调研和市场定位等前期运作，综合运用各种策划手段，按一定的程序对未来的房地产开发项目相关的营销活动进行创造性的规划、设计，并以具有可操作性的房地产营销策划方案文本作为结果的活动。

一般在房地产项目开发前期，开发商就要权衡自行销售和委托销售的利弊，最终要决定由谁来卖房子，并对整个项目进行营销策划。营销策划的主要内容：定价策略；营销前的准备工作；制定营销计划并对实施过程进行控制和管理；整合传媒资源，分析广告时机选择和节奏控制，进行产品宣传、推广活动的策划。从未来的发展趋势看，房地产企业委托代理销售方式在房地产市场将会占主流，这也是社会分工更加精细化的结果。

房地产项目营销策划属于市场因素和相关资源的整合，针对不同房地产项目的营销策划应该是因时、因地、因人而完全不同的排列组合过程。任何房地产项目的营销策划必须依赖房地产项目本身所占有的资源，针对项目市场定位和细分市场进行资源的排列组合。房地产项目营销策划的特征有：市场意识性、创造效益性、资源整合性、人本导向性、塑造品牌性、专业操作性。由于各种媒体发布广告各有优势，房地产开发商选择媒体要充分考虑自身因素，这些因素一般包括：

(1) 项目的规模。

若房地产项目的规模较大，开发的时间较长，则需要在公交站点、主要交通位置做大型固定广告，在市区高大建筑物、公交车等载体发布广告，以长期被人认知。

(2) 楼盘的档次。

楼盘的档次则决定目标客户群的身份层次，大众化楼盘的消费者显然是工薪人士，在媒体的选择上只需选择大众媒体即可；而档次高的楼盘的消费者则均为非富则贵一族，这样在媒体的选择上不仅要选择大众媒体，而且还要选择一些富贵一族可能会涉猎的专业性较强的媒体。

(3) 项目的区位。

项目的区位往往体现目标客户的区域，因此，要根据项目的所在区域有针对性的发布广告。

(4) 资金实力。

房地产开发商的资金实力则是开展主体广告攻势的先决条件。如果实力雄厚，项目的规模又够大，就应展开大规模广告优势。如果资金有限，当然就要选择阅读或收视（听）最广的媒体重点发布广告，尽量节省费用。不同媒体所需费用是不同的，这自然会影响到广告媒体的选择。

(5) 目标客户层次。

对目标客户层次的分析主要考虑以下基本内容：第一，目标客户是哪部分人，其年龄、职业、生活品位是什么；第二，目标客户的关心点是什么；第三，目标客户的消费水平；第四，目标客户对产品的态度；第五，目标客户对广告的态度；第六，目标客户与哪些媒体有更多的接触。

(6) 目标客户区域。

目标客户区域指广告对象生活的区域与范围。对传播区域的确定要重点考虑信息覆盖面、频率强度、内容范围、信息时效等因素。在原则上要突出重点区域，采取分阶段区域策略或层层滚动推进策略等。

以上六个因素中，重点应考虑资金实力和目标客户的情况。各种各样的户外媒体、印刷媒体和报纸杂志、广播电视等媒体在信息传播的功能方面各有所长，也各有所短，它们在广告活动中起着各自的作用。为了更好地发挥媒体的效率，使有限的广告经费收到最大的经济效益，应该对不同类型的媒体在综合比较的基础上，加以合理筛选、组合，以期取长补短、以优补拙。为此需注重两个方面：

一是"纵"的方面。

就"纵"的方面要考虑的自身因素而言，一个完整的广告周期由筹备期、公开期、强销期和持续期这四个部分组成。在广告的筹备期，广告媒体的安排以户外媒体和印刷媒体为主，售楼处的搭建，样板房的建设，展板的制作以及大量的海报、说明书的定稿印刷等，占据了工作的主要内容。报刊媒体的安排则除了记者接待会外，几乎没有什么。进入广告的公开期和强销期，广告媒体的安排渐渐转向以报刊媒体为主。户外媒体和印刷媒体此时已经制作完工，因为其有相对的固定性，除非有特殊情况或者配合一些促销活动外，一般改变不大，工作量也小。而报刊媒体则开始在变化多端的竞争环境下，以灵活多变的特色，发挥其独特的功效。到了广告的持续期，各类广告媒体的投放开始偃旗息鼓，销售上的广告宣传只是依靠前期的一些剩余的户外媒体和印刷媒体来维持，广告计划也接近尾声。

二是"横"的方面。

广告媒体在"横"的方面的安排，其实也贯穿于广告周期的四个阶段，且于产品强销期的要求特别高。听觉视觉的多重刺激,将在最大限度上挖掘和引导目标客源,以配合业务人员的推广行为,创造最佳的销售业绩。

二、项目营销实施策略

开发商对所开发物业进行销售包装及广告宣传并非在物业建成之后,对成片开发的项目更是要征用土地之后就对地盘进行广告宣传,营造气氛,创造一个新的卖点。通常要抓好以下几个方面的工作:

(1) 取得土地时的宣传。这时的宣传主要侧重于让准客户们了解在某个地段某房地产开发公司已获批何种用地性质的土地,让准客户们在选择适合自己意愿中地理位置的地盘有个心理准备,并在其购房计划中占有一席之地,形成拭目以待的效果。

(2) 建设期的广告宣传。该阶段的广告宣传关键在于制造卖点,所以应注意总体规划模型及样板房的制作,把整个小区的规划蓝图展现给来访的客户。同时,宜在报纸上大力推广,并附上平面图及每套单元房的面积,以供准客户们计议盘算。上述宣传是项目预售的关键,预售成果直接关系到资金的回笼及资金财务成本。该阶段的宣传十分重要。

4.2.5 房地产项目物业管理策划

一、物业管理策划概述

20世纪80年代初,我国开始物业管理模式的探索与尝试,经过20多年实践,物业管理迅速发展,从沿海到内地,从大城市到小城市,从部分地区到整个国家,从摸索性管理到市场化运作,从住宅区管理到各种类型的物业管理。物业管理已渗透到房地产行业之中。国务院颁发的《物业管理条例》中所称物业管理,是指业主通过选聘物业管理公司,由业主和物业管理公司按照物业服务合同约定,对房屋及配套的设施设备和相关场地进行维修、养护、管理,维护相关区域内的环境卫生和秩序的活动。

房屋成功售出后,售后服务相当重要,房地产项目开发的售后服务主要是物业管理,其关键是提供的服务及巧妙处理客户的各类投诉,可安排富有经验的专(兼)职投诉接待员,创造安全、清洁、舒适的生活环境。物业管理是房地产开发的延续,是房地产开发经营中为完善市场机制而逐步建立起来的一种综合经营服务方式,其对消费环节市场有着培育和完善的作用。在项目全寿命周期中,物业管理阶段是项目从消费环节进入使用期,持续时间最长、价值量最大的时期。随着我国房地产业的发展,房地产物业管理将形成四个层次,即物业管理、物业设施管理、物业资产管理和房地产组合投资管理。对于居住物业主要是进行前两个层次的管理,而对收益性物业或开发商拥有的自用物业,不仅要进行前两个层次的管理,还要进行后两个层次的管理工作。

居住物业，一般在项目前期，开发商通过招标的方式选择一家物业管理公司，并签订《前期物业服务合同》，由物业管理公司依照合同约定实施前期物业管理。物业管理企业从物业管理运作的角度提出小区规划、楼宇设计、设备选用、道路交通设计、绿化、功能规划、工程监管、竣工和验收接管等多方面的建设性意见，直到业主委员会成立选聘物业管理公司并签订《物业服务合同》时止。在后继工作中，物业管理公司将按合同约定实施管理。

随着我国房地产市场的健康发展，物业管理作为房地产开发的延续和完善，房地产开发项目的物业管理状况已成为购房者越来越关心的问题，也成为影响客户是否选择该物业的重要因素。物业管理应建立起追求全过程最佳效益的现代化管理模式，在物业项目的开发阶段就应充分考虑建成以后的使用和管理的需求，考虑到社会经济发展后居住水平提高的需要。开发商自有投资意向开始到项目建设完毕出售或出租并实施全寿命周期的物业管理，一般来说，包括八个步骤：投资机会寻找—投资机会筛选—可行性研究—获得土地使用权—规划设计与方案报批—签署有关合作协议—施工建设与竣工验收—市场营销与物业管理。这八个步骤也可分为以下八个阶段：一是投资机会研究及土地竞投阶段；二是项目立项阶段；三是项目全程策划阶段；四是规划设计阶段；五是工程施工阶段；六是市场推广和营销阶段；七是物业管理阶段；八是物业拆除与报废阶段。

二、全程物业管理服务

过去房地产开发商由于理念落后，认为物业管理服务是售后服务，将从事的只是日常物业管理服务或入伙管理服务，因为疏忽了物业公司的前期介入，最后导致诸多不便。如安全智能化设施不能使用、二次供水的污染、小区进出口过多、人行道拥挤、绿化覆盖率低、停车库车位过少或出入不便等。由于对物业管理服务定位上的交叉和认识上的偏差，造成了资源浪费和矛盾的积累，在给房地产的管理运营带来负面影响的同时，也直接影响物业管理企业日后的管理规模和经济效益。

物业管理前期介入，泛指物业公司从项目的市场调研阶段开始为房地产开发商从物业管理运作角度提出小区规划、楼宇设计、设备选用、功能规划、施工监管、工程竣工、验收接管、房屋销售租赁等多方面的建设性意见，并制定物业管理方案，直到物业管理区域内业主委员会成立前的物业管理服务工作。物业管理前期介入的作用包括以下几方面：

(1) 物业管理的前期介入，有利于优化设计，完善设计细节，减少返工，防止后遗症。物业管理公司在项目设计和施工阶段，从业主和使用人的角度，凭专业人士的经验对所管物业进行审核，对不当之处提出解决方案，从而减少物业接管后的返工，避免一些在后期工作中难以解决的问题。

(2) 物业管理的前期介入，有利于提高施工质量。首先，物业管理公司要参与图纸设计的修改及工程施工，了解工程进度，加强对隐藏工程的验收，并根据日后管理、维修、保养、服务的需要，及时向开发商提出设想和建议，防患于未然。其次，要把一般意义上的"售后服务"工作做好，对房屋建筑及其附属设备、市政公用设施、绿化、卫生、交通、治安和环境容貌等管理项目进行及时有效的维护、修缮与整治，并向星级物业管理看齐，不断提高服务档次。

（3）物业管理的前期介入，有利于加强对所管物业的全面了解。物业管理公司要想做到对物业及其附属设施、设备安装等情况了如指掌，就得对于图纸改动或增、减部分认真作出记录。相对来说，物业管理人员对土建结构部分不用了解得太深，而对设备安装、管线布置等情况则应充分掌握，以便于后期管理。

（4）物业管理的前期介入，有利于后期管理工作的进行。

在物业管理前期工作中，就应该设计出物业管理方案，草拟和制定各项规章制度，印制各类证件，安排好机构设置、人员聘用、上岗培训等工作，以便物业一旦移交，物业管理公司就能有序的工作。

（5）物业管理的前期介入，有利于促进销售。在房屋销售中，如果物业管理前期介入，物业管理公司将会配合开发商在物业的建设和销售上制定可行性方案，并根据所开发楼盘的总体规划，拿出既可行又有新意的方法，统一销售口径，从而真正体现"以人为本，物有所值"。随着物业的人性化细节完善，开发商对业主消费心理和人性化管理逐渐有了新的认识。越来越多的开发商早在规划设计阶段就让物业管理介入进来，只是希望他们能够在物业建设阶段，对于物业建设质量、设备选型、物业构件选用、安全设施设置等方面加以控制并提出专业性建议。由于只强调物业管理前期介入。在物业营销阶段，疏忽了物业服务定位、服务配置等，没有明确前后物业服务的连贯性，在某种程度上也就淡化了前期介入的价值。

而全程物业管理服务是一个全新的概念，它有借鉴全程地产策划的成分，是与全程地产相辅相成的一个服务产品。全程物业管理服务强调的不仅仅是物业的前期介入，应当明确物业管理服务介入的是地产规划、设计、施工、营销策划、销售以及售后服务的全过程。而且，介入的行为不是相互割离，而是相互关联，是以一个明确的目标所导向出的完整的系统，是物业服务的系统化、体系化。

三、物业管理的品牌战略

企业品牌是企业用来代表自身及其产品或服务的一种名称和标志，是企业价值、文化、个性的综合反映，是企业、产品与消费者之间关系的载体。物业管理是服务性行业，服务是物业管理的基础和基本技能，要创物业管理品牌，就要通过服务体现创立品牌。物业管理品牌体现出一种强大的吸引力和信任及效益，是一种无形资产和力量。一流的物业配一流的管理服务，通过服务构筑一个有利于人与人之间的沟通，人与自然的和谐，人与文化相融的居住环境、办公环境和商业环境。因此，物业管理品牌将受到消费者的青睐。

物业管理品牌企业由于品牌效应产生的影响，不仅有益于弥补项目自身的一些缺陷，而且可以进一步巩固和完善开发商的信誉和形象，使物业对消费者更具有吸引力。选择优秀物业管理企业，可以充分提升物业价值，有利于项目品牌的形成。随着房地产业的迅速发展，房地产全程策划也随之快速发展起来。房地产的全程策划就是从楼盘的开发初期（开发构想）至楼盘最后全部售完及其后期物业管理的全过程策划，因此加强房地产项目的全程策划对于房地产项目的实现具有举足轻重的意义。而对于房地产全程策划若干问题的探讨有利于更好地实施房地产项目的全程策划，促进房地产业的持续健康发展。

凡事预则立，不预则废。对房地产项目策划进行研究分析的基础上，针对房地产建筑项目实际，做些操作层面的研究，着重于房地产项目的全程策划模式，主要从项目的投资决策、规划设计、建设施工、整合营销和物业管理进行策划，以期对房地产项目策划理论框架加以充实，并有益于建筑项目实践。

在对房地产项目策划的分析基础上，对项目全程策划的程序进行分析和探讨，力求做到具有较强的通用性和可操作性。为实际设计工作提供参考和指导。全程策划模式在一个全新的侧面上阐述了房地产项目策划的内涵，是对房地产项目经营模式的创新和发展。目前我国的房地产正处于快速发展时期，房地产策划理论也随着市场的发展而不断地变化。今后肯定会有更多的策划模式出现，但是每一种策划模式都会有其优点或缺点，没有一种策划模式会通用于任何的项目策划，策划模式的选择和运用要适应项目所处的市场的要求。

思考题

1. 什么是房地产投资决策策划？
2. 什么是房地产规划设计策划？
3. 什么是房地产建设施工策划？
4. 什么是房地产整合营销策划？
5. 什么是房地产物业管理策划？
6. 房地产项目策划的特性、地位及其作用有哪些？
7. 房地产项目策划的特性有哪些？
8. 房地产项目策划的作用有哪些？
9. 房地产项目策划的原则有哪些？
10. 如何对房地产项目用地获取与选址？
11. 如何开展房地产项目市场调查？
12. 如何进行房地产项目规划设计策划？
13. 房地产规划设计有哪些？

14. 房地产建设施工策划有哪些?
15. 房地产施工质量管理有哪些?
16. 房地产施工安全管理有哪些?
17. 房地产项目施工策划有哪些?

第 5 章 建筑项目决策与实施策划

本章知识点

> 本章主要介绍可行性研究与策划的关系，建筑项目决策策划与建筑项目实施策划工作内容等。

5.1 概述

5.1.1 可行性研究与策划

可行性研究是二战后发展起来的一门对投资项目的合理性、盈利性、先进性及实用性等进行综合论证的工作方法，它的研究结果一般要求对项目回答 6 个问题：要做什么；为什么做；何时进行；谁来承担；建在何处；如何进行。工程项目的可行性研究是指投资者对项目的市场情况、工程建设条件、技术状况、原材料来源等进行调查、预测分析，从而做出投资决策的研究。一般来说，可行性研究是指对投资活动的论证性的研究。其研究的进行和结论主要是为投资者做参考，并为投资者的决策提供科学及理论的依据。其实质是要反映这一投资活动得失与否，是与投资者的利益紧密相关的。而对于投资项目的使用者以及功能效益等因素考虑相对较少。一般建筑项目的可行性研究，实际上是建筑项目投资的经济效益研究。研究工作主要是对投资者在工程咨询公司、投资顾问公司和会计师事务所的指导下单方面进行的。至于对建筑的设计要求、空间内容等都不进行深入细致的研究和论证。而建筑项目策划主要是研究投资立项以后的建筑项目的规模、性质、空间内容、使用功能要求、心理环境等影响建筑设计和使用的各因素，从而为建筑师进行建筑设计提供科学的依据。建筑项目的可行性研究的结论往往是项目投资者投资活动的依据，而建筑项目策划的研究结论则一般为下一步对建筑项目进行建筑设计提供科学的依据。

策划已经渗透到社会生活的方方面面，就项目策划而言，有房地产项目策划、文化活动项目策划、教育项目策划、旅游项目策划、体育活动项目策划等。每个行业的项目策划可以进一步细分，理由对房地产项目而言，按照功能的不同，可以细分为营销策划、开发策划、定位策划、运营策划等；营销策划又可以再进一步细分为产品策划、价格策划、渠道策划、广告策划、促销策划、公关策划等。

5.1.2 项目策划的类型

对于建筑项目全寿命周期而言，可根据其所处项目三大阶段的不同，分为项目决策策划、项目实施策划和项目运营策划三种。项目决策策划一般在项目的前期进行，主要针对项目的决策阶段，通过对项目前期的环境调查，项目基本目标的确定以及各个经济技术指标的分析，为项目的决策提供依据；项目实施策划一般在项目实施阶段之前进行，主要针对项目的实施阶段，通过对实施阶段的环境分析、项目目标的分解、建设成本和建设周期的计划安排，为项目的实施服务，使之顺利实现项目目标；项目运营策划在项目实施阶段完成之后，正式动用之前进行，用于指导项目动用准备和项目运营，并在项目运营阶段进行调整和完善。

一、建筑项目决策策划

建筑项目决策策划在项目决策阶段完成，为项目决策服务，最主要的任务是定义开发或者建设什么，及其效益和意义如何。具体包括明确项目的规模、内容、使用功能和质量标准，估算项目总投资和投资收益，以及项目的总进度规划等问题。根据具体项目的不同情况，决策策划的形式可能有所不同，有的形成一份完整的策划文件，有的形成一系列策划文件。一般而言，项目策划的工作内容包括：

(1) 项目环境调查分析，要求充分占有与项目相关的一切环境和条件资料，包括法律、政策环境，产业市场环境，宏观经济环境，社会、文化环境，项目建设环境和其他相关问题等。

(2) 项目定义与项目目标论证，包括项目建设宗旨、总目标和指导思想的明确，用户需求分析，项目规模、组成、功能和标准的确定等。这部分内容是项目决策策划的核心。

(3) 项目经济策划，包括分析开发或建设成本和效益，总投资估算，制定融资方案，资金需求量计划以及项目的经济评价等。

(4) 项目产业策划，根据项目环境的分析，结合项目投资方的项目意图，对项目拟承载产业的方向、产业发展目标、产业功能和标准进行确定和论证。

(5) 项目决策策划总报告，包括形成系统、完整的项目决策报告内容，以及能落实到项目实施的决策策划阶段的重要成果——设计任务书的编制。

二、建筑项目实施策划

建筑项目实施策划在项目实施阶段的前期完成，为项目实施服务，其最重要的任务是定义如何组织项目的实施，确定"怎么建"，项目实施策划任务的重点和工作重心以及策划的内容与项目策划阶段的策划任务有所不同。一般而言，项目实施策划的工作包括：

(1) 项目实施目标分析和再论证，包括确定和编写总投资目标规划，总进度目标规划，总体质量与安全目标规划等。

（2）项目组织结构策划，包括项目管理的组织结构分析、任务分工以及管理职能分工。实施阶段的工作流程、项目的编码体系分析和管理制度等。

（3）项目合同结构策划，包括承发包模式的选择、确定项目管理委托的合同结构、设计合同结构方案、施工合同结构、采购合同结构方案等，确定各种合同类型和文本的采用，以及合同管理的方案等。

（4）项目信息管理策划，包括信息平台建立、明确项目信息的分类与编码体系、项目信息流程图、制定项目信息流程制度和管理信息系统等。

（5）项目实施策划总报告，包括形成完整详细的项目实施指导文件，包括项目建设大纲和项目建设手册等。

5.2 建筑项目决策策划

建筑项目决策策划是项目可行性论证的重要内容，是对现行可行性研究报告的重要扩展和补充，其和设计活动所解决的问题及所需技能是不同的，其实项目决策阶段发现问题、分析问题和解决问题的重要途径，在全寿命周期过程中意义重大。爱因斯坦曾经说过："如果给我1个小时来拯救地球，我将用59分钟明确问题，然后用1分钟解决问题"。为此，我们要解决以下关键问题：

（1）如何开展前期策划的第一步：环境调查分析。

（2）如何进行项目定义、功能分析、面积分配和项目定义。

（3）如何在前期进行总投资估算，如何进行经济可行性论证，有哪些融资方案。

（4）若需要，如何进行产业策划。

建筑项目决策策划包括四个主要内容、一个中间成果及一系列相关报告。四个主要方面内容是指：环境调查与分析、项目定义与项目目标论证、项目经济策划和项目产业策划；一个成果是指决策策划报告完成之后需要编写的设计任务书；一系列相关报告是指决策策划所形成的各类文本或图纸资料。

5.2.1 环境调查分析

环境调查分析是项目策划工作的第一步，也是最基础的一环。因为策划是在充分占有信息和资料的前提下所进行的一种创造性劳动，因此充分占有信息是策划的先决条件，否则策划就成为无本之木、无源之水。往往在很多情况下，如果不进行充分的环境情况调查和认真分析，找出影响项目建设与发展的主要因素，为后续策划工作奠定较好的基础。

以建筑项目环境调查为例，其任务既包括对项目所处的建设环境、建筑环境、当地的自然环境、项目的市场环境、政策环境以及宏观经济环境等的客观调查；也包括对项目拟发展产业及其载体的概念、特征、现状与发展趋势、促进或制约其发展的优缺点的深入分析。环境调查的工作范围为项目本身所涉及的各个方面的环境因素和环境条件，以及项目实施过程中可能涉及的各种环境因素和环境条件。环境调查的范围和内容很多，不同项目有不同的调查内容和重点，应在调查前列出调查提纲。一般情况下，环境调查工作应包括以下八方面的内容：

(1) 项目周边自然环境和条件；
(2) 项目开发时期的市场环境；
(3) 宏观经济环境；
(4) 项目所在地政策环境；
(5) 建设条件环境（包括能源、基础设施等）；
(6) 历史、文化环境（包括风土人情等）；
(7) 建筑环境（包括建筑风格、建筑主色调等）；
(8) 其他相关问题。

充分占有信息是建筑项目策划的先决条件，否则策划工作将成为照本宣科、纸上谈兵，缺乏针对性、结论将缺乏真实性。而信息的充分占有要通过环境调查与分析，这是项目策划工作的第一步，也是最基础的一环。如果不进行充分的环境调查，所策划的结果可能与实际需求背道而驰，得出错误的结论，并直接影响建设项目的实施。

一、环境调查分析的目的

策划的过程是管理与创新的过程，因此，无论是大型城市开发项目策划还是单体建筑项目策划，都需要进行多种信息的收集。科学的项目决策建立在可靠的项目环境调查和准确的项目背景分析基础上。环境调查分析是对影响项目策划工作的各方面环境进行调查，并进行认真分析，找出影响项目建设与发展的主要因素，为后续策划工作提供较好的基础。

对不同类型的建筑项目，其环境调查内容不尽相同，而且在项目生命期的过程中，环境调查因不同的主题、不同的需求，有不同的调查内容、范围和深度，需要根据具体情况确定调查方案。

环境调查分析是项目决策策划的第一步，也是整个项目策划的基础，因此不仅项目决策策划过程中需要进行环境调查，而且在项目实施策划过程中也需要进行环境调查分析，但两者具体内容有所区别，前者着重为项目决策服务，后者着重为项目实施服务，从前者到后者是一个逐步深化、细化的过程。

环境调查分析的目的是为了项目的准确定位，并为项目决策提供科学依据。因此，环境调查分析的内容应紧紧围绕着项目的定位进行。比如某城市总部基地项目前期策划，在环境调查阶段要了解项目所在地自然、历史和文化环境、社会经济发展现状以及产业发展现状等，同时策划小组还要重点关注国内已有的总部园区建设和运营状况，并在此基础上归纳和分析什么是总部经济、总部经济形成的条件是什么和总部经济的载体是什么等问题，分析总部园区的主要功能及一般的配套要求，据此可以确定各类功能空间的建筑规模。在功能定位中要分析区内是否需要一定量的具有生活服务配套的功能空间，如餐饮、居住、休闲娱乐、酒店等，这就要求进行周边环境的调查，摸清周边的配套情况，防止功能的重叠。此外，周边环境可能对项目策划产生重要影响。

二、环境调查分析的原则

环境调查所获得的信息的可靠性直接关系到项目决策的科学性，因此保证项目环境调查的质量非常重要，环境调查工作必须坚持以下原则。

（1）科学性原则。科学性原则包括两层含义：

第一，项目环境调查必须坚持实事求是的科学精神，保证调查信息的客观性，不能靠主观的想像来代替对客观事物的调查。调查者必须站在客观的角度考虑问题，不能因为调查者本身同时也是项目利益相关者而影响了对客观事实的判断。

第二，环境调查的科学性原则还要求调查者能够透过事物的现象看到事物的本质，理解现象发生的原因。要用科学的方法对调查获得的信息进行分析、归纳和提炼，成为可提供指导决策的有用知识。

（2）系统性原则。环境调查的系统性原则要求环境调查者不能以偏概全，仅仅掌握部分的环境信息就轻易下结论，要全面系统地对项目所处的环境进行调查，然后得出结论。例如只调查了市场旺盛的需求状况，而没有调查市场供给的情况，容易对项目的前景产生盲目的乐观，可能会导致错误决策的发生。

（3）复合性原则。复合性要求是环境调查者运用多种方法、多种途径分别对项目环境的要素进行调查，信息的来源可以通过多种渠道，调查的方式可以采取多种手段，调查的结果应相互补充、相互验证，从而提高项目环境调查的综合性和可靠性。

（4）重点导向性原则。环境调查的目的是为项目前期策划提供依据和基础，这对策划工作为项目增值具有非常重要的意义，其本身也是项目增值过程之一。但是同时也应该注意到，项目环境调查工作是需要投入成本的，调查者要使用一定的人力、物力、财力和事件来完成工作。项目前期策划的资源是有限的。因此要在尽可能全面、系统的前提下，应该更加关心那些对项目增值影响大的方面进行调查。也就是说，项目环境调查工作，既要做到面面俱到，又要突出重点，有所选择。选择的标准是环境因素对项目增值影响力的大小。

（5）前瞻性原则。项目前期策划是预先对未来项目进行策划，因此，项目环境调查工作一定要具有前瞻性和预见性，不仅要对过去市场的现状进行详细的调查和分析，提出进入市场的机会和存在的风险，还要对市场将来的变化作出分析和预测，这是项目策划者必须注意的问题。市场总是千变万化的，今天非常畅销的产品明天可能会供过于求，反过来今天市场上没有的产品和服务正是明天的机会所在。项目环境调查的前瞻性原则要求调查市场的切入点和将来发展的方向。我国有些大型工业投资项目投产之日即为停产之时，就是因为项目决策阶段没有做具有前瞻性的市场调查，项目的实施期间市场发生了巨大的变化，导致了项目的失败。

三、环境调查分析的工作方法

在策划过程中，知识的积累至关重要，而知识的来源不仅包括自身的知识积累，也包括他人的经验总结，所以在策划过程中要充分吸收多方的经验和知识，建立开放的策划组织。环境调查有多重途径和方法，这些途径和方法在项目策划时一般都会用到，但考虑到资料的积累和重复利用问题，应注意知识管理的应用，使信息发挥更大的价值，并为后期的重复利用提供方便。一般而言，有环境调查与研究、问卷调查等方法。

四、环境调查分析的工作要点

在环境调查分析过程中，不同项目的环境调查分析重点不同，事先应确定调查方案，注意把握重点部分内容。从总体上讲，环境调查应以项目为基本出发点，将项目实施可能涉及的所有环境因素进行系统性地思考，以其中对项目影响较大的核心因素为调查的重点，尤其应将项目策划和项目实施所需要依据、利用的关键因素和条件作为主要的考虑对象，进行全面深入的调查。

环境调查工作应该注意把握以下几个要点：

(1) 立足于项目实施，重在环境分析。

环境分析的对象是影响项目实施的环境因素，目的是使项目实施能充分适应环境，无关项目实施的环境因素无需考虑。而"策划"是考虑项目实施范围内的对策，是在环境分析的基础上，对项目实施应采取的措施进行策划，而不是对大规模的环境工程进行策划。因而，工作的重点在于根据项目实施的需要进行环境分析。

(2) 不可忽视项目的系统性、环境的整体性。

项目的多个环境因素相互影响、相互制约，往往牵一发而动全身。因此，对环境因素的分析、对环境变化的预测应具有整体性观念，考虑项目实施的对策时应注意项目的系统性，以及各项环境相互之间的作用和影响。

(3) 重视稳定环境中的不稳定因素。

在项目实施过程持续的有限时间内，项目环境一般表现出相对稳定的状态，对项目实施的影响表现为持续的制约作用。但如果其中个别因素发生突然变化，它对项目实施的影响则表现为比较强烈的刺激作用。显然，环境因素的变化难以分析、难以预防，这种动态性具有较大的影响作用，需要在分析、策划中充分重视。

五、环境调查分析的步骤

项目环境调查工作涉及面广，工作量大，必须要有组织、有计划地进行。一般项目环境调查工作步骤如图 5-1 所示。

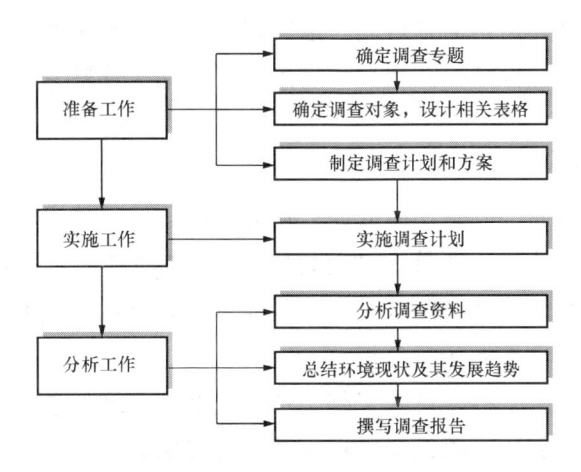

图 5-1 环境调查的一般步骤

5.2.2 项目定义与项目目标论证

一个项目是否上马,要进行投入产出分析,投资估算和收益估计的相对准确性就显得尤为重要。然而要得到相对准确的投资估算,前提条件是对准备建设什么要有一个准确的定义,并且对拟建项目的规模、组成和建设标准要有一定深度的详细描述,这就是项目定义与目标论证。

项目定义与项目目标论证是将项目建设意图和初步构思,转换为定义明确、系统清晰、目标具体、具有明确可操作性的项目描述方案。它是经济评价的基础。其重点是用户需求分析与功能定位策划。项目定义与项目目标论证的内容常常包括以下几个方面。

一、项目定义

项目定义确定项目实施的总体构思,是项目建设的主题思想,是对拟建项目所要达到的最终目标的高度概括,是在决策策划的其他工作基础上做出的,同时也对这些工作确定了总原则、总纲领。项目定义主要要解决两个问题:第一个是明确项目的初步定位,项目定位是指项目的功能、建设的内容、规模、组成等,也就是项目建设的基本蓝图;第二个是明确项目的建设目标,项目的建设目标是一个系统,包括质量目标、投资目标、进度目标三个方面。项目的质量目标,就是要明确项目建设的标准和建设档次等,投资目标在项目定义阶段应该初步明确项目建设的总投资,进度目标在项目定义阶段应该明确项目建设或开发的周期和分期实施的具体目标。

二、项目用户需求分析

项目用户需求分析,是功能定位之源,是使策划工作科学化的源泉。通过对潜在的最终用户的活动类型进行分解,归纳出每一类最终用户的主导需求,从用户角度出发,研究使用者对功能的切身需求,从一开始就保证了设计、创新是在正确的轨道之上，把"以最终用户需求导向"落实到实处。这是下面几步工作的基础，也是用户需求分析的重要性所在。用户的需求可能包括工作需求、生活需求和其他方面需求等。

三、项目功能定位

项目策划的总体原则应是功能领先，功能导向。任何建设项目的实施目的首先是要达到一定的使用功能，要具有"有用性"。一个项目究竟要实现和达到哪些功能？在多大程度上满足使用者要求？这就是项目功能定位。项目功能定位又分为项目总体功能定位和项目具体功能分析。

项目总体功能定位是指项目基于整个宏观经济、区域经济、地域总体规划和项目产业一般特征而做出的与项目定义相一致的宏观功能定位，也是对项目定义的进一步细化，是对项目组成各部分、各局部的具体功能定位具有指导意义的总体定位。项目总体功能定位应充分重视借鉴同类项目的经验和教训，方法上应建立在同类项目功能分析的基础上并结合项目自身特点确定。

项目具体功能分析，指为了满足项目运营活动的需要，满足项目相关人群的需要，在总体功能定位的指导下对项目各组成部分拟具有的功能、设施和服务等分别进行详细的界定，主要包括明确项目的性质、项目的组成、项目的规模和质量标准等。项目具体功能分析是对项目总体功能定位的进一步分析。

项目的功能分析应进行详细的分析和讨论，是明确项目要"建什么"的关键一环，由于是在设计之前，往往得不到重视，非常模糊，给后面的经济分析和项目评价的不准确带来隐患。因此，要充分认识到这项工作的重要性，在讨论时应邀请项目投资方和项目最终使用者参与，关键问题的讨论还可邀请有关专家、专业人士参与，使项目各部分子功能详细、明确，满足项目运营的需要并具有可操作性。项目功能分析的工具之一是项目结构图。

四、项目面积分配

项目面积分配也是建设建筑项目决策策划中很重要的一部分，它不仅是对项目功能定位的落实和实施，而且为项目的具体规划提供设计依据和参考，是设计人员在尽可能了解建设意图的基础上，最大限度地发挥创造性思维，使规划设计方案更具合理性和可操作性。

五、项目定位

在最终用户需求分析、项目使用功能分析、项目面积分配等工作基础上，接下来可以对拟建项目进行相对准确的项目定位。

项目开发建设的过程中，项目定位是很重要的一个环节，关系到项目开发建设的目标、功能定位，决定了项目的发展方向。一个项目只有项目定位准确，才有可能获得成功。项目定位的根本目的只有一个，即明确项目的性质、用途、建设规模、建设水准以及预计项目在社会经济发展中的地位、作用和影响力。项目定位是一种创造性的探索过程，其实质在于挖掘的能捕捉到的市场机会。项目定位的好坏，直接影响到整个项目策划的成败。

5.2.3 项目经济策划

在准确的项目定义和详细的项目目标论证基础上，接下来可以进行经济策划。事实上，以往很多可行性研究报告之所以没有足够的可靠性，原因之一就是基础工作不够翔实，没有详细的项目定义。

项目经济策划主要包括三个方面的内容，即项目总投资估算、项目融资方案策划和项目的经济评价。

项目经济策划的首要工作是进行项目总投资估算。就建设项目而言，项目的总投资估算包括了建筑安装工程费用、工程建设其他费用、预备费、建设期利息等。其中，建筑安装工程费用是项目总投资中最主要的组成部分。

项目的经济评价系统包括项目的国民经济评价和财务评价两个部分，它们分别从两个不同的角度对项目的经济可行性进行了分析。国民经济评价从国家、社会宏观角度出发考察项目的可行性，而财务评价则是从项目本身出发，考察其在经济上的可行性。虽然这两个方面最终的目的都是判断项目是否可行，但是它们各自侧重点不同，在实际进行项目可行性研究时，由于客观条件的限制，并不是所有的项目都进行国民经济评价，至于那些对国家和社会影响重大的项目才在项目财务评价的基础上进行国民经济评价。

5.2.4 项目产业策划

项目产业策划超出了纯粹的建筑项目策划的范畴，是一种比较特殊的策划内容，它从国民经济或区域经济的发展角度考虑，与行业发展规划相关，影响到项目建成后的经济发展情况，同时也影响到最终用户的人群需求分析，因此有些项目在决策策划中加入了产业策划的内容。

项目产业策划是立足产业行业环境与项目所在地的实际情况，通过对今后项目拟发展产业的市场需求和区域社会、经济发展趋势分析，分析各种资源和能力对备选产业发展的重要性以及本地区的拥有程度，从而选择确定项目主导产业的方向，并进一步构建产业发展规划和实施战略的过程。比如进行某"企业总部基地"决策策划，首先要确定的是"什么企业"的总部基地，是高科技企业？还是房地产企业？或者不限定行业，任何企业都可以？不同的产业定位对项目定义有不同的影响。项目产业策划的步骤主要有：

(1) 项目拟发展产业概念研究。

归纳项目拟发展产业及其载体的概念、特征，影响该产业发展的促进或制约因素，作为项目产业策划的基础。

(2) 项目产业市场环境发展现状研究。

通过对项目拟发展产业的宏观市场环境分析和项目所在地产业发展现状的研究，判断拟发展产业目前在国家的总体发展情况以及本地区产业在市场中所处的水平，并针对性的制定竞争措施。

(3) 项目产业市场需求的分析。

市场需求是产业发展的原动力，项目产业辐射区域有效市场容量的分析是制定项目产业发展目标的基础。其具体工作包括项目产业辐射区域试产容量测算、项目产业发展需求分析等。

(4) 城市社会、经济发展趋势的研究。

与产业相关的城市社会、经济发展趋势是产业长远发展的重要推动或制约力量。产业策划作为战略层面的方向性研究，必须对影响拟发展产业的城市社会、经济发展趋势对产业发展可能带来的优势或劣势进行判断，并进一步就城市社会、经济发展趋势可能导致的产业发展优势或劣势提出相应的促进措施或预防、风险转移措施。

(5) 项目所在地拟发展产业优势、劣势分析。

在前期项目所在地环境调查的基础上，研究项目所在地对拟发展产业可能带来的优势和劣势，重点归纳制约项目所在地拟发展产业的不利因素，制定针对性的完善措施，为产业发展规划提供基础。

(6) 项目产业发展规划。

在上述产业概念、市场需求及定位以及项目所在地环境分析的基础上，项目产业策划最终可以确定项目及产业的发展规划，并进一步构建具体的实施战略和辅助措施。项目产业发展规划是指项目产业发展的目标体系，它是基于对城市社会、经济发展趋势和国内外产业市场发展态势的综合分析制定的。产业实施战略和辅助措施则是具体落实产业发展规划的方法和途径。

■ 5.2.5 项目及决策策划报告

项目决策策划报告是对决策阶段工作的总结，是决策策划成果的表现形式。项目决策策划报告从形式上可以是一本总报告，也可以是基本专题报告。从内容上，项目决策策划报告一般包括以下几个部分：

(1) 环境调查分析报告；
(2) 项目定义与目标论证报告；
(3) 项目经济策划报告；
(4) 项目产业策划报告；
(5) 设计任务书。

其中，设计任务书是项目决策策划最终成果中的一项重要内容。设计任务书是对项目设计的具体要求,这种要求是在确定了项目总体目标,分析研究了项目开发条件和问题,进行了详细的项目定义和功能分析基础上提出的,因此更加有依据,也更加具体,便于设计者理解业主的功能要求,了解业主对建筑风格的喜好,使设计更有依据,也使得项目获得一个真正优秀的设计创意,作品更加具有可行性,也使后续深化设计过程中有法可依,在一定程度上减少设计的返工,因此,设计任务书是项目设计的重要依据之一,也使项目决策策划的重要成果之一。

5.3 建筑项目实施策划

与项目决策策划不同,项目实施策划是在建设项目立项之后,为了把项目决策付诸实施而形成的具有可行性、可操作性和指导性的实施方案。项目实施策划又称为项目实施方案或项目实施规划。

就像施工企业在开始某一项的施工任务之前,要对施工全过程所采用的技术、方案、进度安排、资金调配等进行统筹安排,编制施工组织设计一样。项目组织者在某一个项目实施开始之前,也应对该项目如何实施进行统一部署和安排,包括管理的组织、全过程进度策划、合同结构策划、信息交流平台策划等,这就是项目实施策划。

项目实施策划报告是项目实施阶段管理的纲领性文件,其具体内容针对不同项目而有所不同。通常情况下,建筑项目实施策划应包括五个方面,分别是:项目实施目标分析和再论证、项目实施组织策划、项目实施合同策划、项目信息管理策划和项目目标控制策划。

5.3.1 项目实施目标分析和再论证

项目管理的核心是目标控制,因此在项目实施前明确项目目标是关键。在项目决策策划中已经对投资、进度和质量目标进行了初步分析,但是在项目真正开始实施之前,必须对项目目标进一步分析和再论证,以对实施总体部署和安排确定行动纲领。

项目目标的分析和再论证是项目实施策划的基础。应根据项目实施的内外部客观条件重新对项目决策策划中提出的项目性质和项目目标进行分析和调整,进一步明确项目实施的目标规划,以满足项目自身的经济效益定位和社会效益定位,因此在项目实施策划中,只有从项目业主方的角度出发,才能统筹全局,把握整个项目管理的目标和方向。项目目标的分析和再论证主要包括三大目标规划内容:

(1) 投资目标规划,在项目决策策划中的总投资估算基础上编制;
(2) 进度目标规划,在项目决策策划中的总进度纲要基础上编制;
(3) 质量目标规划,在项目决策策划中的项目定义、功能分析与面积分配等基础上编制。

项目实施总目标将在以后的项目实施过程中不断细化、优化或调整。

5.3.2 项目实施组织策划

项目实施组织是指为实现项目目标,参与项目的所有人、单位或机构的组织,其中重点是项目业主方的组织,以及业主方与其他参与方之间的关系协调。

项目实施的组织策划是指为确保项目目标的实现,在项目开始实施之前以及项目实施前期,针对项目的实施阶段,逐步建立一整套项目实施期的科学化、规范化的管理模式和组织,即对项目参与各方,特别是业主方和代表业主利益的项目管理方在整个建设项目实施过程中的组织结构、岗位设置、指令关系、任务分工和管理职能分工、工作流程等进行严格定义,为项目的实施服务,使之顺利实现项目目标。组织策划是项目实施策划的核心内容,是实现有效的项目管理的基础。许多大型项目管理的实践,第一方就是理顺组织关系。项目实施的组织策划是项目实施的"立法"文件,是项目参与各方开展工作必须遵守的指导性文件。组织策划一般包括以下内容:

(1) 组织结构策划。

组织结构包括机构的设置、单位以及部门的划分、指令关系的确定等。组织结构策划的工具之一是组织结构图,在组织结构图中,重点明确反映单位以及部门之前的指令关系。

根据组织论的基本原理,组织结构按照指令关系的不同划分为三种基本组织结构:线性组织结构、职能组织结构和矩阵组织结构,项目管理组织结构策划就是以这三种基本模式为基础,根据项目实际环境情况分析,应用其中一种基本组织形式或多种基本组织形式组合设计,形成项目的组织结构体系。

(2) 任务分工策划。

项目管理任务分工是对项目组织结构的说明和补充,是在工作任务分工的基础上,将组织结构中各单位部门或个体的职责进行细化扩展,体现每项工作的主责、配合和协办部门,它也是项目管理组织策划的重要内容。项目管理任务分工体现组织结构中各单位部门或个体的职责任务范围,从而为各单位部门或个体指出工作的方向,明确要做什么,将多方向的参与力量整合到同一个有利于项目开展的合力方向。

(3) 管理职能分工策划。

管理职能分工就是明确每一项工作任务的具体责任单位或部门,明确组织中各任务承担者的职能分配。它以工作任务为中心,规定任务相关部门对于此任务承担何种管理职能。管理职能分工表是进行管理职能分工的一种工具,它明确了每一项工作任务由谁承担计划职能、谁承担决策职能、谁承担执行职能、谁承担检查职能。

管理职能分工与任务分工一样也是组织结构的补充和说明，体现对于一项工作任务，组织中各任务承担者管理职能上的分工，与任务分工一起统称为组织分工，是组织结构策划的又一项重要内容。

(4) 工作流程策划。

工作流程是指把工作任务分解后，进一步明确这些工作在时间上和空间上的先后开展顺序。其工具之一是工作流程图，非常清晰地反映了工作与工作之间的开展顺序，以便于管理。项目管理涉及众多工作，必然产生数量庞大的工作流程。依据建设项目管理的任务，项目管理工作流程可分为投资控制、进度控制、质量控制、合同与招投标管理工作流程等，每一流程又可随工程实际情况细化为众多子流程。

(5) 管理制度策划。

落后的管理体现在工作的无序性、盲目性和忙乱性，先进的管理体现在工作的标准化、规范化。管理工作制度化是科学管理的体现。

建筑项目中涉及众多参与单位，必须制定一系列相关管理制度，以确保处理好项目过程中存在的各种关系，并使得各项管理标准化、制度化，提高办理效率。管理制度应涵盖项目管理工作的方方面面，大到投资控制制度、合同管理制度、采购制度，小到办公制度、会议制度、考勤制度、印章管理制度、劳动用品发放制度、车辆使用管理制度、值班制度等各项内容。

5.3.3 项目实施合同策划

理顺项目参与单位之间的关系，是项目实施策划的重要任务之一。而项目参与方之间错综复杂的关系，归纳起来最重要的是三大关系：指令关系、合同关系和信息交流关系。组织策划解决指令关系，而合同策划则重点解决合同关系。

项目实施合同策划是策划工作中非常重要的一项内容，因为项目许多工作需要委托专业人士、专业单位承担，而委托与被委托关系需要通过合同关系来体现，如果不能很好地管理这些合同关系，项目实施的进展就会受到干扰，并会对项目实施的目标产生不利影响。

合同策划主要包括：合同结构模式策划、承发包模式策划、合同类型策划、合同文本策划以及合同管理策划等。

5.3.4 项目信息管理策划

信息管理是指对信息的收集、加工、整理、存储、传递与应用等一系列工作的总称，信息管理的目的是通过有组织的信息流通，使决策者能及时、准确地获得相应的信息。对于建筑项目而言，信息管理主要是指在建设项目决策和实施的全过程中，对工程建设信息的获取、存储、存档、处理和交流进行合理的组织和控制，其目的在于通过有组织的信息流通，使项目管理人员能够及时掌握完整、准确的信息，了解项目实际进展情况并对项目进行有效的控制，同时为进行科学决策提供可靠的依据。

信息管理策划重点解决项目参与方之间的信息交流方式，明确其相互之间的信息传递关系。

项目信息管理策划主要内容包括：项目信息分类策划、项目信息编码体系策划、项目信息流程策划、项目信息管理制度策划、项目管理信息系统以及项目信息平台策划等。

5.3.5 项目目标控制策划

项目目标控制策划是项目实施策划的重要内容。它是依据项目目标规划，制订项目实施中的质量与安全、投资、进度目标控制的方案与实施细则。

项目目标控制策划主要包括三个方面：投资目标控制策划、进度目标控制策划以及质量与安全目标控制策划。鉴于三大目标的系统性，项目实施阶段的目标控制策划也应坚持系统的观点，在矛盾中求得统一。既要注意到多方目标策划的均衡，又要充分保证各阶段目标策划的质量。在项目目标控制策划中，还应考虑将主动控制和被动控制充分结合，即项目实施阶段的目标组合控制策划。

5.3.6 项目实施策划报告

项目实施策划报告是实施策划阶段的工作成果和总结，是对项目实施阶段工作的指导和纲领性文件。从形式上看，项目实施策划报告可以是一本总报告，也可以是一系列分报告；或者既有总报告，又有分包告。总报告的形式也有多种，如项目建设管理规划、项目建设大纲等；分报告的形式也很多，如管理的工作手册、制度汇编等等。或者分别形成下列报告：

(1) 项目实施目标分析和再论证报告；
(2) 项目实施组织策划报告；
(3) 项目实施合同策划报告；
(4) 项目信息管理策划报告；
(5) 项目目标控制策划报告。

其中目标分析和再论证又有多种形式，或者分别形成总进度纲要、总投资规划、总体质量目标报告等。项目建设大纲是目前许多项目所采用的实施策划总报告形式。建设大纲是项目实施的"立法文件"，它是项目实施过程中各相关部门开展工作必须遵守的指导性文件，是从宏观上、整体上对项目各项工作开展做出的规定。编制项目建设大纲的明确项目建设目标；明确组织分工与协作；明确项目进度控制、投资控制、质量控制和合同管理、信息管理等要求。

思考题

1. 可行性研究与策划关系有哪些?
2. 项目策划的类型有哪些?
3. 什么是建筑项目决策策划?
4. 什么是建筑项目实施策划?
5. 如何对建筑项目环境调查分析?
6. 环境调查分析的原则有哪些?
7. 环境调查分析的工作要点有哪些?
8. 环境调查分析的步骤有哪些?
9. 如何对项目用户需求分析?
10. 什么是项目功能定位?
11. 什么是项目经济策划?
12. 如何编写决策策划报告?
13. 项目实施组织策划内容有哪些?
14. 项目实施合同策划内容有哪些?
15. 项目信息管理策划内容有哪些?
16. 项目目标控制策划内容有哪些?
17. 如何编写项目实施策划报告?

第 6 章 建筑项目管理与施工总承包企业管理策划

本章知识点

> 本章主要介绍建筑项目管理策划的主要内容、建筑项目管理的实施、建筑项目物资管理前期策划，施工总承包企业项目管理策划包括：建筑项目目标策划、过程控制策划、项目进度过程控制、项目的绩效考核策划。

6.1 建筑项目管理策划

建筑项目管理本身就是一个复杂的系统工程，需要全方位、全过程进行资源的有效配制、整合和管理，因此加强项目管理的前期策划有其必要性，项目管理策划涵盖了项目管理的方方面面，在一定程度上使项目实施各阶段管理和局部管理衔接紧密，系统资源分配合理，更好地保证了建筑项目实施与进行；而良好的管理实施效果除了有效保证工程微观上的目标如造价、质量、进度等目标的实现外，也从另一方面促进管理策划更加科学合理。

建筑项目管理内涵是"自项目开始至项目完成，通过项目策划和项目管理控制，以使项目的费用目标、进度目标和质量目标得以实现"，由此可见，建设工程的项目策划与实施后的有效管理是项目建设成功的前提。

传统的工程管理往往不重视管理策划，以致在综合性大型项目的管理中经常会出现组织重叠、职责分工不明、计划制定针对性不强、工作内容不具体、信息不通畅、工程进度拖延等问题。建筑项目管理策划可以在项目开始前通过策划文件的形式很好地解决这些问题。

6.1.1 项目管理策划的主要内容

一、确定组织架构

组织架构是指一个项目内各组成要素以及它们之间的相互关系，主要涉及项目的各单位构成、职能设置和权责关系等，所以说组织架构是整个项目实施的灵魂所在。组织架构可以用组织架构图来描述，通常线性组织架构是建筑项目管理的一种常用模式，这种模式避免了由于指令矛盾而影响项目的运行。按项目建设的过程考虑，在项目实施中有建筑项目策划和决策阶段、建筑项目前期阶段（主要为报建、报批工作)、建筑项目设计阶段、建筑项目招标阶段、建筑项目施工阶段、建筑项目竣工验收和总结评价阶段。按照该工作阶段划分，应设立专门的管理部门对相关单位进行管理。

二、项目管理目标分解

项目分解是建筑项目管理的核心内容。在项目管理策划中应制定项目的总控目标，包括投资、进度、质量、安全等控制目标，然后再将这些整体目标进行分解，分解成各个可具体执行的组成部分，通过各种有针对性的技术、经济、组织和管理措施，保证各个分解目标的实现，进而实现项目的整体目标。

三、项目合同分解

建筑项目管理是在市场条件下进行的特殊交易活动的管理，交易活动持续于建筑项目管理的全过程，且在综合大型项目中合同种类多、数量大，因此必须进行合同的分解，在合同分解后监督合同履行、配合项目实施、处理合同变更等。

四、项目管理工作内容分解

(1) 前期及报建（批）管理。

主要管理工作内容为：对项目进行详细的环境调查，分析其规划情况；编写可行性研究报告，进行可行性研究分析和策划；编制项目报建总体构思报告，明确报建事项及确定报批工作计划，确定对各报建事项、人员分工。

(2) 设计管理。

主要管理工作内容为：确定整个项目的建筑风格和规划方案，对设计方案进行优化；制定勘察、设计进度控制计划，明确设计职责；跟踪、检查设计进展；参与分析和评估建筑物使用功能、面积分配、建筑设计标准等；审核各设计阶段的设计文件；控制设计变更，检查设计变更的合理性、经济性。

(3) 招标（采购）管理。

主要管理工作内容为：初步确定整个项目的合同结构、策划项目的发包方式；按确定的合同结构、发包方式编制项目招标（采购）进度规划，明确相关各方职责；起草需甲供的主要材料、设备清单；委托招标代理单位审核不同专业工程招标文件，在招标过程中制订风险管理策略；审核最高限价预算；组织合同谈判，签订合同。

(4) 施工管理。

主要管理工作内容为：编制项目施工进度规划，确定施工进度总目标，明确相关各方职责；组织设计交底、检查施工准备工作落实情况；审查施工组织设计、人员、设备、材料到位情况；办理开工所需的政府审批事项；审核和检测进场材料、成品、半成品及设备的质量；审核监理组织架构、监理规划；编制施工阶段各年度、季度、月度资金使用计划并控制其执行；检查施工单位安全文明生产措施是否符合国家及地方要求。

(5) 竣工验收和结算管理。

主要管理工作内容为：编制项目竣工验收和结算规划，确定各单位工程验收、移交及结算总目标，明确相关各方职责；总结合同执行情况、竣工资料整理情况；组织编制重要设施、设备的清单及使用维护手册给使用部门，组织对项目运行、维护人员的培训。

(6) 全过程投资控制管理。

主要管理工作内容为：对项目总投资进行分解，分析总投资目标实现的风险，编制投资风险管理的方案，编制各种投资控制报表，明确相关各方职责；编制设计任务书有关投资控制的内容及各阶段资金使用计划并控制其执行；根据投资计划控制指标进行限额设计管理；评审项目初步设计概算及施工图预算，采用价值工程方法，挖掘节约投资的潜力；进行投资计划值和实际值的动态跟踪比较。

五、总控计划的编制

在国内大中型项目建设中，进度往往是主要矛盾。要解决这个矛盾，必须做好进度总控。项目进度总控的计划是对项目进度的总体策划，是保证项目按预期总体目标展开的纲领性文件。在编制总控计划时建议使用网络计划技术进行编制，这样可以掌握和控制项目进度关键线路、关键工作，及时发现偏差并采取措施进行整改，实施纠偏。总进度控制时标网络计划从项目前期及报建（批）工作开始至本项目结算完成为止，按照建设程序和各项工作的逻辑关系进行编制，涵盖项目建设全过程，这样很好地实现了计划的总控。

六、沟通程序制度的建立

项目有不同管理层次和不同单位，如何有效地沟通关系到项目管理是否能顺利进行，有时甚至关系到项目成功与否。项目沟通管理包括保证及时与恰当地产生、搜集、传播、储存与最终处置项目信息所需的过程。它在人、思想与信息之间提供取得成功所必需的关键联系。每个参与项目的人都必须准备发送与接受沟通，并且要了解他们所参与的沟通对项目整体有何影响。因此必须建立一套有效的沟通机制标准，便于项目各方沟通。沟通方式有多种，比如：月例会制度、月报制度、专题会、信息管理共享平台系统及各种发文、函件等。

6.1.2 建筑项目管理的实施

建筑项目管理的实施"凡事预则立，不预则废"，项目管理的策划决定项目能否存在和继续发展，也基本预测了项目实施后的成果，同时还为建筑项目的实施提供了工作指导。以解决项目管理中"做什么"、"谁来做"、"何时做"、"怎么做"、"怎么控"、"何时完"等问题，也为接下来项目实施各阶段特别是施工阶段管理打下良好的基础。如果说建筑项目管理策划是宏观意义上的管理框架，那么工程各阶段管理的实施则是微观的管理方法方案实践，它也检验管理策划方案的成效和好坏，好的管理策划具体实施时会使工程各阶段、管理程序的衔接有条不紊，对实现工程的质量、进度、造价等目标有极大的促进作用。下面以施工管理来分析介绍说明建筑项目管理实施过程中的特点，借此说明二者之间相互关系、相互作用。

施工项目管理是以施工项目为管理对象，以项目经理责任制为中心，以合同为依据，按施工项目的内在规律，实现资源的优化配置和对各生产要素进行有效的计划、组织、指导、控制，取得最佳的经济效益的过程。施工项目管理的目标就是项目的目标，该施工项目的目标决定了施工项目管理的主要内容，就是"三控制、三管理、一协调"，即进度控制、质量控制、成本控制，安全管理、合同管理、信息管理和组织协调。

一、施工项目的质量管理

在工程开工前根据业主要求、工程的实际情况和企业的规划确定建筑项目的质量目标。

正确贯彻执行国家的各项技术政策，科学地组织各项技术工作。建立正常的工程技术程序，把技术管理工作的重点集中放到提高工程质量，缩短建设工期和提高经济效益的具体技术工作业务上。推行施工现场技术负责人技术管理工作责任制，用严谨的科学态度管理和认真的工作作风严格要求自己。正确划分各级技术管理工作的权限，使每位工程技术人员各有专职，各司其事，有职、有权、有责。在认真组织和施工图会审和技术交底的基础上，进一步强化对关键部位和影响工程全局的技术工作的复核。工程开工前，将企业技术主管部门批准的单位工程施工组织设计报送监理工程师审核。对于重大或关键部位的施工，以及新技术新材料的使用，施工单位应提前一周提出具体的施工方案、施工技术保证措施，以及新技术新材料的试验，鉴定证明材料呈报监理工程师审批。工程施工过程中，除按质量标准规定的复查、检查内容进行严格的检查、复查外，在重点工序施工前，必须对关键的检查项目进行严格的复核，以免重大差错事故的发生。

按优化的施工组织设计和方案进行施工准备工作。做好图纸会审和技术交底及技术培训工作。严格按施工工艺（或施工程序）施工。根据对影响工程质量的关键特点，关键部位及重要影响因素设质量管理点的原则，设置专人负责。现场质检员要及时搜集班组的质量信息，按照单纯随机抽样法、分层随机抽样法、随机抽样法客观地提取产品的质量数据，为决策提供可靠依据，并采用质量预控法中的因果分析图、质量对策表开展质量统计分析。

根据有关规范和企业编制的作业指导书组织技术人员编制各分部分项或工序工种的质量保证措施，并对施工人员交底，质量检查员进行监督。做好质量技术交底，将质量技术交底和作业指导书发到施工班组。所有原材料、产成品必须有合格证（材质证明）或检查报告。所有隐蔽工程记录，必须经监理工程师等有关验收单位签字认可，方可组织下道工序施工。每次测量放线后必须坚持做好复检工作，模板及其支架须具有足够的强度、刚度和稳定性。按规范要求制作混凝土、砂浆试块，并做好标识，在专用水池内养护，到28天时送检。加强成品、半成品的保护工作，如钢筋绑扎好以后，要及时在过往通道上铺垫木板，防止踩踏。

二、施工项目的安全管理

安全管理是建筑项目管理中重要的环节之一。确定安全生产目标，达到"五无"目标，即"无死亡事故，无重大伤人事故，无重大机械事故，无火灾，无中毒事故"。企业应开展安全教育，贯彻宣传各类法规，制订各类管理条例，每周对各项目工程进行安全工作检查、评比，处理有关的安全问题。对各专业班组认真进行安全技术交底，认真学习和深刻体会施工技术规范和施工安全规范。经过培训交底达到合格的职工才能允许上岗操作，为安全工作顺利圆满开展打下坚实的基础。同时在每道施工工序进行前，由专职安全员做书面的安全技术交底，各班组长带领施工人员认真贯彻落实。项目部成立安全管理小组，并设专职安全员，各作业班组设立兼职安全员，主要是带领各班组认真操作，对每个工人耐心指导，发现问题即时处理并及时向工地安全管理小组汇报工作。特殊工种，如机械操作工、电工等一定要持证上岗，按章操作。设备设施不准带病运行，并做好运行、维修保养记录。人机配合作业区应有专人指挥管理。进入施工现场区内的人员一定要戴好安全防护用品。

在施工过程中，对于施工现场的各种防护工作，如"四口、五临边"的防护以及各种安全设施的设置都要按照国家颁发的有关标准、规范和有关规定严格予以落实。编制专项的安全防护措施，并设立专项安全负责人。在施工现场要设立明显的安全标语和安全标志牌。在施工过程中，除正常的安全检查外，公司每月一次，工程处每半月检查一次，项目部每周检查一次，发现问题落实到人，限期整改，对反复出现的问题要制定有效的预防措施，确保消除隐患。

三、施工项目成本控制

施工过程中在保证质量、安全、进度的基础上的成本控制也是衡量项目管理水平高低的重要指标。成本控制可采用技术、经济、组织措施控制法或指标偏差对比控制法。

采用技术、经济、组织措施控制建筑项目在施工过程中，影响成本的因素很多，从投标报价开始，直到建筑项目施工合同终止的全过程中，都要进行成本控制，因此，项目经理部须有一位既懂技术又懂经济的成本工程师担任施工项目成本控制者，他既要参与投标报价和签订合同，又参与施工方案、施工计划以及材料、设备供应等多方面工作的讨论。从技术措施来看，项目经理部应对施工准备、施工过程和竣工验收三个阶段中的有关技术方面的方案，新工艺、新材料、新技术的采用，提高质量、缩短工期和降低成本的措施，都要进行研究比较，多方面来控制成本。从经济措施来看，必须对以施工预算为基础的计划成本不断地与项目的预算成本、实际成本进行比较分析，严格审核各项费用的支出，减少开支，相应地建立成本责任制，落实到人，奖罚兑现与经济利益挂钩。从组织措施来看，为了保证施工项目成本计划的贯彻执行，必须建立和健全项目成本管理机制，明确项目成本责任制，把控成本的责任分解，落实到项目管理班子全体成员，使建筑项目形成一个群管成网、责任成线、责任分明、分工合理的项目成本管理机制。

指标偏差对比控制法。在施工过程中，对项目完成工作的预算成本、计划成本和实际成本的状况随时提供情报，对发生的问题及早发出警报，并提出改进意见，使施工项目严格地沿着预定的计划和成本目标前进。

(1) 寻找偏差。

施工项目成本指标偏差有三个：计划偏差、目标偏差和实际偏差。此三种偏差可按下式计算：

计划偏差＝预算成本－计划成本

目标偏差＝实际成本－计划成本

实际偏差＝实际成本－预算成本

故在项目施工过程中，定期地计算上述三种偏差，并以目标偏差为目的进行控制。

(2) 分析偏差的原因。

造成成本偏差的原因很多，不同的施工项目、不同的地点、不同的时间出现的差异也不完全相同。项目部应从以下几方面分析原因：①设计变更；②资源供应；③价格变动；④现场条件；⑤气候条件；⑥定额和预算的误差；⑦质量和安全事故；⑧管理水平。

要在施工过程中，将项目成本得到有效的管理和控制，须依据成本管理的条件、内容及相适应的成本控制方法，认真严格并克服流于形式、管理表面化，按成本控制的程序做好施工项目的成本预测、计划、实施、核算、分析、考核及整理文件资料和编制成本报告工作，才能真正保证有效控制好成本，达到管理控制的预期目标。

6.2 建筑项目物资管理前期策划

6.2.1 建筑项目物资管理前期策划概述

为有效解决和规避当前建筑企业在物资管理中出现的各种问题，在建筑项目开工前应对物资管理实施前期策划，充实和完善建筑项目管理，以期为建筑项目物资管理前期策划更具操作性和指导性的借鉴。

现阶段我国建筑行业已经与世界经济接轨，项目物资管理如何创新，是当前建筑施工企业研究的一个重要课题，如何规避物资成本的风险，如期实现项目管理任务目标，有必要对项目物资管理进行前期策划。当前建筑行业项目物资管理普遍采用的是规定、规范的精细管理模式，该模式侧重于物资的计量与计划编制，定额的准确和用量分析，发放量的控制，余料的回收等，属项目内控管理。这种模式不能有效解决现实客观存在的各种不可预见因素，实际操作中这些因素导致项目物资采购、运输计划费用失控，成本突破工程预算。造成物资成本失控的主要原因，是忽略了建筑项目开工前的物资管理前期策划。在当前建筑业中对项目物资管理的前期策划，没有放到与建筑项目施工方案前期策划的等同位置。一般将物资管理纳入工程方案、资金使用计划和工程进度用料计划中，在工程进度不同的阶段或规定的时间内进行物资成本核算，很大程度上物资成本是随着市场价格的变化而变化，随着环境因素的影响波动而波动，缺少科学性和预见性。

建筑项目物资管理的前期策划是在物资精细管理的基础上，对物资管理开工前的全过程全方位科学预测和策划，对物资购供过程中出现的各种不利成本因素追求最佳对策与方法。当前我国的建筑行业对项目物资管理的前期策划没有引起高度重视，大家都知道建筑项目的物资费用占工程造价的70%以上，物资的成本好坏，决定项目经济效益的好坏。对建筑项目的开发，一般要制定多种市场调查方案，进行全方位调查了解，策划明确工程开发项目前期方案，特别是对物资购运一般都进行精心策划，追求经济效益最大化。

项目物资管理前期策划的基础调查在于项目建设时期，要想在竞争中取胜，扩大经营份额，必须要有竞争的优势，其中价格的优势占主导地位。而物资费用在工程造价中比重最大，所以管理者代表与项目经理对物资管理的前期策划要慎之又慎，要对建筑项目物资供应全过程进行周密的策划，因为它关系到工程进度能否按期达到，工程质量是否达到规范标准，生产安全健康文明能否达标，经济目标能否实现。材料用量的统计准备，主要是工程合同内明确的基础工作，即项目图纸、施工方案、生产、生活辅助设施的工程用料、施工用料、辅助材料、劳保用品、周转材料等各种规格、各种型号的用量分类计算统计。在做这项工作时，必须依据合同以及招标文件，对照中标报价做好标内的量差核准，必须做到材料用量的统计准确。为此要做好两项调查：一是材料价格的市场调查；二是交通运输价格的调查。

材料价格的市场调查。一般说来施工企业都会做材料价格的市场调查，这种调查有当地物价部门的材料公布价，各单位挂牌销售价和营销人员的推销价等，这些供货商在价格上都不同程度上隐含水分。要反映所用材料真实价格，必须对各种主要材料进行公开招标。在招标前对所购的材料按行业进行分类调查供货单位，然后对各供货商发出招标函，在收到各供货商的报价后，要实地勘察；调查供货能力、信誉程度，对规格、数量等进行价格综合分析；计算材料价格水平；影响项目物资成本系数。

(1) 交通运输价格的调查。运输费用在材料价格中占有很大的比重，关系到物资的成本，同时关系到能否保证施工进度按计划进行，所以必须对建筑项目所在地的交通状况进行认真调查，追求物资运输路线捷径。一般说来主要是铁路运输、水路运输、公路运输、人力运输等，调查的重点是运输能力。铁路与水运具有运输能力大，公路运输具有灵活快捷，人力运输具有解决机械所不能到达的优势特性。但铁路与水运有很大的计划限制性，公路远距离不能满足大批量施工物资的需要，人力运输只能承担零星物资的运输。根据供货商所在地点，调查各项目运输的承载能力及价格。根据项目进度的需要，在进行物资运输成本分析的基础上，选择既能保证工程进度需要，又能使运输费最低的运输方式。

(2) 自然资源的调查。建筑行业受自然环境的影响较大，我国东西南北中气候自然环境差异较大，南方的施工队伍到北方施工，北方的施工队伍到南方施工，如果不认真调查自然环境会造成物资成本成倍增加。如在长江中下游地区施工，如果不在二季度将工程地材备足，进入三季度的雨季，砂、石严重缺货，价格成本增加；西北方如果不在四季度以前备足地材，进入春节前后，采购材料非常困难，不言而喻物资价格必然上涨。因此，对于自然因素必须作深入调查，对各个季节物资产量与储备量作深入的了解，要规避自然因素对物资成本的影响，主要是调查各个季节的雨季量、气温对物价波动的因素，测算物资储备与零库存之间成本系数，确定库存储备量。

(3) 地理环境因素的调查。作为建筑施工企业，充分利用当地资源是非常必要的，就地取材能减少物资成本费用。对于各项工程所处的地理位置不同，资源状况各有不同。如建筑项目所在地的材料价与外地价格充分比较，能在当地解决，必须就地解决，不能舍近求远。调查的重点是调查质量与储量与加工能力能否满足建筑项目所需量。除地材外，钢材、水泥、五金交化在建筑项目所占成本费用的比重最大，对供货商的投标报价要做两方面的调查，一是运距供货能否及时。二是要调查材料堆放场地及保管。可能距离的长短，要考虑成批量到货，二次倒运费用增加；就地采购价格可能高一些，但二次倒运场地堆放及保管费可以避免，资金占用少。

(4) 业主及设计单位意图调查。对于一项工程，各行业的要求不尽一致，特殊行业有特殊的要求，采购的各项材质要满足设计要求，因此必须与业主和设计单位沟通。一般说来在施工图上对特殊要求的材料有说明，因为行业的不同，设计单位忽略对一些材料未作注明，有时施工单位在这个问题上犯经验主义错误，导致采购的物资积压或退货。项目施工技术人员对每项材料的材质要列出清单逐项向设计单位咨询认可，物资人员逐一记录备案。

6.2.2 项目物资管理前期策划的横向沟通

横向沟通是指建筑项目经理部内部各部门之间对生产网络计划所需各种材料、质量、规格、型号用量、资金、成本、效益等计划编制的沟通。

(1) 生产部门的沟通。建筑项目经理部工作的中心是以生产为主线，合同内的工期一般是较紧的，生产网络计划的各个节点的时间性是非常强的，要满足生产进度的要求，各节点的材料用量是不同的。各种材料用量计划要按节点安排进场，否则造成材料积压或占用场地，影响施工。因此物资部门必须与生产部门进行沟通。生产部门要按节点提供材料用量计划。

(2) 技术部门的沟通。主要是按建筑项目的工艺要求，对项目所需的材料的等级、物理、性能、化学含量、规格、型号、生产日期、出厂证、合格证、技术参数、使用说明、保管安全事项以及特供材料的说明等，技术部门要详细说明以进行技术交底。

(3) 设备部门的沟通。设备部门主要提供两个方面的设备：施工设备、工程设备。施工设备、工机具是工程工期节点的保证，备品配件消耗量大，同时具有时效性，库存量大会造成积压，库存量少会影响施工，所以对易耗件和特殊的配件必须进行使用周期分析，为编制材料计划提供备料依据。一般大型设备由业主供货，但小型设备、零星器具、备件有时由业主委托建筑项目部采购，这些设备、器具、配件由于量少存在预订预购的问题，因分布地区广、运费高、到货时间长，如不作周密安排就会影响施工进度。对此要列出清单、标明相关数据、规格、型号、性能及要安装时间等要求说明。

(4) 安全、健康、环保部门的沟通。建筑业随着人性化管理的进步，维权意识的增强，健康、环保已逐渐规范化，法律准入化，认证体系认可化。这部分的投入有所增加，劳保用品、安全保护、卫生保洁、废弃物及污染物的处理的物品、物资相应要纳入材料计划。这部分物资的用料计划虽然属生产辅助材料，在工程材料中比重较小，但属于项目成本的一部分，应纳入建筑项目物资管理前期策划中。

(5) 经营预算部门的沟通。建筑项目的工程预算是依据甲方提供的材料计量清单和取费标准，有的只是初步设计及施工方案，国家、地方编制的工程用料及辅助材料、人工、机械消耗定额计算的，它与实际施工的作业图预算有一定差异，一般说来，中标量比实际要大（计量测算错误不在此类），要使工程用料准确，关系到物资、施工、技术等计划安排的准确性，关系到工程物资成本高低、工程效益好坏，关系到测算考核项目管理人员、现场作业人员的利益分配比例的合理性。不仅如此，建筑项目在施工中存在设计变更，合同外建筑项目的增加，相应物资供应也会增加，总的说来它是决定物资供应量的依据。对此，物资供应部门要掌握以下建筑项目用料资料：按施工生产材料分类，分部分项统计各种材料的用量；按材料的自然属性分类统计材料的用量。前者用于制定各种经济定额进行物资成本核算管理，后者主要是便于按物资化学性能分别进行储运管理。

在建筑项目各种材料总量确定的情况下，了解建筑项目网络进度各分部分项工期节点，所需各种材料用量。同时根据合同及补充协议或会议纪要对业主供料的划分进行了解，避免材料重供积压或双方都不供的空缺。

（6）财务核算部门的沟通。对于建筑项目来讲，除满足合同要求外，建筑项目要以经济效益为中心，项目经理的重要考核指标就是实现经济责任目标。财务核算部门与工程经营部在项目开工前，一般进行了前期成本测算分析，对建筑项目各项费用进行了分解，制定了相应的材料用量和成本控制计划，物资准备金计划。物资部门所要沟通的一是各类材料是否纳入财务计划；二是材料量的核准；三是材料价格控制的系数；四是了解对影响项目物资成本不可预见因素处理措施的意向。总之，物资调查和各部门的工作沟通是建筑项目物资管理前期策划的基础工作，关系到建筑项目物资管理前期策划是否符合具体实施的实际和成败。

6.3 施工总承包企业项目管理策划

现阶段从国际情况来看，国外建筑承包商逐渐进入国内市场，给国内建筑企业带来了压力，又使我们面临更加严峻的挑战；在国内，建筑企业资质等级的逐渐就位、投标报价系统愈发规范，私营企业的日益壮大，市场环境使建筑企业之间的竞争异常激烈，总承包施工企业必须通过加强项目管理、降低工程成本，来提高企业竞争力。而较好的进行项目策划是企业实现管理目标的一项有效的事前控制手段。

本节主要是从项目管理的一个方面——项目策划来进行研究，以建筑施工总承包企业的管理模式为依托，结合 ISO 9000：2000、ISO 14000：1996 和《职业安全健康管理体系规范》三个管理体系认证工作，从项目的组织结构、合同管理、质量、进度、职业安全健康、环境、制造成本等角度，研究建筑施工总承包企业的目标策划、过程控制策划和绩效考核策划的内容，提出了项目策划的程序和方法，并认为企业必须把项目策划放在项目管理的首要位置；项目的成本、质量、职业安全健康的策划是企业项目策划的重中之重；过程控制和绩效考核也必须事先进行策划。

6.3.1 概论

一、国内建筑行业发展状况

从 1989 年开始，全国建筑业企业资质管理工作全面铺开，很快，施工企业对外承包工程资质管理工作也开始起步。一时间，变革建筑企业生产方式，推行项目法施工；调整劳动力结构，实行建筑劳务基地化；改善企业经营机制，开始实行承包经营责任制等改革在全国建筑业企业中快速兴起，推动了施工总承包、专业承包、劳务分包三个层次组织结构的形成，促进了企业整体素质和市场竞争力的提高。与此同时，新中国成立以来第一部规范建筑活动的大法——《中华人民共和国建筑法》从 1998 年 3 月 1 日起正式施行。《建筑法》的颁布和施行，为建筑业发展成为国民经济的支柱产业,为解决当前建筑活动中存在的突出问题,为推动和完善建筑活动的法制建设提供了重要的法律依据。从1989年到2012年的23年间,包括《中华人民共和国建筑法》在内,《中华人民共和国招标投标法》、《中华人民共和国合同法》、《建设工程质量管理条例》、《建设工程安全生产管理条例》及部分配套法规文件相继颁布施行,初步构成了建设法规体系框架,建筑市场运行有法可依的局面正在形成。

尽管近几年国内建筑业发展成就显著,建筑业增加值占国内生产总值的份额以及建筑业从业人员占全社会劳动生产者总数的比重等指标有较快发展,但是,深刻剖析当前我国的建筑市场发展和建筑企业经营、发展和生存现状,与国外建筑产业的发展相比,现实的差距是不容忽视的,主要体现在以下几个方面。

(1) 产业集中度较低。

这种现状一方面使建筑企业无法实现规模与利润同步增加,另一方面又造成过度竞争,很多企业营业额增加了,利润却在下降。不仅低于国际发达国家建筑业的产业集中度,也低于国内同期汽车、冶金等行业的产业集中度。

(2) 产业组织结构不合理。

与先进国家相比,中国建筑企业平均规模偏大。

(3) 参与国际市场竞争不充分。

国际建筑市场结构总体格局呈明显的金字塔形状。其中,发达国家的知名跨国建筑承包商始终居于金字塔的顶部,虽然数量不多,但却掌握了相当比例的国际建筑市场份额和其大部分的收益。粗略估计,居于金字塔上端20%的企业,掌握着国际建筑市场80%的市场份额和收益,而居于金字塔中部和底部80%的企业,仅仅掌握着20%的市场份额和收益。

评价一个企业是强还是大,不是看人多人少,而是看企业完成的产值和创造的利润。

(4) 体制、机制制约。

与世界先进国家相比,目前仍存在较大的差距,主要表现在三个方面:政府、企业和咨询部门在建筑市场中的职能未清楚界定;公正的建筑市场秩序有待建立和维护,需要进一步规范建筑市场各竞争主体的行为和关系;以市场为导向的现代公司制度尚未建立起来。

二、国内建筑市场及建筑行业的新形式

(1) 建筑施工企业资质就位变化。

为了进一步加强对建筑活动的监督管理,维护建筑市场秩序,保证建设工程质量,自2001年7月1日起住建部实施了新的建筑业企业资质管理规定。到2011底,新资质的就位工作已经完成。通过新的资质就位,使建筑业的企业结构得到了优化。

(2) 建筑项目计价办法发生了新的改变。

1992年为了适应建设市场改革的要求，针对工程预算定额编制和使用中存在的问题，提出了"控制量、指导价、竞争费"的改革措施，工程造价管理由静态管理模式逐步转变为动态管理模式。尤其是近几年实行工程量清单计价，将改变以工程预算定额为计价依据的计价模式，更加适应工程招标投标和由市场竞争形成工程造价的需要，推进我国工程造价事业的发展。

三、项目、项目管理及其特点

(1) 项目。

一般认为：项目是一个组织为实现自己既定的目标，在一定的时间、人员和资源约束条件下，所开展的一种具有一定独特性的一次性工作。项目有特定的环境与要求，是指一个过程，而不是过程经过结合后形成的成果。其特性概括起来主要有如下几点：

1) 多元性：建筑项目由多个部分组成，跨越多个组织，需要多方面合作才能完成。

2) 求新性：通常是为了追求一种新产物才能组织项目。

3) 计划性：可利用资源预先要有明确的节约目标。

4) 时限性：有严格的时序约束，作为限制条件，并公之于众。

5) 集合性：项目的人员构成来自于不同专业的不同职能组织。

(2) 建筑项目的组成要素。

建筑项目一般由以下五个要素构成：

1) 目的（界定）范围；

2) 项目的组织结构；

3) 项目的质量；

4) 项目的费用；

5) 项目的时间进度。

其中，项目的（界定）范围和项目的组织结构是最基本的，而质量、时间、费用可以有新变动，是依附于（界定）范围和项目的组织的。

(3) 建筑项目管理特点。

建筑项目管理就是以建筑项目为对象的系统方法，通过一个临时性的专门柔性组织（项目经理部），对项目进行高效率的计划、组织、指导和控制。以实现项目全过程的动态管理和项目目标的综合协调与优化。建筑项目管理的基本特点表现为五个方面：

1) 项目管理是项复杂的工作。

建筑项目参加者的多元性、现场的不明确性、组织的临时性以及资源的约束性都使得项目管理复杂化了，这种复杂性是一般的生产管理不能比拟的。

2）项目管理具有创造性。

建筑项目的管理是既要承担风险又要发挥创造性，这也是与一般重复性管理间的重要区别。项目的创造性既依赖于科学技术的发展和转化，要将多种学科的成果和多种科学技术综合运用在建筑项目中。作为一种支持，产生新的构想和实施方案。

3）项目管理具有周期性。

工程项目管理的本质是计划和控制的一次性工作，在预定的时间内达到预期目标，建筑项目管理的基本要求之一就是项目完成的既快又好，因此，其管理也具有一个可预期的寿命周期。

4）工程管理需要集权领导和建立专门的组织。

建筑项目规模越大，所涉猎的学科、技术、种类也越多越复杂，而且，建筑项目的运作机制要求多个不同的组织单位在信息传递过程中要迅速、准确地做出反应。这就需要建立一个围绕专门任务进行决策的机制和相应的专门组织机构。

5）项目经理在项目管理中起着非常重要的作用。

项目经理有权独立进行计划、资源分配、执行和控制。项目经理必须通过人的因素来熟练地运用技术因素，以达到其项目目标。项目经理使他所在的组织成为一支真正的、工作默契的、具有工作积极性和责任心的高效团队。

四、企业与项目的关系

(1) 项目管理对于企业的重要性。

决策能力和执行能力，是企业发展不可或缺的两种基本能力。以往人们普遍关注企业的决策能力，但是在加速发展、不断变化的内部和外部压力下，企业的执行能力越来越受到人们的重视。如果每一次机会都能把握好，每一次努力都能达到预期的目的，也就是企业具有极强的执行能力，这时公司的生存和发展，一定能够得到有效的保障。

项目管理就是企业执行能力的具体体现。也就是为了达到特定的目标而综合运用各种方法、技术、技巧等，对项目的范围、时间、成本和质量进行有效的管理。项目管理在面向目标的同时更关注过程，使项目过程能够紧紧围绕目标发展。企业无论是已经确定了战略目标，还是为了生存而疲于奔命，它的每一次行动，其实都是一个项目，通过每一个具体项目的执行，达到一个个具体的目标，通过完成这些具体的目标，从而实现企业的生存和发展，进而实现企业的战略目标。因此，对项目的管理能力，直接反映出企业的执行能力。

(2) 项目过程与企业的关系。

企业中的项目自然属于企业，所以企业是项目的生态环境。企业为项目设定目标、提供资源、控制过程和获取成果，这与现代项目管理理论中项目包括的五大过程——启动、计划、执行、控制和收尾，是对应的。在项目启动过程中，企业为项目设定项目目标、落实项目责任；在计划过程中，企业为项目准备所需的资源，或者是获取资源的手段；在控制过程中，除了项目的自我控制外，企业也会在必要的环节上进行控制。

在项目的各个过程中，项目管理与企业管理，存在着密切的关系，企业的管理制度，直接影响着项目的各个过程。因此，一个企业的管理制度能否有效地支持项目管理的需要，直接关系到项目的工作方式，影响着项目管理的工作效率，最终导致项目的成败。

五、项目策划相对于总承包企业加强项目管理的重要性

从当今国内外情况来看，有关项目管理的研究已经相当深入，但由于建筑产品较之其他产品的特殊性，决定了建筑企业项目管理的特殊性，真正适用于建筑施工企业项目管理的研究成果相对较少，加之市场环境使建筑企业之间的竞争异常激烈，总承包施工企业必须通过加强项目管理、降低工程成本，来提高企业竞争力。而进行项目策划是企业实现管理目标的一项有效的事前控制手段。

6.3.2 建筑项目目标策划

一、项目管理策划特征

项目管理策划是一门新兴的策划学，是指以具体的项目管理活动为对象，体现一定的功利性、社会性、创造性、超前性的大型策划活动，它的特征主要表现在以下几个方面：

(1) 功利性。

项目管理策划的功利性是指策划能给策划方带来经济上的满足或愉悦。功利性也是项目策划要实现的目标，是策划的基本功能之一。项目策划的一个重要的作用，就是使策划主体更好地得到实际利益。项目策划的主体有别，策划主题不一，策划的目标也随之有差异，在项目策划的实践中，应力求争取获得更多的功利。

(2) 社会性。

项目管理策划要依据国家、地区的具体实情来进行，它不仅注重本身的经济效益，更应关注它的社会效益，经济效益与社会效益两者的有机结合才是项目策划的功利性的真正意义所在，因此说，项目策划要体现一定的社会性，只有这样，才能为更多的受众所接受。

(3) 创造性。

管理策划要想达到策划客体的发展要求时，必须要有创造性的新思路、新创意、新策划。真正的策划应具备有创造性，应随具体情况而发生改变，需要创造性的思维，不能抱残守缺，因循守旧。即使成功的模式，我们也不要生搬硬套，要善于依据客观变化了的条件来努力创新，只有这样，策划才能别具一格，与众不同，吸引人，打动人，更能取得成效。

二、总承包企业项目策划组织及方法

2001年4月18日住建部令第87号发布了《建筑业企业资质管理规定》,将建筑业企业资质分为施工总承包、专业承包和劳务分包三个序列。

施工总承包资质的企业,可以对工程实行施工总承包或者对主体工程实行施工承包,也可以将非主体工程或者劳务作业分包给具有相应专业承包资质或者劳务分包资质的其他建筑业企业。

施工总承包项目管理的组织结构包括施工总包单位、专业分包单位和劳务分包单位。总包对分包实行统一指挥、协调、管理和监督,分包企业按照分包合同的约定对总承包企业负责。因此,总承包企业在项目管理过程中对接的单位多,包括:发包人、工程监理、专业分包、劳务分包、材料设备分包等,所以在进行策划时考虑的风险相对较多。

(1) 项目管理策划三原则。

一是项目管理策划是一项前瞻性项目管理工作,应遵循事前控制、主动控制的原则。

二是一般施工总承包企业总部的职能是宏观控制和服务,因此,在进行策划时应按照"谁主管、谁负责"的原则。

三是在策划过程中应加强策划的组织程序化、科学化,追求项目管理水平和利润效益的平衡的原则。

(2) 项目管理策划组织。

根据上述原则,施工企业应该成立策划小组,策划小组成员应由有多年施工经验的技术人员、安全人员、质量、经济人员,包括公司相关部门的负责人及项目经理部、分承包方的相关人员组成。人员可以不固定,应根据项目的实际情况随时组织有相关经验的人员加入。

(3) 项目管理策划的程序。

策划程序按如下三步走:

第一步策划小组成员进行分工,分别认真审阅施工图纸及相关策划依据,吃透各种资料文件所包含的内容和各种要求,对自己所负责部分提出初步策划意见。

第二步召开策划小组会议,由策划小组成员分别提出自己的初步策划意见,全体成员集思广益,互相探讨,有无更先进的方法和工艺,相互之间有无相互矛盾的地方,最后形成策划文件。

第三步对于大型、复杂的建筑项目,可以根据工程的实际需要,分阶段进行多次策划。

由公司主管领导(生产副总和总工程师)审批,形成最终策划文件,作为编制施工组织设计和施工方案的依据之一。

三、项目经理部机构的策划

施工项目管理机构与企业管理组织机构的局部与整体的关系。组织机构的设置目的是进一步充分发挥项目管理功能，提高项目整体管理效率，以达到项目管理的最终目标。

(1) 施工项目组织机构的设置原则。

1) 目的性原则。施工项目组织机构设置的根本目的，是为了生产组织功能，实现项目管理总目标。从这一根本目标出发，就会因标设事、因事设机构定编制，按照编制设岗位定人员，以职责制度授权利。

2) 精干高效的原则。施工项目组织机构的人员设置，以能实现项目所要求的工作任务为原则，尽量简化机构，做到精干高效，力求一专多能，一人多职。同时还要增强项目管理班子人员的知识含量，着眼于使用和学习锻炼相结合，以提高人员素质。

3) 管理跨度和分层统一的原则。管理跨度也称为管理幅度，是指一个主管人员直接管理的下属人员数量。跨度大，管理人员接触的关系多，处理人与人之间的关系数量随之增大。项目经理在组建机构时，必须认真设计切实可行的跨度和层次，并画出机构系统图，以便讨论、修正，按照设计组建。

4) 业务系统化管理原则。在设计组织机构时以业务工作系统化原则做指导，周密考虑层间关系、分层与跨度关系、部门划分、授权范围、人员配置及信息沟通等，使组织机构自身成为一个严密的、封闭的组织系统，能够为完成项目管理目标而实行合理分工及和谐的协作。

5) 弹性和流动性原则。产品对象数量、质量和生产地点的变化，带来资源配置的品种和数量的变化。要求管理工作和组织机构应随之进行调整，以使组织机构能适应施工任务中建筑项目目标策划的变化。这就是说，要按照弹性和流动性的原则建立组织机构，不能一成不变。要准备调整人员及部门设置，要适应工程任务变动对管理机构流动性的要求。

6) 项目组织与企业组织一体化的原则。项目组织是企业组织的有机组成部分，企业是它的母体，归根结底，项目组织是由企业组建的。从管理方面来看，企业是项目管理的外部环境，项目管理的人员全部来自企业，项目管理组织解体后，其人员仍归企业。即使进行组织机构调整，人员也是进出于企业人才市场的。施工项目的组织形式于企业的组织形式有关，不能离开企业的组织形式去谈项目的组织形式。

(2) 施工项目管理组织机构的主要形式。

施工项目管理组织机构形式有多种多样，有直线式项目组织、职能式项目组织、矩阵式项目组织和事业部式项目组织，但随着项目法施工的不但深入，现在总承包施工企业多采用的是矩阵式和事业部式项目组织。

1) 矩阵式项目组织。

①矩阵式项目组织特征。按照职能原则和项目原则结合起来建立的项目管理机构，既能发挥职能部门的纵向优势又能发挥项目组织的横向优势，多个项目组织的横向系统与职能部门的纵向系统形成了矩阵结构。

专业职能部门是相对长期稳定的，项目管理组织机构是临时性的。职能部门负责人对项目组织中本单位人员负有组织调配、业务指导、业绩考察责任。项目经理部在各职能部门的支持下，将参与本项目组织的人员在横向上有效的组织起来，为实现项目目标协调工作，项目经理有权控制和使用，在必要时可以对其进行调换和辞退。

矩阵中的成员接受原单位负责人和项目经理的双重领导，可根据需要和可能为一个或多个项目服务，并可在项目之间调配。

②适用范围。

一是大型、复杂的施工项目，需要多部门、多技术、多工种配合施工，不同施工阶段，对不同人员有不同的数量搭配需求，宜采用矩阵式项目组织形式。

二是企业同时承担多个项目施工时，各项目对专业技术人才和管理人员都有需求。在矩阵式项目组织形式下，职能部门就可以根据需要和可能将有关人员派到一个或多个项目上去工作，可能充分利用有限的人才对多个项目进行管理。

2) 事业部式项目组织。

①事业部式项目组织结构特征：企业下设事业部，事业部可以按地区设置，也可以按建设工程类型或经营内容设置，相对于企业，事业部是一个职能部门，但对外具有相对独立经营权，可以是一个独立单位；事业部中的工程部或开发部，或对外工程公司的海外部下设项目经理部。项目经理由事业部委派，一般对事业部负责，经特殊授权时，也可直接对业主负责。

②适用范围：适合大型经营型企业承包建筑项目时采用；远离企业本部的施工项目，海外建筑项目；适宜在一个地区有长期市场或有多种专业化施工力量的企业采用。

(3) 施工项目经理部的设置。

1) 设置施工项目经理部的依据。

①根据所选择的项目组织形式组建。不同组织形式决定了企业对项目的不同管理方式，提供不同管理环境，以及对项目经理授权的大小。同时对项目经理部的管理力量配置、管理职责也有不同要求，要充分体现责权利的统一。

②根据项目的规模、复杂程度和专业特点设置。如大型施工项目的项目经理部要求设置职能部、处；中型施工项目的项目经理部要求设置职能处、科；小型施工项目的项目经理部只要求设置职能人员即可。在施工项目的专业性很强时，可以设置相应的专业职能部门，如水电处、安装处等。项目经理部的设置应与施工项目的

目标要求一致，便于管理、提高效率，体现组织现代化。

③根据施工工程任务需要调整。项目经理部是弹性的一次性的工程管理实体，不应成为一级固定组织，不设定固定员工队伍。应根据施工的进展，业务的变化，实行人员选聘进出、优化组合、及时调整、动态管理。项目经理部一般是在项目施工开始前组建，工程竣工交付使用后解体。

2）项目经理部的规模。

施工项目经理部的规模等级，一般按照项目的性质和规模划分。

3）施工项目经理部的部门和人员设置。

施工项目是市场竞争的核心、企业管理的中心、成本管理的中心。为此，施工项目经理部应优化设置部门、配置人员，全部岗位能覆盖施工项目的全方位、全过程，人员应素质高、一专多能，有流动性。

四、合同管理策划

随着我国社会主义市场经济体制改革的逐步深入，从承包商的角度来说，目前建筑市场过于向买方倾斜，竞争激烈，利润减少，合同的风险加大，施工条件更加苛刻。只有重视合同、重视合同管理，才能有效降低工程风险，增加企业利润。

（一）合同管理策划的定义

合同管理策划就是确定合同管理重点以及如何进行合同管理的过程。由于总承包企业所涉及的合同非常多，包括总承包合同管理和分包合同管理，分包合同又包括专业分包合同、劳务分包合同、材料采购合同、设备、工具租赁合同等，所以必须精密策划，才能在进行合同管理过程中做到有条不紊，降低合同风险，减少合同争议。

（二）合同管理策划的内容

(1) 建立以合同管理为核心的组织机构。

企业内部应建立合同管理组织，使合同管理专业化。如在组织机构中设立合同管理工程师、合同管理员，并具体定义合同管理人员的地位、职能，合同管理的工作流程、规章制度，确立合同与成本、工期、质量等管理子系统的界面，将合同管理融入施工项目管理全过程中。

(2) 明确合同管理的工作流程。

对建立的组织机构，必须明确与之相应的工作流程。对于一些经常性工作，如图纸批准程序、工程变更程序、分包商的索赔程序、分包商的账单审查程序，材料、设备、隐蔽工程、已完工程的检查验收程序、工程进度付款账单的审查批准程序、工程问题的请示报告程序等，应规范工作程序，使大家有章可循，合同管理人员也不必进行经常性的解释和指导。

(3) 制定必要的合同管理工作制度。

为保障管理流程的顺利实施，制定必要的工作制度是十分必要的。

1) 合同交底制度。合同签订以后，合同管理人员必须对各级项目管理人员和各工作小组负责人进行合同交底，组织大家学习合同，对合同的主要内容做出解释和说明，使大家熟悉合同中的主要内容、各种规定、管理程序，了解承包人的合同责任和工程范围。

2) 责任分解制度。合同管理人员应负责将各种合同事件的责任分解落实到各工作小组或分包商，使他们对各自的工作范围、责任等有详细的了解。通过层层合同责任分解，层层合同责任落实到人，使各工程小组都能尽心尽职，共同更好地实施合同。

3) 每日工作报送制度。信息是合同工程师的眼睛。建立每日工作报送制度，要求各职能部门必须将本部门的工作情况及未来一周的工作计划报送到合同管理工程师处，使其及时掌握工程信息，从而能够及时对已经发生或将要发生的种种问题做出决定。

4) 进度款申报的审查批准制度。目前工程进度款的申报通常都是由成本核算部门提出的，成本核算人员往往对现场及合同情况不很熟悉，不能将费用索赔的全部项目及时纳入当月付款要求中。而能否及时要求索赔，是索赔成功的关键要素之一。因此建立工程进度款的审查批准制度，由合同管理工程师从合同的角度对进度款申请报告进行审查。

(4) 重视合同变更管理。

合同变更在工程实践中是非常频繁的，变更意味着索赔的机会，在工程实施中必须加强管理。合同管理应该注意记录、收集、整理所涉及的种种文件，如图纸、各种计划、技术说明、规范和业主的交更指令，并对变更部分的内容进行审查和分析。在实际工作中，变更必须与提出索赔同步进行，待双方达成一致以后，再进行合同变更。很多承包人往往不重视变更管理，对业主要求的变更无条件服从，导致工作做了却无法获得赔偿。

(5) 加强分包合同管理。

合同管理人员在订立分包合同时要充分考虑工程的实际情况，划清合同界面，明确双方各自的权利和义务。同时合同管理人员还需要建立分包合同档案，对分包范围和部位进行动态跟踪管理。

五、项目质量策划

质量策划是质量管理中重要的一部分。项目质量策划就是根据有关要求确定某一项目所达到的具体的质量目标以及如何达到该目标的过程。

(一) 项目质量策划的程序

(1) 收集资料。

项目质量策划是针对具体某一特定项目的质量管理活动进行的。因此，在进行质量策划时，应将涉及该项质量管理活动的信息全部收集起来，虽然不同的项目质量策划可能有不同内容，但大致有以下几个方面：

1) 企业质量方针、质量总目标或上级质量目标的要求；
2) 发包人和其他相关方的需求和期望；
3) 与策划内容有关的业绩或成功经历；
4) 存在的问题点或难点；
5) 过去的经验教训。

(2) 设定质量目标。

企业按照 ISO 9000 标准进行质量管理的过程中，首先应确定质量方针，来指导企业的质量活动方向，然后再确定企业总体质量目标。项目质量策划就是要根据质量方针的原则和企业总体质量目标的规定，并结合项目具体情况确定质量目标。质量策划的首要任务就是设定质量目标，项目的质量目标，既是企业总质量目标的分解，又是对某一特定项目质量的具体要求。

(3) 质量目标分解。

将确定的质量目标分解到各分部、分项过程中，以便于在实际质量管理过程中进行控制。

(4) 设定质量控制点。

为了达到我们确定的质量目标，针对某一具体项目，那些过程作为进行质量控制关键分项工程或关键工作。

(5) 确定相关的职责和权限。

质量策划是对相关的质量活动进行的一种事先的安排和部署，而任何质量活动必须有人员来完成。因此，质量策划要建立质量保证体系，并落实质量职责和权限。

(6) 资源确定。

项目质量计划策划除了设定质量目标外，还要规定作业过程和相关资源，包括人、机、料、法、环，才能使被策划的质量控制、质量保证和质量改进得到实施。一般情况下，并不是所有的质量策划都需要确定这些资源，只有那些新增的、特殊的、必不可少的资源，才需要纳入到质量策划中来。

(7) 实现目标的方法确定。

这也不是所有的质量策划都需要的。一般情况下，具体的方法和工具可以由承担该项质量职能的部门或人员去选择。但如果某项质量职能或某个过程是一种新的工作，或者是一种需要改进的工作，那就需要确定其使用的方法和工具了。例如在策划某一新工艺项目时，就可以对其所使用的新的设计方法、试验方法、设计和开发评审方法等予以确定。

(8) 策划的结果应形成质量计划。

通过质量策划，将质量策划确定的质量目标及其规定的作业过程和相关资源用书面形式表示出来，就是质量计划。因此，编制项目质量计划的过程，实际上也是项目质量策划过程的一部分。一般来说，质量策划可以单独成册，也可以作为施工组织设计的一部分。

（9）确定所需的其他资源。

包括质量目标和具体措施完成的时间、检查或考核的方法、评价其业绩成果的指标、完成后的奖励方法、所需的文件和记录等。一般来说，完成时间是必不可少的，应当确定下来，而其他策划要求则可以根据具体情况来确定。

（二）质量策划的基本要求

质量策划一般应有以下基本要求：

（1）要充分考虑质量策划的所有资料。

质量策划的资料实际上包括两个方面：一是要求，来自于质量方针、上一级质量目标、发包人和其他相关方的需求和期望；二是能力条件，也就是企业（或部门、班组、个人）的实际情况。质量策划必须实事求是，一方面要结合自己的能力条件，另一方面又要尽力满足各方的要求，把质量目标定在经过努力能够完成的标准上，不能好高骛远，设定一个很高的质量目标而不能实现。

（2）要充分征求意见，集思广益。

涉及内容广、过程较复杂的质量策划，更应当充分征求意见，集思广益。必要时，质量策划会议可以邀请有关专家或负责具体工作的人员（包括操作者）参加；质量策划形成的质量计划草案，也可以下发到相关层次的部门或人员进行讨论，广泛征求意见。

六、项目进度计划的策划

（一）项目进度计划策划的定义

项目进度计划的策划首先要进行项目竣工日期或各阶段里程碑目标的策划，并将目标计划分解，编制合理可行的进度计划。通俗地讲，项目进度计划策划一般应包括两个阶段，一是在合同评审阶段，要力争通过与业主的谈判，将合同工期约定在合理的范围之内；二就是在编制进度计划阶段，通过工序安排、资源的合理配置、施工方案的选择、工期的优化等满足合同工期的要求。

（二）项目进度计划策划的程序

项目进度计划策划的程序同质量策划基本一样，具体程序如下：

(1) 收集资料。

1) 业主或上级部门对进度的要求；

2) 发包人或其他相关方的要求；

3) 工程现场的实际情况；

4) 企业类似工程的实际进度情况。

(2) 确定竣工目标和阶段性目标。

现实情况下，合同工期就比较短，所以企业一般把合同要求的竣工目标作为工程的竣工总目标，在此基础上制定比如基础、地下部分、主体工程、装饰装修工程等的阶段目标。阶段目标的制定，也可以说是进度总目标的分解。

(3) 确定实现目标的资源和方法。

根据确定的总竣工目标和阶段性目标，合理配置实现目标所需要的各种资源和施工方法（这一步一般在施工方案策划中进行）。

(4) 编制施工进度计划图和资源图。

（三）制定项目进度计划的方法与工具

(1) 甘特图法。

美国学者甘特发明的一种使用条形图编制项目工期计划的方法，在日常应用中我们称之为横道图法，这也是我们最常用的一种进度计划表示方法，横道图计划表中的进度线（横道）与时间坐标相对应，表达方式非常直观，通俗易懂。

(2) 工程网络计划。

工程网络计划是20世纪50年代引进的一种先进的进度计划编制和管理方法，我国JGJ/T 121—1999《工程网络计划技术规程》推荐的经常使用的工程网络计划类型包括以下几种：

1) 双代号网络计划；

2) 单代号网络计划；

3) 双代号时标网络计划；

4) 单代号搭接网络计划。

(3) 采用计算机辅助进行工期进度策划。

随着科学技术的不断进步，用于进度计划编制的商业软件首先在国外出现，自20世纪70年代末期和80年代初期开始，我国也开始研制用于进度计划编制的软件，现已经基本成熟，我们常用的软件包括：梦龙、奔腾及中国建筑研究院的PKPM系列等，应用这些软件可以实现计算机辅助建筑项目进度计划的编制和调整，以确定网络计划的时间参数。

七、项目环境、职业安全健康的策划

（一）施工企业进行环境和职业安全健康的策划的意义

(1) 市场竞争日益加剧。

随着市场经济的高速增长和科学技术的飞速发展，人们为了追求物质文明，生产力得到了高速发展，许多新技术、新材料、新能源涌现，使一些传统的产业和产品生产工艺逐渐消失，新的产业和生产工艺不断产生。但是在这样一个生产力高速发展的背后，却出现了许多不文明的现象，尤其是市场竞争日益加剧的情况下，人们往往专注于追求低成本、高利润，而忽视了劳动者的劳动条件和环境的改善，甚至以牺牲劳动者的职业健康安全和破坏人类赖以生存的自然环境为代价。

(2) 生产事故和劳动疾病有增无减。

根据国际劳工组织统计，全球每年发生各类生产事故和劳动疾病约为 2.5 亿人起，平均每天 68.5 万起，每分钟就发生 475 起，远远多于交通事故、暴力死亡、局部战争以及艾滋病死亡人数。特别是发展中国家的劳动事故死亡率比发达国家要高出一倍以上，有少数不发达国家和地区要高出 4 倍以上。

(3) 21 世纪人类面临的挑战。

根据有关专家预测，到 2050 年地球上的人口由现在的 60 亿增加到 100 亿。人类要求不断提高生活质量，资源的开发和利用而产生的废物严重威胁人们的健康，使人类生存环境面临巨大挑战。

(二) 施工企业进行环境和职业安全健康策划的目的和任务

施工企业职业安全健康策划的目的是保护产品生产者和使用者的健康和安全。要控制影响工作场内所有员工、临时工作人员、合同方人员、访问者和其他有关部门人员健康和安全的条件和因素。考虑和避免因使用不当对使用者造成健康和安全的危害。

施工企业环境策划的目的是保护生态环境，使社会的经济发展与人类的生存环境相互协调。控制作业现场的各种粉尘、废水、废气、固体废弃物以及噪声、振动对环境的污染和危害，考虑能源的节约和避免资源的浪费。

(三) 施工企业职业安全健康策划的程序和基本要求

(1) 安全生产的概念。

安全生产是指生产过程处于避免人身伤害、设备损坏及其他不可接受的损害风险（危险）状态。

不可接受的损害风险（危险）通常是指：超出了法律、法规和规章的要求；超出了方针、目标和企业规定的其他要求；超出了人们普遍接受（通常是隐含的）的要求。

(2) 安全策划的方针与目标。

安全策划的目的是安全生产，因此，企业安全控制的方针也应符合安全生产的方针，即"安全第一，预防为主"。"安全第一"是把人身安全放在首位，安全为了生产，生产必须安全，充分体现了"以人为本"的理念。"预防为主"是实现安全第一的重要手段，采取正确的措施和方法进行安全控制，从而减少甚至消除事故隐患，尽量把事故消灭在萌芽状态，这是安全策划的重要思想。

企业必须设置安全控制目标，保证人员的安全健康和财产免受损失，目标必须包括以下内容：

1) 减少或消除人的不安全行为的目标；
2) 减少或消除设备、材料不安全状态的目标；
3) 安全管理的目标。

(3) 企业职业安全健康策划的程序和方法。

企业职业安全健康的策划一般遵循下列程序进行：

综合来讲，职业健康安全的策划就是一个危害因素辨识和制定预防措施的过程，其中最关键的是危险源的辨识、风险评价。

1）收集资料。

收集、获取、识别适用于本组织的职业安全健康法律、法规及其他要求，并评价其符合性。收集、评估现行管理制度包括程序、规章、规程、作业文件，内部标准也包括相关其他体系文件；对事故、危害事件资料进行分析、评价；对相关方的意见、要求及员工建议进行分析。

2）危险源的辨识和风险评价。

①危险源的定义：危险源是可能导致人身伤害或疾病、财产损失、工作环境破坏或这些情况组合的危险因素或有害因素。危险因素强调突发性和瞬间作用的因素，有害因素强调在一定时期内的慢性损害和累积作用。

②危险源的分类：在实际生活和生产过程中的危险源是以多种样式存在的，危险源导致事故可归结为能量的意外释放或有害物质的泄露。根据危险源在事故发生发展中的作用，把危险源分为两大类，即第一类危险源和第二类危险源。

第一类危险源：可能发生意外释放能量的载体或危险物质为第一类危险源。能量或危害物质的意外释放是事故发生的物理本质，通常把产生能量的能源或拥有能量的能量载体作为第一类危险源来处理。

第二类危险源：造成约束、限制能量措施失效或破坏的各种不安全因素为第二类危险源。在生产、生活中，人们为了利用能量，人们制造了各种机械设备，让能量按照人们的意图在系统中流动、转换和做功为人类服务，而这些设备设施又可以看成是限制约束能量的工具。正常情况下，在生产过程中能量或危害物质受到约束或限制，不会发生意外释放，即不会发生事故，但是，一旦这些约束或限制能量或危害物质的措施破坏或失效（故障），即将发生事故。

第二类危险源包括人的不安全行为、物的不安全状态和不良环境条件三个方面。

③危险源与事故：事故的发生是两类危险源共同作用的结果，第一类危险源是事故发生的前提，第二类危险源的出现是第一类危险源导致事故的必要条件。在事故的发生和发展过程中，两类危险源相互有依存，相辅相成。第一类危险源是事故的主体，决定施工的严重程度，第二类危险源出现的难易，决定事故发生的可能性的大小。

④危险源辨识的方法。

专家调查法：专家调查法是通过向有经验的专家咨询、调查、辨识和评价危险源的第一类方法，其优点是简便、易行，缺点是受专家的知识、经验和占有资料的限制，可能出现遗漏，因此一般施工企业对危险源进行辨识不采用此办法。专家调查法包括头脑风暴法（Brainstorming）和德尔菲法（Delphi）。

安全检查表法：安全检查表法实际就是实施安全检查和诊断项目的明细表。运用已经编制好的安全检查表格，进行系统的安全检查，辨识项目存在的危险源。检查表的内容一般包括分类项目、检查内容及要求等，这种方法简单易懂、容易掌握，可以事先组织专家编制检查项目，使危险源辨识做到系统化、完整化，这也是一般施工企业所采用的最主要的方法。

⑤评价方法：危险源的辨识只是对项目的各类危险源进行的一个定性的分析，由于建筑项目本身存在的危险源的数量非常多，对项目管理者来说不可能也没有必要对所有辨识出来的危险源采取控制措施，因此必须对危险源进行定量分析评价。

风险评价是评估危险源所带来的风险的大小及确定风险是否可容许的全过程。根据评价结果对风险进行分级，按不同级别的风险有针对性地采取风险控制措施。

（四）企业职业安全健康的策划内容

企业职业安全健康的策划一般包括下列内容：

(1) 法律、法规的要求。

在对项目的风险进行辨识和评价完成后，还要充分收集有效的法律法规及行业和地方的有关规定中对职业安全健康的有关要求，将法律法规中对职业健康的有关要求全部辨识出来，也要作为我们制定项目目标的依据和控制的对象。

(2) 确定项目职业健康安全的目标。

项目职业健康安全管理目标的确定依据首先是企业的职业安全健康管理目标。根据项目具体实际情况，并要充分考虑社会同类企业的目标制定情况。项目职业安全健康目标确定后，一般可以用职业安全健康目标责任书的形式，由企业的总经理与项目负责人签订，来增加项目负责人的责任感。

(3) 项目职业安全健康管理措施的策划。

不同的企业可以根据不同的风险量选择适合的控制措施。

风险可忽略的可以不采取措施且不必保留文件记录，不需要另外的控制措施，应考虑投资效果更佳的解决方案或不增加额外成本的改进措施，需要监视来确保控制措施得以实施。

当风险重大、涉及正在进行中的工作时，应采取应急措施，只有当风险已经降低时，才能开始或继续工作。如果无限的资源投入也不能降低风险，就必须禁止此工作。

（五）环境保护和文明施工的策划

(1) 文明施工和环境保护的概念。

文明施工是保持施工现场良好的作业环境、卫生条件和工作秩序，文明施工主要包括以下几个方面内容的工作：

1) 规范现场的场容,保持作业环境的整洁卫生;
2) 科学地组织施工,使生产有序进行;
3) 减少施工对周围居民和环境的影响;
4) 保证职工安全和身体健康。

环境保护是按照法律法规、各级主管部门和企业的要求,保护和改善作业现场的环境,控制现场各种粉尘、废水、废气、固体废弃物、噪声、振动等对环境的污染和危害,环境保护也是文明施工的重要内容之一。

(2) 环境管理策划的程序。

与职业安全健康的策划相互对应,环境管理的策划也由下列内容组成:

1) 收集资料。

资料的收集同职业安全健康资料的收集。

2) 环境因素的识别和评价。

①环境因素识别:识别环境因素时要考虑"三种状态"(正常、异常、紧急)和"三种时态"(过去、现在、将来)。首先要确定识别的范围,对于建筑项目来说,我们可以对整个项目过程的环境因素进行识别,也可以根据实际情况对某一部位或某一施工阶段或某一施工分部进行识别。

②环境因素的评价:环境因素的评价一般有两种方法。

一是直接判断法:通过与有关法律法规比较直接的判断,如是否违反有关环境方面的法规政策;这种方法同职业安全健康因素的评价的方法略有相同,只是对识别出来的环境因素进行定性的评价。

二是综合打分法:将识别出来的环境因素与相应的要求对照,按照不同的程度赋予一定分值,并结合直接判断法进行综合打分。

八、项目施工方案的策划

施工方案是具体指导施工作业的技术性文件,一个建筑项目成功与否,与施工方案的好坏有直接的关系,因此,在施工方案编制前进行详细的施工方案策划是非常重要和必不可少的。

(一) 施工方案策划的定义

项目施工方案的策划,就是在满足其他策划成果(质量、安全、进度、成本、环境、文明施工)的前提下,一个施工项目所采取的具体的施工方法、施工工艺、施工组织及各种资源的配置等的策划。

(二) 施工方案策划的依据

(1) 质量、安全、进度、成本、环境、文明施工等工程策划目标及指标;

(2) 施工合同:包括工程范围和内容,工程价款的支付、结算及交工验收办法,材料设备的供应情况和进场期限,双方相互协作事项,违约责任等;

(3) 经过会审的施工图纸(可能在进行策划时施工图会审还没有进行):包括

单位工程的全部施工图纸、会审记录和标准图等有关设计资料。对于较复杂的工业厂房，还要有设备图纸，并了解设备安装对土建施工的要求及设计单位对新结构、新材料、新技术、新工艺的要求；

（4）业主可能提供的条件：包括业主可能提供的房屋数量、水电供应量；

（5）工程预算文件及有关定额：应有详细的分部、分项工程量，必要时应有分层或分段的工程量及预算定额和劳动定额或企业定额；

（6）施工现场的勘察资料：包括现场的地形、地貌、地上与地下障碍物，工程地质和水文情况，气象资料，交通运输道路及场地面积等；

（7）企业及社会可能提供的资源情况：包括劳动力、材料、预制构配件及施工机具设备情况等；

（8）有关国家规范及行业、地方的标准等：包括施工质量验收规范及安全操作规程等；

（9）有关参考的其他项目的策划情况资料等。

（三）施工方案策划的主要内容

(1) 确定施工程序。

施工程序是指单位工程中各分部工程或施工阶段的先后施工顺序及其制约关系。工程施工受到自然条件和物质条件的制约，它在不同施工阶段的不同工作内容按照其固有、不可违背的先后次序循序渐进地展开，它们之间有着不可分割的联系，既不能互相代替，又不允许颠倒或跨越。

(2) 确定施工流程。

施工流程是指单位工程在平面或空间上施工的开始部位及其展开方向，它着重强调单位工程粗线条的施工流程，但这粗线条却决定了整个单位工程的施工方法和步骤。

确定施工流程，一般应考虑以下因素：

1) 方法是确定施工流程的关键因素：如一幢楼用逆做法和顺做法的施工流程是截然不同的。

2) 车间的生产工艺流程是确定施工流程的主要因素。从生产工艺上考虑，影响其他工程试车投产的工程应先施工。

3) 单位工程各部分的复杂程度。一般对技术复杂、施工进度慢、工期较长的工段或部位应先行施工。

4) 当由高低层或高低跨并列时，应从高低跨并列处开始。如高低跨并列的单层工业厂房，应先从高低跨并列处开始吊装；例如，在高低层并列的多层建筑物中，层数多的区段通常先进行施工。

5) 工程现场的条件和施工方案。施工场地的大小，道路布置和施工方案所采用的施工方法和机械设备也是确定施工流程的主要因素。尤其是在城市建设中，一一般场地狭小，确定施工先行开始的部位对后续工作有重要的影响。

6）施工组织的分层分段。划分施工层、施工段的部位，如伸缩缝、沉降缝、施工缝，也是确定施工流程要考虑的因素。

7）分部工程的施工特点和相互关系。

(3) 确定施工顺序。

施工顺序是指分项工程和工序之间施工的先后次序。它的确定是为了按照客观的施工规律组织施工，也是为了解决工种之间在时间上的搭接和在空间上的利用问题。在保证工程质量和施工安全的前提下，充分利用空间，争取时间，实现缩短工期的目的。合理地确定施工顺序是编制施工进度计划的需要。

确定施工顺序时，一般应考虑以下因素：

1）遵循施工程序。施工程序确定了施工阶段或分部工程之间的先后次序，确定施工顺序时必须遵循施工程序。

2）必须符合施工工艺的要求。这种要求反映出施工工艺上存在的客观规律和相互的制约关系，一般是不可违背的。

3）与施工方法协调一致。

4）考虑施工组织的要求。

5）受当地气候条件的影响。

(4) 选择施工方法。

选择施工方法和施工机械是施工方案中的关键问题，它直接影响施工质量、进度、安全及工程成本等目标。因此，在进行施工方案策划时，必须根据建筑物的结构特点、工程量大小、工期长短、资源供应情况、施工现场和周围环境等因素，选择可行的方案，并进行技术经济分析，确定最优方案。

选择施工方法时，应重点考虑影响整个工程施工的分部分项工程的施工方法。主要是选择工程量大且在单位工程中占有重要地位的分部分项工程、施工技术复杂或采用新技术、新工艺以及对工程质量起关键作用的分部分项工程、不熟悉的特殊结构工程或由专业施工单位施工的特殊专业工程的施工方法。

通常，施工方法选择的主要内容有：

1）土方工程：竖向整平方法；具体开挖方法；降水、支护方法；放坡要求，现场堆土还是外运；

2）模板工程：模板的种类，支撑和加固方法等；

3）钢筋工程：现场加工还是场外加工，连接方法；

4）混凝土工程：搅拌形式；垂直、水平运输形式；浇注、振捣形式；外加剂的选用；养护方法等；

5）结构安装工程：吊装方法、吊装设备选型、吊装机械的位置或开行路线；吊装顺序、运输装卸、堆放方法；

6）特殊项目：

①GB/T 19001 及企业质量管理程序文件的规定,确定建筑项目的特殊过程和关键过程；

②对"四新"（新结构、新工艺、新材料、新技术）项目,高耸、大跨、重型构件,水下、深基础、软弱地基,冬季、雨季施工措施都要进行专门策划；

（5）选择施工机械。

机械设备的选择是一项比较复杂的工作,要从机械多用性、耐久性、经济性及生产率等多方面考虑。在满足建筑项目使用要求的前提下,可以租赁,也可以购买,具体如何操作,可以通过下面的经济计算进行比较：

如有若干种可供选择的机械（可以是购买,也可以是租赁）,在使用性能和生产率相类似的条件下,对模拟经济性,人们通常的概念是从机械的价格最低来衡量,但是在技术经济评价中应全面考虑。机械的经济性包括原价、保养费、维修费、能耗费、使用年限、折旧费及期满的残余价值等的综合评价。它是用折算成机械的年度费用 R 来比较,合理选择经济的方案。

在实际应用当中,既要考虑企业对机械设备长期使用情况,又要考虑企业当前的资金状况,同时还牵涉到大型机械设备进场、出场、安装、拆卸等费用,在实际操作中应灵活掌握,以提高企业的经济效益。

（6）材料采购策划。

建设工程的材料费占整个工程的比重在 60% 以上,所以材料采购的策划也是相当重要的。一般来讲,材料的采购应注意以下几点：

项目经理部所需要的主要材料、大宗材料应编制材料需求计划,由企业物资部门或项目物资部门从市场采购。

1）材料采购必须按照企业质量管理体系和环境管理体系的要求,依据项目经理部提出的计划进行采购。

2）首先选择企业发布的合格分供方厂家,对企业合格分供方名册以外的厂家,在必须采购其产品时,要严格按照企业制定的"合格分供方选择与评定工作程序"执行。

3）不需要从合格分供方采购的材料,采购金额在 5 万元以上的（包括 5 万元）,必须签订订货合同。

4）材料采购要注意采购周期、批量、存量,满足使用要求,并使采购费和储存费综合最低。

因此,材料采购策划也是采购费和储存费综合最低的策划。

九、项目制造成本的策划

企业要想生存,就必须高品质管理,低价位竞争。能够确保这种经营方式赢得市场并获取足够利润的手段就是采用目标成本规划。目标成本规划的英文全称为

Target Costing，也有人称为目标成本法。建筑行业一般称为制造成本。制造成本是一种对企业的未来利润进行战略性管理的技术。其做法就是首先确定待建产品的成本，然后由企业在这个成本水平目标上进行施工生产。目标成本规划使得"成本"成为施工生产过程中的积极因素，而不是事后消极结果。

（一）"制造"成本的基本原则

(1) 企业是利润中心，项目是成本中心。

建筑企业进行制造成本策划，从本质上来看，就是要体现"企业是利润中心，项目是成本中心"的基本观点。建筑项目制造成本目标实现得好坏，反映了项目管理水平的高低。

(2) 不同的项目必须不同对待。

企业进行施工生产，和其他企业一样，其最终目的也是追求利润最大化。但和其他产品不同的是，对于不同的项目进行成本策划，必须考虑项目的具体特点，不能千篇一律。

对于建筑项目来说，不同的结构类型，不同的分包方式，不同的地理环境，不同的中标价格，不同的合同条件（质量、进度），不同的企业期望（追求利润型、开拓市场型等）都会对项目的成本产生决定性的影响。

1）工、料、费用预测。

①首先分析建筑项目采用的人工费单价，再分析工人的工资水平及社会劳务的市场行情，根据工期及准备投入的人员数量分析该项工程合同价中人工费是否合理。

②材料费占建安费的比重极大，应作为重点予以准确把握，分别对主材、地材、辅材、其他材料费进行逐项分析，重新核定材料的供应地点、购买价、运输方式及装卸费，分析定额中规定的材料规格与实际采用的材料规格的不同，对比实际采用配合比的水泥用量与定额用量的差异，汇总分析预算中的其他材料费，在混凝土实际操作中要掺一定量的外加剂等。

③机械使用费。投标施工组织设计中的机械设备的型号，数量一般是采用定额中的施工方法套算出来的，与工地实际施工有一定差异，工作效率也有不同，因此要测算实际将要发生的机械使用费。同时，还得计算可能发生的机械租赁费及需新购置的机械设备费的摊销费，对主要机械重新核定台班产量定额。

2）施工方案引起费用变化的预测。

建筑项目中标后，必须结合施工现场的实际情况制定技术上先进可行、经济上合理的实施性施工组织设计，结合项目所在地的经济、自然地理条件、施工工艺、设备选择、工期安排的实际情况，比较实施性施工组织设计所采用的施工方法与标书编制时的不同，或与定额中施工方法的不同，以据实做正确的预测。

3）辅助工程费的预测。

辅助工程量是指工程量清单或设计图纸中没有给定，而又是施工中不可缺少的，例如混凝土搅拌站、隧道施工中的"三管两线"、高压进洞等，也需根据可实施性作好具体实际的预测。

4）大型临时设施费的预测。

大型临时设施费的预测应详细地调查，充分地比选、论证，从而确定合理的目标值。

（二）成本失控的风险预测

项目成本目标的风险分析，就是对在本项目中实现可能影响目标实现的因素进行事前分析，通常可以从以下几方面来进行分析。

(1) 对建筑项目技术特征的认识，如结构特征、地质特征等。

(2) 对业主单位有关情况的分析，包括业主单位的信用、资金到位情况、组织协调能力等。

(3) 对项目组织系统内部的分析，包括施工组织设计、资源配备、队伍素质等方面。

(4) 对项目所在地的交通、能源、电力的分析。

(5) 对气候的分析。

十、项目方针目标考核的策划

项目方针目标考核的策划其实就是合理确定项目方针目标的一个过程。

在建筑施工企业，对于一个项目，其目标不外乎以下几个：职业安全健康目标、环境目标、质量目标、进度目标、成本目标。项目方针目标考核书的策划，就是将上述几个目标策划成果的集合，形成的一个综合文件，该文件既是项目进行施工生产的总目标，也是企业考核项目施工在施工生产履行合同（与业主的合同和与企业合同）的程度的依据。

十一、项目策划实例

（一）工程概况

本工程位于某一城市明湖路与生产路交汇处。荷花佳苑 1~4 号楼及沿街商铺建筑面积约 3.5 万 m^2，高度约 36.8m，地下一层，地上十一层，带跃层，框剪结构。基础为筏基和独立基础，属于民居和商业网点。楼地面及楼梯均为水泥砂浆地面，内墙及顶棚为普通抹灰，厨房、卫生间墙面只打底灰，外墙贴砖、涂料。由于地基承载力较低，故基础采用水泥土桩复合地基，水、电、暖安装工程只敷设、安装管道及必须与之连接的管配件，终端系统不安装，其余煤气、弱电等专业项目由业主直接分包。

（二）策划小组及成员分工和职责（略）

（三）策划原则

(1) 项目策划是一项前瞻性项目管理工作，遵循事前控制、主动控制的原则。

(2) 项目策划依据公司总部宏观控制和服务职能，不同的公司职能部门按照"谁主管，谁负责"的原则，根据具体项目特点和要求，制定项目管理实施方面的指导性文件。

(3) 加强项目策划的组织程序化、科学高效化，追求项目管理水平和利润效益的平衡。

（四）项目目标

(1) 质量目标：达到山东省"泰山杯"标准（山东省优质工程）。

(2) 安全目标：

不发生死亡事故；不发生重伤事故；轻伤事故年平均月频率小于千分之三；按住建部《建设施工安全检查标准》达到优良等级。

(3) 环境目标：

1) 杜绝重大环境事故发生；

2) 杜绝重大相关方投诉事件发生；

3) 达到省级文明工地标准。现场环境、文明施工管理严格按省级文明工地标准执行。

（五）项目策划内容

(1) 项目组织机构及管理岗位策划。

1) 组织机构设置。

根据该工程规模大小、工程施工难易程度及工程承发包形式，成立荷花佳苑项目经理部，经理部设"八部一室"：工程部、技术部、质量部、安全部、机电部、经营部、物资部、财务部、综合办公室，涵盖项目管理的全部业务管理职责。项目经理部随项目开始而成立，随项目终止而解体，实行业务系统化管理，在接受项目经理领导的基础上同时接受公司职能部门的指导、检查、监督和考核。

2) 人员配置。

荷花佳苑项目经理部由公司委派项目经理，其他各部门人员由人力资源部根据有关规定统一配置，定员20~30人，本项目质量人员、安全人员均应按照相关专业业务系统规定按标准配置，不足人员随工程进展情况另行补充，现场值班人员、临水、临电人员另行安排。

除公司配置的人员外，由项目经理部与分包方合作获得的其他人力资源应纳入项目经理部组织机构统一管理，对分包方所提供人员的岗位资质能力进行审查备案。

(2) 项目质量策划。

1) 质量目标：山东省"泰山杯"。

2) 质量保证体系：公司总工程师负全面责任，项目经理是项目质量第一责任人，设立以项目经理为组长，技术、生产副经理和质检员为成员的质量保证小组。

3) 质量策划内容：

①工程质量目标已经明确，因此，要求项目经理部在施工过程中要严格控制，每个检验批实测合格点率不得小于90%，项目经理部要按该指标对每个分项、检验批的实测合格点率进行分解。

②开工之前项目经理部要根据本工程的具体情况制定质量保证措施，同时可参照《混凝土结构精品工程实施手册》、《机电安装精品工程实施手册》和《精品工程实施要点》制定，并且要细化到具体节点，达到对工程施工具有很强的指导性和操作性。

③装饰工程、屋面工程在施工之前要进行二次施工设计，将设计的细部节点做法报公司质量保证部，由公司质量保证部门审核，在施工过程中必须执行样板引路，结构阶段由项目经理部控制，装饰阶段由公司质量保证部控制（工程实体样板做好后，填写样板引路鉴定表，报公司质量保证部验收），经公司质量保证部检查同意后方可展开大面积施工，对于屋面工程其找平层作好之后也要经过公司质量保证部验收，符合要求后方可进行防水分项工程的施工。

④对本工程的几点要求：

a）施工过程中必须执行公司质量管理程序文件。工程施工中的地基、基础、主体和竣工验收几个阶段验收要通知公司项目管理部，由项目管理部组织质量保证部、技术部联合检查验收，由公司质量保证部检查工程实体质量，技术部核查工程技术资料。

b）认真执行样板引路制度。无论是结构阶段还是装饰阶段的施工必须执行样板引路制度，结构阶段的样板由项目经理部进行控制，装饰阶段的样板由公司质量保证部控制，即结构阶段各主要分项工程开工之前先由施工操作层做样板，样板做好后填写样板引路鉴定表，由项目经理部检查验收，验收达到标准要求后方可展开大面积施工，并且在施工过程中任何人不得随意降低质量标准；装饰工程、屋面工程以及土建和水电之间的配合在施工之前要先做样板，样板作好后经项目经理部自检认为达到要求后，由项目经理部填写样板引路检验鉴定表，报公司质量保证部对工程实体质量进行验收，经检查验收同意后方可展开大面积施工，并注意在施工过程确保样板不走样。

c）项目经理部要认真执行"三检制"，严格进行质量过程控制，在施工过程中公司质量保证部对工程质量进行不定期抽检，在检查过程中发现工程质量低劣、违反建设工程标准强制性条文等质量问题将视情况给予处罚。

d）认真执行公司质量月报制度，项目经理部质检人员每月25日之前将质量月报表报公司质量保证部。

e）应体现的工程亮点：楼梯间施工缝接茬处理，楼梯间踏步平整方正，柱子、墙与楼板交接处，梁头处理。

(3) 项目安全生产策划。

1) 安全管理目标：

①因工死亡事故为零；

②因工重伤事故为零；

③重大火灾事故为零；

④重大集体中毒事故为零；

⑤因工负伤频率控制在本 3‰ 以内；

⑥创建省级安全文明工地，按公司《职业安全健康评价标准》评价达到优良；

⑦保持 GB/T 28001—2001《职业安全健康管理体系审核规范》的有效运行，并实现持续改进。

2) 安全组织管理：

①项目成立以项目经理负责的安全生产领导小组。

②项目建筑面积 3.5 万 m^2，按山东省《建设工程安全规程》要求，必须配备两名专职安全管理人员。

③项目经理和专职安全管理人员必须持证上岗。

④所选分包队伍必须达到安全要求。50 人以内配备 1 名专职安全管理人员。

3) 项目经理的安全责任目标：

①由公司总经理与项目经理签订安全管理责任目标，明确责任。

②项目生产经理、技术经理、专职安全管理人员及其他人员，由项目经理按照责任分工、明确每个主管人员及部门的安全责任，并签订安全管理目标责任书。要求在项目经理部正式成立一个月内完成，并报公司安全部备案一份。

4) 安全管理制度：

执行公司的各项安全管理制度。

5) 保持 GB/T 28001—2001《职业安全健康管理体系审核规范》有效运行并保持改进。

①收集相关安全法律、法规、标准及规范。

②危害因素的辨识与评价，确定重大危害因素。

③对危害因素制定控制措施或编制安全施工方案。

a) 临时用电安全技术方案；

b) 施工临建设施安全技术施工方案（围墙、食堂、宿舍办公室等）；

c) 脚手架安全技术施工方案；

d) 塔式起重机安全施工方案；

e) 基础开挖施工安全技术施工方案；

f) 物料提升机安全技术施工方案；

g) 安全防护技术施工方案；

h) 外用电梯安全技术施工方案；

i) 模板工程安全施工方案；

j) 项目安全生产及应急救援方案。

以上这些安全措施方案，由项目编制，报公司相关部门审核、总工审批后实施。

6) 总分包的安全管理：

①分包队伍的选择，首先要选择具有安全资质的分包队伍，其次选择分包队伍要配备专职的安全管理人员，50人以下的配备一名专职安全管理人员。

②分包队伍进入施工现场之前，在签订施工合同之前要首先签订安全生产协议书（公司级、项目级）报公司安全部备案一份，以备安全监督检查用。

③公司和项目依据签订的安全协议，对分包队伍进行监督检查。

7) 主要安全防护用品和安全资金的投入：

①项目要建立安全员投入台账，记录安全资金投入使用情况。

②项目和公司采购的安全用品，要在公司认定的合格分供方内选择采购，并按程序报公司安全部备案，登入公司安全资金使用台账。

③分包队伍使用的个人防护用品，要验证资料并登记。

(4) 项目进度策划。

1) 工期目标：总工期360日历天。

2) 保证措施：

①成立以项目经理为组长的领导小组，生产经理、施工主管全面组织协调。

②加强项目沟通管理，保证劳动力、物资、资金、技术方案支持和设备机械的有机高效运作。

③确保计划的合理性、科学性、严肃性，阶段性计划必须服从总体计划。

(5) 项目施工组织部署及施工技术策划。

1) 施工概况：

①现场情况：电源由于距离甲方提供的电源较远，故需投入大型号的电缆；甲方提供的临水水源无压力，需要进行二次加压以满足施工及消防用水要求。现场主道路采用混凝土硬化，供运输及消防通道。现场西侧设办公区临建板房，采用彩钢板，食堂及厕所为砖砌。西北侧为工入宿舍、食堂及办公区。现场厕所设在现场东北侧。

②施工区域及流水段划分：本工程划分为两个施工区域。两个区域内单位工程间实施整体流水，由于每个单元的结构形式和工程量大致相同，施工过程中各个单元之间可以实施小步距流水。

③大型机械：每个区域各设TC100塔吊一台（$R=50$），混凝土泵一台。每个楼号设立物料提升机各一部。其他小型机械由施工单位自理。

④安全防护：采用双排全封闭式外架，便于后期装修阶段的施工要求。

2) 施工工艺及新技术措施：

①钢筋连接为焊接；

②横板：地下室为竹胶板拼大模，地上竖向定型木模板；

③混凝土为保证工期及质量需掺加外加剂；

④另有油毡瓦等一些某一城市用得少的新材料、新工艺需提前介入了解。

⑤项目施工组织部署（详细内容见施工组织设计）。

根据当地法律法规的规定，混凝土工程采用商品混凝土，地泵输送；

为了提高工效，垂运机械采用 TC100 塔吊；

模板体系采用木模板体系，支撑采用钢管扣件支撑体系；

施工过程采用小流水段、均衡施工；

环境管理按市级文明工地标准执行。

3) 该项目主要施工技术策划：

由于本工程为小高层框架住宅工程，施工难度不大，主要加强细部结点施工过程控制。

①定位控制及轴线传递，必须采用经纬仪以基准控制桩位进行施测，放线完毕闭合检校。严禁采用简单铅垂法直接传递。

②模板体系以木模为主，梁柱结点采用定型模板，防止缩、胀、偏移。

③墙体抹灰空裂控制要有方案，填充墙施工必须符合规范规定。

④交叉施工遵循施工工艺的要求，严禁后剔、后补。

⑤混凝土的养护和成品保护加强控制措施。

⑥填充墙拉接筋拟订专门方案报监理审核后实施。

⑦每一分项工程施工前均实行样板引路，特别模板、湿作业、粉刷、精装、清水混凝土、水电安装等分部分项工程。

⑧建立创优机制，优化创优方案，持续改进。

(6) 合同管理策划。

1) 合同管理策划。

①总原则：

a) 以合同管理为主线，分为总包合同、分包合同、专业合同，几种合同分别策划，只要是不同的法人经济主体就应签订合同，且合同签订前应按程序进行评审。

b) 工程管理的定位是总承包管理，分部分项工程实行扩大的分包管理，由公司、项目经理部、经营部负责全过程的合约策划。

c) 项目经理及项目商务经理全过程参加谈判，并负责合同履约。

d) 项目签订分包合同，专业合同采用标准的招标程序进行。

e) 分包工程的招标要做到公平、公正、公开、全过程要规范，及时完成各个会议记录和纪要。

f) 采用招标的方式确定每一个专业分包队伍。

g) 选用的专业队伍必须具备履约能力，价格必须是合理低价。

②合同的签订。

本工程的合同洽谈分两个层次进行工程总承包合同：本合同是公司与业主签订的合同，是工程施工的法律依据，由公司法定代表人授权组成谈判小组与业主进行谈判。合同要按有关规定进行评审。

授权委托书：本工程由公司授权项目经理部，实行项目总承包管理，代表公司全面履行总承包合同。

工程分包合同：工程分包依据招标程序和条件，由联营方组织签订分包合同，并按规定进行评审。

2) 项目合同管理要点：

①公司经营部应指派具备合同方面知识和合同管理方面经历，及熟悉工程合同过程中各个细节的人员，作为项目合同管理人员，并在签订、履行合约全过程给予指导、参与、检查。

②合同管理的日常工作要按程序文件的要求执行，建立健全两级合同档案的管理工作。

③合同的补充协议、修改文书和来往信件、数据电文及会议纪要、设计变更、经济洽商、经济签证等都是合同的组成部分，应统一编号登记，专人管理。需要圆函、发放的，应按确定职责权限和规定期限内回复对方，发放、签收。

④每一份合同签订后，均需组织项目经理部有关人员学习并交底，把合同谈判中和合同履行中的重点、难点传达落实下去，以使合同顺利实施。

⑤施工过程中要注意及时收集、整理合同履行中的原始资料，做好工程索赔的基础工作，确保公司的利益不受损失。

⑥当业主资金支付延误时，项目经理部应及时给业主发函，并备案留底，若延期时间过长（超过三个月），由公司经营部、财务部会同项目经理部，计算损失、滞纳款利息，及时提出索赔要求。

⑦项目经理部要协调好各类专业分包之间的关系，统筹安排分包单位的工作，必要时可依据合同规定追究分包单位的责任和索赔。

⑧业主和监理方对项目的一切手续，应通过公司相关部室审阅后方可办理。

⑨合同实施过程中，对业主和监理方工程师的口头指令和对工程问题的处理意见要及时索取书面证据，为日后的工程索赔和反索赔工作积累原始资料。

3) 分包合同管理要点：

①有分包工程均要签订分包合同，并按程序文件进行评审。

②对业主指定的分包方，签订合同须"三方"（业主、总包方、分包方）签证，并纳入到总包管理。

③业主指定的分包方，必须具备承接该项工程的营业资质等级证书及在城市施工的许可证等，分包单位无证或超范围经营，总包方应予以拒绝。

④分包合同中应规定，对其分包的工程向总包单位负责，且必须服从总包单位的领导、批示及指令，如不遵从，总包单位可随时单方面要求不服从的分包单位停止或令其撤离现场，而不需负责任何赔偿。

⑤分包单位应及时向总包单位提供分包工程的计划、统计、技术、质量等有关资料，参加总包单位的平衡。

⑥业主直接发包的工程，总包单位要争取到分包工程款的支付由总包单位转付，以便有效控制分包单位，使其确保工程质量和工期，保证工程总合同的顺利实施。

⑦对分包单位工程款的支付，按照审批程序办理手续，由公司财务部门统一支付。

⑧由于业主资金支付延误，而影响总包单位拨付分包单位工程款时，分包单位不得单方面停工或向总包单位提出赔偿要求。

⑨分包单位工程经验收（包括中间部位验收）达至Ⅱ合约标准后，由总包单位和分包单位在验收证书上签证，作为分包单位向总包单位交工的证书。验收不合格时，由分包单位进行返工或修理，并负担全部返修费用。

⑩分包单位必须遵守一切有关国家和地方法律的规定，因其违反而遭受起诉、罚款或其他刑责，由其自行承担。

⑪分包单位必须自行完成分包工程，不许将分包的工程再行分包。

⑫分包单位要定期组织安全教育，提高施工人员的安全防范意识，特殊工种的操作人员要持证上岗。

⑬总包合同中凡有关分包工程的条款，分包单位必须遵守履行，并符合该条款要求。

⑭总包合同中总包方承担的责任和风险，同样适用于分包单位。

⑮总包单位可引用总包合同中的内容，向分包单位追究责任和索赔。

（7）项目制造成本策划。

经公司与项目负责人多次协商，并按照公司《项目管理责任目标实施办法》，最终确定荷花佳苑项目经理部上缴公司净利润率费率基数为8%（净利润），计240万元，项目经理部发生的一切费用均由项目经理部负责（详见项目管理责任目标委托书）。

项目的降本措施由经理部自己负责，项目经理部可参与提供建设性意见，但必须符合国家、地方法律法规规定的质量、安全的强制性措施。

(8) 项目物资分供策划。

物资分供的管理原则：保证质量，精心核算材料成本。

1) 采购环节。

发挥资金优势，额度在1万元以上的物资走竞标采购，提高履约信用，来赢取低采购成本；甲供钢材争取检斤与检尺量差，来节约钢材用量；辅材可明确内容承包给施工分包队。

2) 进场收发存管理。

根据工程的规模，建议引用"工程材料管理系统 GMM"软件，对现场的材料收发存、供应商信息及结算支付情况、各种数据查询和报表进行有效管理，为公司积累材料实际使用价格数据和材料耗用标准，建立企业定额，提供数据来源。

3) 供应商管理。

参见公司材料分供方管理办法。

4) 工程材料的堆放储存、标识管理。

参见公司工程材料的堆放储存、标识管理办法。

5) 材料的环境、安全管理。

安全管理要求：进场物资的码放要整齐，高度适中防止倒塌。对于易燃易爆、化学危险品材料要分库存放，远离办公区和宿舍区并标识清晰，建立收、发、存台账，以便追溯。杜绝不安全因素造成的事故发生。

环境管理要求：对建筑垃圾设置有毒有害、无毒无害存放点，采取相应措施，最大限度降低环境污染；对于大风天气，易扬尘的散装颗粒材料，应覆盖、洒水。建筑垃圾的清运应覆盖，被污染的场地、道路及时清扫。

(9) 现场平面布置及 CI 形象策划书。

总体要求参见企业形象管理手册。

(10) 安装工程管理策划。

1) 荷花佳苑项目机电安装管理模式：

①项目经理部负责工程总承包范围内的全部安装机电工程。

②公司机电部在业务中给予指导、监督、检查、服务。

③机电安装分包商必须听从项目经理部的统一指挥管理。

④机电安装分包单位管理人员纳入到项目经理部管理体系中，接受管理职责。

2) 机电安装与结构、装修工程配合的质量管理要点（略）。

(11) 项目消防、保卫、现场保卫管理策划（略）。

(12) 其他策划（略）。

6.3.3 过程控制策划

过程控制是项目管理的一个重要环节，是运用控制的方法和手段，进行管理，通过预防措施制定和实施，以确保策划目标实现的过程。在项目实施之前，既要对项目的各种目标进行策划，同时又要确定实现策划目标的控制方法。

一、控制概述

（一）项目控制概念

所谓控制，是指在实现项目目标的过程中，行为主体按照预定的计划实施，在实施过程中会遇到许多干扰，行为主体通过检查、收集实施状态的信息，将它与预定的标准比较，发现偏差，采取措施纠正这些偏差，从而保证计划正常实施，达到预定目标的全部活动过程。

施工项目控制的行为对象是施工项目。控制行为的主体是施工项目经理部，控制对象的目标构成目标体系。

（二）项目控制的目的和意义

施工项目控制的目的是排除干扰，实现合同目标。因此可以说施工项目控制是实现施工目标的手段。施工项目控制的意义在于它对于排除干扰的能动作用和保证目标实现的促进作用。

（三）项目控制的任务

施工项目控制的任务主要是进行进度控制、质量控制、成本控制和安全控制。

（四）施工项目控制的基本理论

现在管理学中，控制的基本理论服从于控制论的基本思想，其要点如下：

（1）控制是一定主体为实现一定目标而采取的一种行为。要实现最优化控制，必须首先满足两个条件：一是要有一个合格的控制主体；二是要有明确的系统目标。

（2）控制要按事先拟订的计划和标准进行。控制活动就是要检查实际发生的情况与标准（或计划）是否存在偏差，偏差是否在允许范围之内。是否应采取控制措施和采取何种措施纠正偏差。这个拟订的计划和标准就是我们策划的结果。

（3）控制的方法是检查、分析、监督、引导、纠正。

（4）控制是针对被控制系统而言的。既要对被控制系统进行全过程控制，又要对其所有因素进行全面控制。全过程控制有事先控制、事中控制和事后控制；要素控制包括人力、物力、财力、信息、技术、组织、时间、信誉等。

（5）控制是动态的。

（6）提倡主动控制，即在偏差发生之前预先分析偏离的可能性，采取预防措施，防止发生偏差。

（五）施工项目控制的任务与过程

（1）目标控制的任务。

进度控制：使施工顺序合理，衔接关系适当，均衡有节奏施工，实现计划工期，提前完成合同任务。

质量控制：使分部分项工程达到质量标准，实现质量等级和技术措施，保证合同质量目标实现。

成本控制：实现施工组织设计中的降低成本措施，实现经理部赢利目标，实现公司利润目标。

安全控制：施行安全措施，控制劳动者、劳动手段和劳动对象，控制环境，实现安全目标。

(2) 施工项目目标控制的全过程。

施工项目目标控制的全过程是项目管理的全过程：项目策划及投标—签约—施工准备—项目施工—验收交工—总结。

(六) 施工项目目标控制的手段和措施

(1) 施工项目目标控制的手段。

主要是指控制方法和工具。每一种控制目标都有专业适用的控制方法。

进度控制横道计划法，网络计划法，"S"型（或"香蕉"型）法；质量控制检查对比法，数理统计法，目标管理法，图表方法；成本控制量本利法，价值工程法，偏差控制法，估算法；安全控制树枝图法，偏差控制法，多米诺模型法；施工现场控制PASS法。

(2) 施工项目目标控制措施。

施工项目目标控制措施有合同措施、组织措施、经济措施和技术措施。

1) 合同措施：施工项目控制目标根据工程承包合同产生，又用责任承包合同落实到经理部。项目经理部通过签订劳动承包合同落实到分包单位。因此，合同措施在施工项目事前控制中发挥着重要作用。在事前控制中，施工项目目标的控制全部按合同办事，当发现某种行为偏离合同这个标准时，便立即会受到约束，使之恢复正常。在市场经济条件下，合同是交易行为的必须，也是目标控制的必须。

2) 组织措施：组织措施是项目管理的载体，是目标控制的依托，是控制力的源泉。组织措施在制定目标、协调目标的实现、目标检查等环节都发挥十分灵活的能动作用。

3) 经济措施：经济是施工项目管理的保证，是目标控制的依据。目标控制的资源控制和动态管理，劳动分配和物质激励，都对目标控制产生作用。

4) 技术措施：施工项目目标控制中所用的技术措施有两类：一类是硬技术，即工艺（作业）技术；另一类是软技术，即管理技术。

二、项目质量过程控制

建筑产品是一种特殊的产品，绝大部分需要手工作业来完成，通过工序的施工一步一步形成建筑项目实体的，因此，施工过程也是决定最终产品质量的关键阶段，要提高建筑项目的质量，就必须狠抓施工的过程质量控制。《施工质量验收规范》也将过程控制作为编制的指导方针。

(一) 项目施工过程质量控制的意义

(1) 国民经济建设要上新台阶,必须大力加强质量意识。

(2) 企业转换机制,必须确立质量发展战略。

(3) 必须以质量赢得市场。

(二) 项目质量控制的依据和要点

(1) 控制依据。

控制依据包括技术标准和管理标准。技术标准包括:工程设计资料;国家先行施工质量验收规范;行业及地方、企业的技术标准和规程;施工合同中规定的有关技术标准。管理标准主要包括:GB/T 19002《质量体系——生产和安装的质量保证模式》,企业质量管理部门有关质量管理制度及有关质量工作的规定,项目经理部与企业签订的合同及企业与业主签订的合同、施工组织设计等。

(2) 施工质量控制要点。

1) 施工质量控制要以系统过程对待施工全过程,质量控制是一个系统,包括投入生产要素的质量控制、施工及安装工艺过程的质量控制和最终产品的质量控制。工程施工是一个物质生产的过程,施工阶段的质量控制范围,包括影响工程质量5个方面的要素及"4M1E",指人、机、料、法、环,他们形成了一个系统,要进行全面的质量控制。根据质量形成的时间分,可以分为质量事前控制、事中控制和事后控制。

2) 施工质量控制的程序和主体。

施工质量控制每前进一步,都要经过检查,检查活动相当于一个测量器,不合格的必须重做,或返工,或修补,完成后再检查,控制的主体有两种情况:一种情况是施工活动本身,控制的主体是施工者自身;另一种情况是对检查活动,控制的主题首先也是施工者自身;但是在监理和质量监督的情况下,情形有所不同;监理每一个环节的检查都要把关。

3) 质量体系为质量控制提供系统组织保证。进行质量控制时,必须按照 ISO 9000 系列标准建立质量体系,为质量控制提供组织保证。质量体系是指"为实施质量管理的组织结构、职责、程序、过程和资源"。一个组织有一个质量体系,在组织内外发挥着不同作用,对内实施质量管理,对外实施质量保证。

三、项目进度过程控制

(一) 施工进度计划形式的选择

如前所述,施工进度计划的形式可选用横道图或网络图的形式。

(二) 施工进度计划的实施

实施施工进度计划,必须做好三项工作,即编制月(旬)作业计划和施工任务书、做好记录掌握现场实际情况、做好协调工作。

(1) 编制月(旬)作业计划和施工任务书。

施工组织设计中编制的施工进度计划，一般是按照整个项目或单位工程编制的，也带有一定的控制性，但还不能满足施工作业要求，实际作业都是按月（旬）编制的，因此应该认真进行编制。

(2) 做好记录、掌握现场施工实际情况。

在施工中，如实际记载每项工作的开始日期、工作进程和结束日期，可为计划实施的检查、分析、记录、调整、总结提供原始资料。

(3) 做好调度工作。

调度工作主要对进度控制起协调作用。协调配合关系，排除施工中出现的各种矛盾，克服薄弱环节，实现动态平衡。调度工作的主要工作内容包括：检查作业计划执行中的问题，找出原因，并采取措施解决；控制施工现场临时设施的使用；督促供应单位按进度要求供应资源；控制施工现场历史设施的使用；按计划进行作业条件准备；传达决策人员的决策意图；发布调度令等。要求调度工作及时、灵活、准确、果断。

(三) 施工进度的检查与调整

施工进度计划的检查与进度计划的执行是融为一体的。计划检查是计划执行信息的主要来源，是施工进度调整和分析的依据，是进度控制的关键步骤。

施工进度检查的方法主要是对比法，即实际进度与计划进度进行对比，从而发现偏差，以便调整或修改计划。因此，计划图形的不同便产生了多种检查方法，包括用横道图计划检查、利用网络计划检查、利用"香蕉型"曲线检查等。

进度检查工作可以分为四个步骤执行：

第一，收集项目任务的进展信息，可以有进度汇报和进度查验两种方法。

通常情况下，项目经理采用由下属进行主动汇报的方式来完成项目进展信息的收集工作，即进度汇报；对于某些工作，项目经理也可采用直接检查的方式来获取进展信息或验证汇报信息的准确性，这就是进度查验。为了获得准确的项目进展信息，项目经理最好将两种方法结合使用。需要收集的项目进展信息包括：任务执行状况和变更信息。任务执行状况包括任务的实际开始和结束时间，当前任务完成的程度等。变更信息包括：范围变更、资源变更等诸多与项目进度相关联的变更内容。

第二，进行项目实际进展信息与进度基准计划的比较。就是将收集到的实际进展信息与进度基准计划进行比较，看是否出现了进度偏差。如果没有偏差，检查至此结束，否则执行下一步工作。

第三，针对出现的进度偏差，寻求最佳解决方案。如果出现了进度偏差，针对这些偏差进行分析和研究，发现其中的问题，针对问题寻找解决方案。如过程控制策划结果需要进度计划调整，则修改进度计划。项目实施过程中出现进度偏差是在所难免的，实施进度控制就是要求能对偏差进行有效的控制，提出相应的解决方案，使之有利于项目的进展。

第四，执行进度调整后的进度计划和解决方案。根据偏差的处理决定，执行解决方案，调整项目进度计划。如果需要，则通知项目相关人。当进度偏差比较大时，需要考虑缩小检查周期，以便更好地监视并纠正措施的效果，以保障项目按期完成。

四、项目施工安全的控制

(一) 抓好安全教育，在思想上绷紧安全弦

安全预防，思想是关键，首先应使各施工单位最高管理人树立强烈的安全意识，明确提出把安全作为管理层领导和项目经理及技术负责人考核的主要依据之一，并采用一票否决制；凡出现安全事故，应追究相应领导的责任，年度考核不合格，视情节扣发年度奖金，直至解聘和辞职。通过"一票否决制"，迫使和激发从管理层到项目部人员抓安全的自觉性。

(二) 立法、执法和守法

项目经理部在学习国家、行业、地方安全法规的基础上，根据安全策划结果，制定项目安全管理制度，并以此为依据，对施工项目的安全进行经常的、制度化和规范的管理。守法是按照安全法规及制定的规章制度进行工作，使安全法规变为行为，产生效果。

(三) 建立施工项目安全组织系统及相应的责任系统

包括安全生产委员会办公室（以总包、分包安全技术人员为主）、总包有关管理部门、现场有关执行人员和各班组长、总包施工全体人员、各分包单位、分包单位施工人员。

(四) 进行安全教育

安全教育包括安全思想教育和安全技术教育，目的是提高职工的安全意识，提高操作技能。

(五) 采用安全措施

安全措施包括技术措施和组织措施，既要根据策划结果合理地进行措施的设计和制订，又要保证其实施。

(六) 将安全监督检查作为重点

加强安全监督检查，发现安全薄弱环节，检查执行安全纪律和措施的情况，提高安全施工水平。

(1) 定期对项目按照职业安全健康策划的有关内容进行检查评比。

检查内容包括：安全管理、脚手架、基坑支护、模板工程、安全防护、物料提升机、外用电梯、塔式起重机、施工用电、施工机具、现场消防、临时设施与女工未成年工保护等内容。

(2) 对施工中影响安全的重点部位，重点机械设备，重点分部分项，依据项目

职业安全健康策划制定的方案，定期或不定期地进行检查和落实具体的实施情况和效果。

五、项目成本过程控制

（一）施工项目成本控制的意义

(1) 施工项目成本控制是施工项目工作质量的综合反映，施工项目成本的降低，表明施工工程中物化劳动和活劳动消耗的节约。物化劳动的节约说明固定资产利用率提高和材料消耗降低；活劳动消耗的节约，表明劳动生产率降低。所以，抓住施工项目成本控制这个关键，可以及时发现施工项目生产管理中存在的问题，以便采取措施，充分利用人力和物力，降低施工成本。

(2) 施工项目成本控制是增加企业利润、扩大社会积累的主要途径。在施工价格一定的情况下，成本越低，盈利越高。

(3) 施工项目成本控制是推行项目承包责任制的动力。项目经理项目承包责任制，规定项目经理必须承包项目质量、成本、工期三大约束性目标。成本目标是经济承包目标的综合体现。

（二）成本动态控制

施工项目成本计划执行中的控制环节包括：施工项目成本责任制的落实、施工项目成本计划执行情况的检查与协调、施工项目成本核算等。

(1) 落实施工项目计划成本责任制。

制造成本确定以后，就要按照计划的要求，采用目标分解的办法，由项目经理部分配到各职能人员、单位工程承包人员和分包队伍，签订成本责任状或合同书，为了保证成本目标的实现，一般应做好下面的工作：

1) 项目管理班子职能人员责任明确，实行归口控制。由技术人员抓技术措施落实，以节约工料，减少机械停滞时间；由计划人员抓组织措施落实，控制工期，增加产值，降低间接成本；由定额人员管理承包责任书，减少非生产用工和无产值用工；由机械管理人员控制机械的利用率、完好率和机械效率；由材料人员抓材料的节约，做好订购、采买、保管、领退料、节约代用等工作；由质量管理人员控制质量成本；由核算人员建立成本台账，搞好成本核算和成本分析，防止开支差错、超付和欠收；由财务人员把好收支关，进行债权、债务处理，综合工程成本；预算人员除做好概算、预算工作外，还应对交更等经济问题加强管理，及时办理索赔等；

2) 项目经理应与单位工程承包人或分包队伍签订承包合同，实行"四包、四保"。"四包"是包质量、包工期、包安全、包成本；"四保"是由项目经理部保证对单位工程承包人或分包队伍任务安排的连续性，保证料具按时供应，保证技术指导及时，保证合同兑现及时。

3) 项目应本着"干什么，算什么"的原则及时进行核算。

(2) 加强成本计划执行情况的检查与协调。

项目经理部应定期检查成本执行情况,并在检查后及时分析,采取措施,控制成本支出,保证成本计划的实现。

1) 项目经理部应根据承包成本(制造成本)和计划成本,编制月度成本折线图。在成本计划实施过程中,按月形成实际成本折线。

2) 根据成本偏差,用因果分析图分析产生的原因,然后设计纠偏措施,制定对策,协调成本计划。

(3) 加强项目成本核算。

建立施工项目成本核算制是施工项目管理的核心问题。用制度规定成本核算的内容并按规定程序进行核算,是成本控制取得良好效果的基础和手段。施工项目成本核算是施工项目经济核算的一个分系统,因此,要搞好施工项目成本核算,必须做好以下几点:

1) 在项目经理领导下,建立严密的成本核算组织体系,各业务人员应承担成本核算责任,还要把施工项目经济核算、承包队伍的经济核算关系处理好,实行分级核算和分口核算。

2) 把施工项目的成本核算基础扎在业务核算上,首先做好实物核算,做好原始记录,保证成本核算的准确性与可靠性。

3) 为成本核算创造外部条件和内部条件。外部条件包括定价方式、承包方式、价格状况及经济法规;内部条件包括经济核算制度、定额、计量、信息流通体系等基础工作,指标体系的建立、考核方法、成本项目划分、成本台账的建立等。

6.3.4 项目的绩效考核策划

通过策划,确定了项目的各种目标和保证目标实现的过程控制办法,对于所策划目标的实现程度必须通过考核结果来体现,所以在策划过程中,还必须建立对项目进行绩效考核的办法。因此,也可以说,项目的绩效考核也是策划的最后一个环节。建筑施工企业项目的绩效考核,一般称为项目方针目标考核或考评。项目通过考核,首先可以反映一个项目的各种既定策划目标的完成情况,同时,可以通过不同项目完成情况的横向对比,还可以反映项目策划的目标是否准确,是否过高或过低,为其他项目的策划提供资料。

一、施工项目管理考核评价的目的

项目管理考核评价工作是管理活动中很重要的一个环节,它是项目管理行为、项目管理效果以及项目管理目标实现程度的检验和评定,是公平、公正地反映项目管理工作的基础。通过考核评价工作,使得项目管理人员能够正确地认识自己的工作水平和业绩,能够进一步地总结经验、找出差距、吸取教训从而提高企业的项目管理水平和管理人员的素质。

(1) 管理人员为正确认识自身项目管理水平提供依据。通过对项目管理工作进行考核评价，能够客观、真实地反映建筑项目实施的实际情况，也能正确地反映建筑项目目标的实现情况，同时也便于透过现象看清本质。尤其是当工程实施效果与计划不相符时，可以通过分析和考核，找出问题所在，判别问题的性质，从而识别管理工作在其中所起的作用。

(2) 及时准确的总结项目管理成果，以便使管理人员更加深刻地认识自己的能力和水平，对自己的管理工作有一个正确、客观的理解从而有助于总结经验、吸取教训，在未来的项目管理工作中有更大的提高。

(3) 通过对项目管理的考核评价，实现"项目管理目标责任书"的承诺，奖罚兑现。

(4) 考核评价工作是对项目经理和项目经理部经营效果和经营责任的总结，也可以是对其经营活动的合法性、真实性、有效性程度的评价，这对于激励项目经理和其他管理人员，维护项目管理的严肃性、公正性和连续性等都起到很大的促进作用。同时也不断地规范了项目管理行为，促进了项目管理水平的发展。

总之，考核评价的目的是不断深化和规范项目管理行为。

二、施工项目管理考核评价的主体和对象

(1) 项目管理考核评价的主体

项目管理考核评价的主体是委托项目经理的单位，也可具体到企业法定代表人或某个主管部门。建筑项目的责任主体是企业，企业的核心是法定代表人，项目经理是其在建筑项目上的代理人。因此项目经理要对企业的法定代表人负责，其行为、工作能力和业务水平以及在其领导下的其他成员的工作质量等都直接影响到建筑项目目标的实现，影响到企业的项目效益，也影响到企业法定代表人的切身利益，这就决定了法定代表人或工程部主管要对其项目经理的行为进行监督，要对其工作结果进行评判。

(2) 施工项目管理考核评价的对象

项目管理考核评价的对象应是项目经理部，其中应突出对项目经理的管理工作进行具体考核评价。项目管理工作的主体是项目经理部，项目经理部的核心是项目经理，因此，考核评价工作的重点应以项目经理和项目经理部为主。

具体的考核评价工作应从项目经理及经理部成员的管理方法、管理力度、责任心以及目标的实现程度着手，以实事求是、客观公正的原则对各种管理现象进行识别、鉴定，然后依据判别标准，确定其管理工作的成效和不足。

三、施工项目考核评价的内容

施工项目考核评价是一项复杂的系统工作，它是全面反映施工项目管理目标的实现情况、项目管理水平、项目管理绩效的重要环节，同时也是对项目经理以及项目经理部成员按"项目管理目标责任书"进行奖惩兑现的前提。其工作内容应包括：施工项目管理分析、施工项目管理考核评价、施工项目审计三方面内容。

四、施工项目考核评价的依据

施工项目考核评价的依据应是施工项目经理与承包人签订的"项目管理目标责任书"，内容应包括完成工程施工合同、经济效益、回收工程款、执行承包人各项管理制度、各种资料归档等情况，以及"项目管理目标责任书"中其他要求内容的完成情况。也就是说，"项目管理目标责任书"中的各项指标和目标规定即为考核评价工作的依据和标准。此外，考核评价工作的依据还应视工程合同的责任条款、有关工程管理惯例、工程施工实际、行业总体水平和发展方向等一系列问题而不同。考核评价工作依据应具体、明确，能够准确反映客观实际，能够代表当前项目管理水平的发展，具有明确的可比性和可操作性。

五、施工项目考核评价的方式

施工项目考核评价的方式很多，具体应根据项目的具体特征、项目管理的方式、队伍的素质等综合确定。一般分为阶段式考核评价或过程式考核评价和终结性考核评价三种方式。项目管理考核评价可实行年度考核评价，也可按工程进度计划划分阶段考核评价，还可综合以上两种方式，在按工程部位划分阶段进行考核中插入按自然时间划分阶段进行考核评价。

六、阶段考核

项目管理的阶段考核应充分考虑到考核评价的总体原则，考核的总体程度以及考核的近、远目标，同时也应结合建筑项目的具体化管理特点来确定。有的项目阶段性目标比较明确而且相对独立，那么考核评价工作即应按目标阶段划分；有的项目阶段性目标不明确，具有很强的连续性，那么在考核评价时就应该考虑到项目的连续周期，以确保正确反映项目实施效果。

（一）项目成本考核

项目成本考核是衡量项目成本降低的实际效果，又是对成本指标完成情况的总结和评价。

成本指标是用货币形式表现的生产费用指标，也是反映施工项目全部生产经营活动的一项综合指标。施工项目成本的高低，在一定程度上反映了项目的经营成果、经济效益和对企业贡献的大小。

(1) 项目成本考核的作用。

施工项目阶段考核的目的，在于贯彻责权利相结合的原则，促进成本管理工作的健康发展，更好地完成施工项目的成本目标。在施工项目成本管理中，项目经理部和所属部门、施工队伍直至生产班组，都有明确的成本管理责任，而且有定量的责任成本目标。通过定期和不定期的成本考核，既可对他们监督，又可以调动他们成本管理的积极性。

项目成本管理是一个系统过程，而成本考核是系统的最后一个环节。如果对成本考核的工作抓不紧，或者不按正常的工作要求进行考核，前面的成本预测、成本控制、成本核算、成本分析都得不到及时正确的评价。这不仅会打击有关人员的积极性，而且会给今后的成本管理带来不可估量的损失。

施工项目的成本考核，可以分为两个层次，一是对项目经理的考核，二是对项目经理部所属部门、施工队伍和班组的考核。通过这两个层次的考核，督促项目经理、责任部门和责任者更好地完成自己的责任成本，从而形成项目成本目标的层层落实和保证关系。

项目成本的阶段考核，可以分为月度考核、基础、结构、装饰、总体等考核，如有的高层建筑，还可以将结构阶段按层进行考核。

（2）项目成本阶段考核的内容和要求。

施工项目成本阶段考核的内容，应该包括责任成本完成情况的考核和成本管理工作成绩的考核。

1）企业对项目经理考核的内容：

①项目制造成本的完成情况，包括总目标及其所分解的施工各阶段、各部分或专业工程子目标的完成情况。

②项目经理是否认真组织成本管理和核算，对企业所确定的项目策划文件及有关技术组织措施的指导性方案是否认真贯彻执行。

③项目经理部的成本管理组织和制度是否健全，在运行机制上是否存在问题。

④项目经理是否经常对下属管理人员进行成本效益的观念教育。管理人员的成本意识和工作积极性。

⑤项目经理部的核算资料账表等是否正确、规范、完整，成本信息是否能够及时反馈，能否主动取得企业有关部门在业务上的指导。

⑥项目经理部的效益审计状况是否存在虚赢情况，有无弄虚作假行为。

2）项目经理部对各部门及专业管理人员的考核：

①是否认真执行各自工作职责和业务标准，有无怠慢和失职行为。

②在项目管理过程中是否认真执行实施方案和措施的相关管理工作，是否有团队协作工作精神。

③本部门、本岗位所承担的成本控制责任目标落实情况和实际结果。

④日常管理是否严格，责任心和事业心的表现。

⑤日常工作中成本意识和观念如何，有无合理化建议，被采纳的情况和效果。

3）对项目成本考核的要求：

①对施工项目经理部进行考核时，应以确定的制造成本为依据。

②控制过程的考核工作应与竣工考核相结合。

③各级成本考核应与进度、质量、安全等指标的完成情况相联系。

④项目成本的考核应形成文件，以作为对责任人奖罚的依据。

(3) 项目成本阶段考核的方法。

1) 施工项目成本阶段考核要与相关指标的完成情况相结合。

具体方法是：成本考核的评分是奖罚的依据，相关指标的完成情况作为奖罚的条件。也就是：在根据评分计奖的同时，还要参考相关指标的完成情况加奖或扣罚。与成本考核相关的指标一般是进度、质量、安全文明施工等管理工作。

2) 强调项目成本的阶段考核。

在进行阶段成本考核的时候，不能单凭报表数据，还要结合成本分析资料和施工生产、成本管理的实际情况，然后做出正确评价，带动今后成本管理工作，保证项目总成本目标的实现。按施工阶段进行的考核，可以与施工阶段其他的指标的考核更好的结合，也更能反映项目的管理水平。

3) 正确考核施工项目的竣工成本。

施工项目的竣工成本，是在工程竣工和工程款结算的基础上编制的，它是项目竣工成本考核的依据，也是阶段考核的最后一个阶段。工程竣工，表示项目建设已经全部完成，并已经具备交付使用的条件（已经具备使用价值），真正反映全貌而又正确的项目成本，是在工程竣工和工程款结算的基础上编制的。

由此可见，施工项目的竣工成本是项目经济效益的最终反映。它既是上交利税的依据，同时又是进行职工分配的依据。由于施工项目的竣工成本关系到企业和职工的利益，必须做到核算正确，考核正确。

4) 施工项目成本的奖罚。

施工项目的成本考核必须与经济奖罚挂钩，不能只考核，不奖罚，而且考核后应立即进行奖罚，不能拖得太久。由于月度考核和分阶段考核时的阶段成本都是事先估算的，准确程度有高有低。因此，在进行阶段成本奖罚时候应该留有一定余地，最后按照竣工成本考核进行奖罚调整。

施工项目成本奖罚的标准，一般都出现在项目经理与企业签订的《目标责任书》中。

在确定施工项目成本奖罚标准的时候，必须从本项目的客观情况出发，既要考虑职工的利益，又要考虑项目成本的接受能力。在一般情况下，造价低的项目，奖罚标准也相对要低；造价高的项目，奖罚标准可以适当提高。具体的奖罚标准，必须经过企业相关部门具体测算后确定。

另外，企业领导人和项目经理部还可以对完成项目成本目标有突出贡献的部门、人员进行随机奖励。这是项目成本奖励的另一种形式，不属于上述成本奖罚的范围，但这种奖励往往可以起到立竿见影的效果。

（二）项目质量、进度的考核

一般情况下，对项目质量、进度的阶段考核不作为对员工进行奖罚的标准，只作为对员工奖罚的条件。这是由于对一个建筑项目产品来说，阶段的质量和进度情况都不能够代表项目的最终质量和是否能够按照合同规定的时间交付使用。

(1) 考核的办法。

1) 定期考核：按照时间进行考核，一般企业每月对项目的进度和质量情况进行考核。

2) 部位考核：是指按照施工部位进行的考核。对于质量来说，何以按照国家规范或行业、地方标准来考核；对于进度来说，就是考核"里程碑"计划是否实现。

3) 竣工考核：施工质量是否达到国家规范要求，施工进度是否满足合同条件。

(2) 考核的标准。

对于质量来说，应该实行一票否决制度，因为我们所施工的每一个环节、每一个分项都必须满足规范标准的要求，也就是说，在进行阶段考核过程中，不允许出现不合格的分项或分部。当然，在对质量进行阶段考核的过程中所发现的好的、对工程质量的提高有积极作用做法、节点，应该在企业内部进行推广，并可以对项目及有关人员进行特别奖励，以提高工程管理人员的积极性。

企业对项目职业安全健康和文明施工的考核一般是按月定期进行的。考核的关键是考核表的制定。企业应执行详细的考核表，对项目进行综合而全面的检查考评。

七、项目竣工阶段终结性考核

工程完工后，必须对项目管理进行全面的终结性考核。工程交工验收合格后，应给项目经理部预留一段时间整理资料、疏散人员、退还机械、清理场地、结清账目等，再进行总结性考核评价。为了能够更加准确地反映项目的实施质量，资金的回笼，原材料、设备的回收，后期人员的用量等一系列问题，如果这些问题得不到很好的解决，项目就不能算完成，而且很可能严重影响项目的总体效果，从而导致考核评价工作缺陷，因此终结性考核评价工作一定放在项目的实质性工作全部完成之后进行。

项目终结性考核的内容应包括确认阶段性考核的结果，确认项目管理的最终结果，确认该项目经理部是否具备"解体"的条件等工作，经考核评价后，兑现"项目管理目标责任书"确定的奖惩和处罚。终结性考核评价不仅要注重项目后期工作的情况，而且应该全面考虑到项目前期、中期的过程考核评价工作，应认真分析因果关系，考核评价工作形成一个完整的体系，从而对项目管理工作有一个整体性的结论。考核评价工作的目的不在于考核或评价，其最根本之处在于根据评价来兑现惩罚，给予项目管理者以及相关成员和组织以激励。

八、施工项目管理分析

(一) 施工项目管理分析的作用

施工项目管理分析是考核评价的依据，是在综合考虑施工项目管理的内、外部因素及条件的基础上，按照实事求是的原则对施工项目管理结果进行判别、验证，以便发现问题、肯定成绩，从而正确客观地反映项目管理绩效的工作。施工项目管理分析的作用如下：

(1) 施工项目管理目标的实现水平。

(2) 确认施工项目管理实现的准确性、真实性。

(3) 正确识别客观因素对项目管理目标实现的影响及其程度。

(4) 为施工项目管理考核、审计及评价工作提供切实可靠的事实依据。

(5) 准确反映施工项目管理工作的客观实际，避免考核评价工作的失真。

(6) 通过分析找出施工项目管理工作的成绩、问题和差距，以便在以后施工项目管理中吸取和借鉴。

（二）施工项目管理全面分析

施工项目完工后，必须进行总结分析，从而对施工项目管理进行全面系统的技术评价和经济分析，以总结经验、吸取教训，不断提高施工单位的技术和管理水平。施工项目的分析和单项分析。所谓全面分析，是对施工项目实施的各方面都做分析，从而综合评价施工项目的效益和管理效果。

(1) 质量评定等级。指单位工程的等级，质量等级有合格、不合格，以及确定的其他市优、省优、部优、国优等质量目标。

(2) 实际工期。指统计工期，可按单位工程、单项工程和建筑项目的实际工期分别计算。工期提前或拖后是指实际工期的差异与定额工期的差异。

(3) 利润。承包价格与实际成本的差异。

(4) 产值利润率。指利润与承包价格的比值。

(5) 劳动生产率。可按下式计算：

$$日劳动生产率=工程承包价格/工程实际耗用工$$

1) 劳动力消耗指标：包括单方用工、劳动效率及节约工日。

$$单方用工=实际用工（工日）/建筑面积（m^2）$$

$$劳动效率=预算用工（工日）/实际用工（工日）\times 100\%$$

$$节约工日=预算用工（工日）-实际用工（工日）$$

2) 材料消耗指标。包括主要材料（钢材、木材、水泥等）的节约及材料成本降低率。

$$主要材料节约量=预算用量-实际用量$$

$$材料成本降低率=（承包价中的材料成本-实际材料成本）/承包价中的材料成本\times 100\%$$

3) 机械消耗指标。包括某种主要机械利用率、机械成本降低率。

$$某种机械利用率=预算台班/实际台班数\times 100\%$$

$$机械成本降低率=（预算机械成本-实际机械成本）/预算机械成本\times 100\%$$

$$降低成本额=承包成本-实际成本$$

$$降低成本率＝（承包成本－实际成本）/承包成本\times 100\%$$

将以上指标计算完成以后，可综合分析施工项目管理的状况，做到用数据说话，进行利率评价。

（三）施工项目的单项分析

施工项目单项分析是对某项及某几项指标进行解剖性分析，从而找出项目管理是否达到预期目标的具体原因，提出应该加强和改善的具体内容，主要应对质量、工期和成本进行分析。

(1) 工程质量分析。工程质量分析的主要依据，是建筑项目的计算要求和国家规定的工程质量检验评定标准。此外，还应考虑到，由于各类建筑项目的功能不同，对工程质量的要求也有所区别。工程质量的基本要求是：第一，坚固耐用，安全可靠；第二，保证使用功能；第三，建筑物造型、布局以及室内装饰要美观、协调、大方。工程质量分析的主要内容应该包括以下方面：

1) 工程质量按国家规定标准所达到的等级（即"优良"或"合格"），是否达到了控制目标。

2) 隐蔽工程质量分析。

3) 地基、基础工程的质量分析。

4) 主体结构工程的质量分析。

5) 水、暖、电、卫和设备安装工程的质量分析。

6) 装修工程的质量分析。

7) 重大质量事故的分析。

8) 各项质量措施的实施情况是否得力。

9) 工程质量责任制的执行情况。

(2) 工期分析。

工期分析的主要依据是工程合同和施工总（综合）进度计划。工期分析的主要内容应该包括以下方面：

1) 工程项目建设的总工期和单位工程工期或分部分项工程工期，以计划工期同实际工期进行对比，还要对比分析各主要施工阶段控制工期的实施情况。

2) 施工方案是否最合理、最经济，并能有效地保证工期的工程质量，通过实施情况检查施工方案的优点和缺点。

3) 施工方法和各项施工技术措施是否满足施工的需要，特别是应该把重点放到分析和评价建筑项目中的新结构、新工艺、高耸、大跨度、重型构件以及深基础等新颖、施工难度，或有代表性的方面。

4) 建筑项目的均衡施工情况以及土建同水、暖、电、卫、设备安装等分项工程的工期和协作配合情况。

5) 劳动组织、工种结构是否合理，以及劳动定额达到的水平。

6) 各种施工机械的配置是否合理,以及台班或台时的产量水平。

7) 各种保证安全生产措施的事实情况。

8) 各种原材料、半成品、加工订货预制构件(包括业主供应部分)的计划与实际供应情况。

9) 其他与工期有关工作的分析,如开工前的准备工作、施工中各主要工种的工序搭接情况等。

(3) 成本分析。

工程成本分析的主要依据是工程承包合同和国家及企业有关成本的核算制度和管理办法。成本分析是对成本控制的依次检验,尤其是规模较大、工期较长或建筑群体的建筑项目。一般是分栋号进行核算,往往缺乏综合的成本分析,就更有必要做这项工作,这也是对项目经理在完成建筑项目以后经济效益的总考察。成本分析应包括以下内容:

1) 总收入和总支出对比;

2) 人工成本分析和劳动生产率;

3) 材料和物资的耗用水平和管理效果分析;

4) 施工机械的利用率和费用收支分析;

5) 其他各类费用的收支情况分析;

6) 计划成本和实际成本比较。

上述工期分析、质量分析和成本分析,实质上是对项目经理在项目管理工作成果方面的基本考察,而且应该通过这种考察任人从中得出实际工作的经验和教训。这项工作关系到施工项目管理人员各方面的工作,因此,应该由项目经理主持,由相关业务人员分别组成分析小组,进行综合分析,并得出必要的结论。

九、建筑项目管理考核评价实务

(一) 施工项目管理考核评价的组织建立

项目考核评价委员会可以是企业的常设机构,也可以是临时组织。委员会主任应由企业法定代表人或企业经营主管担任,委员一般由此5~7名构成,由企业机关中与项目管理有密切的业务关系并对项目管理有具体要求的业务部门选派人员组成。

项目管理考核评价的组织建立工作应包括如下方面:

(1) 考核评价工作的总体原则、深度、广度以及时间计划和指导思想。这是组织建立的前提,是决定组织构成的工作方法和基础。

(2) 确立组织结构,选择考核评价人员,明确组织分工。

(3) 制定组织运行的制度和章程以及实施细则。

(4) 熟悉考核评价工作标准,统一认识,统一看法。

(二) 施工项目管理考核评价程序

项目管理考核评价工作的程序如下：

(1) 实施方案。

由企业管理部门制定考核评价工作的实施方案，并报送企业法定代表人审核批准，然后实行。

考核评价工作的实施方案具体包括如下内容：

1) 考核评价工作的时间；

2) 考核评价的具体要求；

3) 考核评价的工作方法；

4) 考核评价的处理结果。

(2) 施工项目管理层和作业层。

首先听取项目经理部关于项目管理工作的情况汇报和分析资料介绍，然后详细了解现场，认真查看工程资料和有关记录，并于相关人员座谈，进一步了解情况。

(3) 考查已完工程（工作）。

对已完工程进行质量和现场管理检验，并检查其进度与工期计划是否吻合，项目阶段目标是否完成。

(4) 项目管理评分。

根据既定的评分方法和评分标准，采用定量评价的方法对项目管理的各单项指标（或工作）进行评分。然后对照定性标准确定各指标（或工作）的评价结论。也可以适当地采取一系列数学方法对整个项目求出综合评分值，再进一步确定综合评价结论。

(5) 提出考核评价结论。

考核评价报告内容应全面、具体、逻辑性强，具有较强的客观性和说服力，尤其是考核评价结论，报告还应就一些敏感性问题或存疑问题进行说明。

适当条件下，可以组织座谈，广泛听取意见，做到考核评价工作的民主化，提高考核评价工作的有效性。

(三) 施工项目管理考核评价资料

(1) 经理部应该提供的资料。

在项目管理考核评价工作委员会进驻项目后，项目经理部应积极主动、真实客观的向考核评价工作人员提供考核评价工作必要的资料。

1) 项目管理实施规划、各种计划和方案以及实际完成情况；

2) 项目在实施过程中发生的所有来往函件、签证、记录、鉴定、证明、决议等；

3) 项目技术经济指标的完成情况及分析资料。

项目管理的总结报告，包括技术、质量、安全、成本、分配、物资、机械设备、合同履约及思想政治工作等各项管理总结；

4）项目实施过程中的各种合同、管理制度规定以及工资和酬金等的发放标准。

(2) 项目考核评价委员会应提供的资料。

项目考核评价委员会在对项目经理部进行考核评价工作时，应该让项目经理及项目经理部成员明确其项目考核工作计划，以便于项目经理部提前准备，密切配合，提高考核评价工作效率。为此，应在工作之前向项目经理部提供必要的资料。在考核评价工作结束后，也应及时向项目经理部公布考核评价结果，并提供考核评价结果报告。总体来说，在考核前和考核后应向项目经理部提供的资料包括：

1）评价方案和程序。包括考核评价工作开始时间、参与人员、考核项目、配合要求、工作顺序等。

2）考核评价依据。说明考核评价工作所依据的规定、标准等。

3）考核评价计分办法及有关说明。包括考核评价工作所采用定性方法和定量方法中的量化标准、评分原则、结论判据以及特殊问题的处理和工作方法等。

4）考核评价结果。考核评价结果应以结论报告的形式提供给项目经理部，以便于项目经理部留存，作为企业讲评或项目讲评的关键性依据。考核评价结果应详细具体、格式规范，可包括以上全部内容，即方案和程序、依据计分方法及有关说明和结论等。

(四) 施工项目管理考核评价指标

(1) 评价定量指标。

1）等级。工程质量等级是建筑项目管理考核与评价的关键性指标。工程质量等级一般分为"合格"和"不合格"两个级别。

在进行建筑项目质量等级评定时，首先应根据各分部工程质量等级的合格率、质量保证资料符合要求的比率、观感质量得分率等主要指标，再按照以上合格的确定标准，评定该建筑项目的质量等级是否合格。具体方法应按照中华人民共和国现行国家标准《建筑项目施工质量验收统一标准》及相应的施工质量验收规范进行。

2）工程成本降低率。工程成本降低率指标是指直接反映建筑项目管理经济效果的指标。在工程项目实施过程中，通过强化管理制度、严格作业成本、规范管理行为以及提高技术水平等措施可以在保证其他目标不受影响的前提下降低工程实施成本。工程成本的降低通常用成本降低额和成本降低率这两个指标来表示。成本降低额是指工程实际成本比工程预测成本降低的绝对数额，是一个绝对评价指标。

成本降低率是指工程实际成本比工程预算成本降低的绝对数额与工程预算成本的相对比率，是一个相对的指标。在建筑项目成本管理效果评价时通常用成本降低率这一相对评价指标，以便于直观的反映成本管理的水平幅度。

3）工期及提前工期率。对于一般性建筑项目，工程的实际工期的长短是一个建筑项目的管理水平、施工生产组织能力、协调能力、技术设备能力、人员综合素质等方面的综合反映。因此,在评价管理效果时,工期也作为一个重要的指标来进行考核。通常情况下,在进行工期的考核评价时,往往要用实际工期与计划工期进行对比,即工期提前量和工期提前率。所谓工期提前量即为实际工期比计划工期提前的数量(月或天);工期提前率为工期提前量与计划工期的比率。通常这一指标比较明确,计算也比较简单。

4) 职业安全健康考核指标:建筑项目的安全实施是项目管理的重中之重,国务院一再强调"安全第一"、"安全为先",按照住建部颁发的《建筑施工安全检查标准》将建筑项目的安全标准分为优良、合格、不合格三个等级。

5) 环境考核指标:随着经济不断发展,社会对环境的要求也越来越高。对项目环境指标的考核,主要是项目对废水、废气、固体废弃物的分类处置以及对噪声、震动、扬尘的控制是否满足国家法律及相应的地方规定,是否满足企业环境管理的相关要求,有无顾客投诉等。

具体等级确定是以定量评分计算的方式确定,通常要考虑安全生产责任制、安全目标指定、安全组织措施、安全教育、安全检查、安全事故情况、文明施工情况、脚手架等防护、施工用具、起重提升、施工机具等方面的因素。具体方法可按《建筑施工安全检查标准》执行。

(2) 考核评定的定性指标。

1) 执行企业各项制度情况。执行企业各项制度情况是通过对项目经理部贯彻落实企业政策、制度、规定等方面的调查,评价项目经理部是否能够及时、准确、严格、持续地执行企业制度,是否有成效,能否做到令行禁止、积极配合。

2) 资料的收集、整理情况。项目经理部的管理工作是项目管理活动中的一项基础工作,它直接反映项目经理部日常管理的规范性和严密性。从资料的收集、整理、分类、归纳以及建档等一系列工作出发,强化资料管理的水平和有效性。切实做到有利于项目、有利于管理。

3) 工作方法与效果。项目管理是建筑施工企业管理的新模式,在这一新模式中思想政治工作十分重要,为了全面加强项目全过程思想政治工作,必须建立和健全项目高效、精干的思想政治工作体制,充分发挥党工团基层组织对项目管理的政治保证和政治支持作用,在对项目经理部进行考核评价时,项目经理部的思想工作也是一项重要指标,对其进行考核评价应坚持如下原则:

一是是否利于项目党、工、团组织加强对思想政治工作的领导。思想政治工作是否有成效主要看有没有感召力,是否提高项目人员以及作业人员的思想意识,是否增强了凝聚力。

二是是否适应和促进企业领导体制建设。项目思想政治工作应有利于巩固和维护项目经理在项目中的中心位置,有利于独立负责开展生产经营活动,有利于发挥项目党组织的政治核心和战斗堡垒作用,有利于工会、共青团在党的领导下,充分发挥自己的作用，保证职工的主人翁地位。

三是是否提高了职工的素质，增强了职工的责任心和事业心。思想政治工作是提高职工素质的最基础性的工作，通过细致入微、及时得体的思想政治工作增强职工的职业道德，强化其为人民服务的职业理念。主要的考核内容包括：领导班子的组织建设、思想政治活动制度建设、宣传思想教育活动方法等方面。

思考题

1. 项目管理策划的主要内容有哪些？
2. 如何确定组织架构？
3. 项目管理工作内容有哪些？
4. 如何编制总控计划？
5. 如何对施工项目的质量进行管理？
6. 什么是施工项目成本控制？
7. 如何理解企业与项目的关系？
8. 什么是建筑项目目标策划？
9. 项目管理策划特征有哪些？
10. 如何对总承包企业项目进行策划组织？
11. 合同管理策划的定义？
12. 合同管理策划的内容有哪些？
13. 质量策划的基本要求有哪些？
14. 什么是项目进度计划的策划？
15. 制定项目进度计划的方法与工具有哪些？
16. 什么是施工方案策划？
17. 施工方案策划的主要内容有哪些？
18. 施工项目目标控制的手段和措施有哪些？
19. 项目质量控制的依据和要点有哪些？
20. 项目成本过程控制有哪些？
21. 什么是成本动态控制？
22. 施工项目考核评价的内容有哪些？
23. 施工项目管理考核评价指标有哪些？

第7章 建筑项目策划实例

7.1 绪论

7.1.1 项目基本情况

一、项目区位

本项目位于某一城市开发区——处在经十东路和奥体西路的交汇处，项目地块没有拆迁和平整。

二、项目主要指标

项目总投资 100 000 万元，总占地面积约××平方米，总建筑面积××平方米，其中商业面积××平方米，公寓××平方米，车库及设备用房××平方米，容积率××，建筑密度××%，绿地率××%。总投资××万元，总销售收入××万元，利润总额××万元，项目投资利润率34%。项目主要技术经济指标见表7-1。

表7-1　　　　　　　技术经济指标表

序号	指标名称	指标值	单位	备注
土地指标				
1	用地总面积		m²	
2	总建筑面积		m²	
(1)	商业面积		m²	
(2)	公共设施建筑面积			
(3)	车库和配套用房面积		m²	车库面积 m²
3	容积率			
4	建筑密度			
5	绿地率			
项目投资指标				
7	投资总额		万元	
(1)	土地费用		万元	
(2)	建安工程费		万元	
(3)	规费		万元	
(4)	其他费用		万元	
项目收入指标				
8	经营收入		万元	
	房地产租金收入		万元	
9	利润总额		万元	
10	税后利润		万元	
项目投资利润率			%	税前
税后投资利润率			%	税后

7.1.2 项目发展战略

本项目占地××m²，类型属于公建；为了保证开发利润，减少营运风险，项目建成超高层最为合适。

7.1.3 主要策划结论

投资环境分析：虽然国家对房地产业进行宏观调控，但是城市宏观经济环境运行良好，开发建设处于持续升温期，前景看好。

项目主题定位：以政府、生活配套为特色，突出温馨舒适、健康安全的金融主题的高档工程。

目标客户：高新区阶层，置业投资者，兼顾周边同层次消费者。

建筑风格：现代简约派风格，以灰色、黑色为主色调，附以其他色彩。

营销策划：突出配套、彰显景观、强调某一城市开发区金融服务中心工程认同，低开高走，营造产品紧俏势头，提高项目的市场渗透力和吸引力。

产品卖点：地处奥体、政务某一城市开发区金融服务区中心，配套设施齐备；完美的设计和物业品质，充分免除业主的后顾之忧。

7.2 项目投资环境分析

7.2.1 我国目前房地产业发展形势分析

一、2011年全国经济分析

2011年国民经济总体形势良好，前三季度GDP增长9.4%，投资、消费、进出口和工业增长均延续了2010年经济高速发展的态势，贸易顺差不断上升，金融运行健康平稳。与2010年相比，固定资产投资、物价指数、中长期贷款和工业生产等都有不同程度的回落，货币供应逐渐上升；工业增长逐步趋于中长期通道，结构调整取得了明显成效，稳中趋降成为这一阶段经济的主旋律。

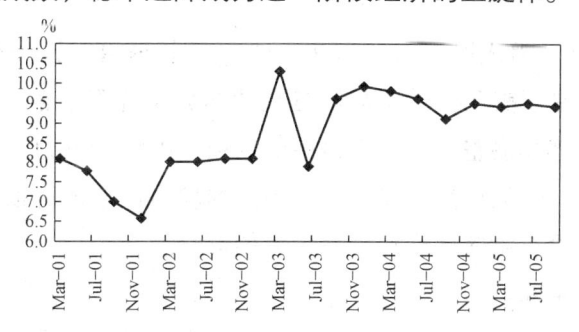

图7-1 GDP增长变化图（资料来源：彭博资讯）

(1) 投资增长再次反弹。

2011年前三季度，固定资产投资保持较快的速度增长，全社会固定资产投资57 061亿元，同比增长26.1%，增幅比上年同期回落1.6个百分点，其中，1~11月城镇固定资产投资632 60亿元，同比增长27.8%，反弹趋势明显；但是房地产投资增长速度一路下滑，从前年年底的28.1%下降到去年11月的22.2%。

显然，2011年国家的大密度高强度的宏观调控政策的出台对全国的房地产业产生了一定的影响，房地产投资的增速得到了一定的控制。

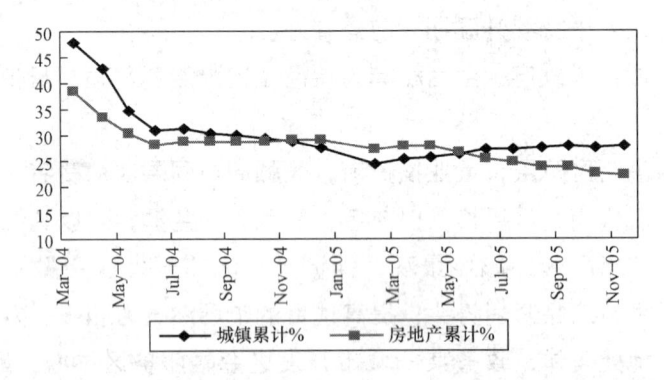

图7-2 城镇累计固定资产投资与房地产投资增长（资料来源：彭博资讯）

(2) 进出口总额不断创新高，人民币小幅升值。

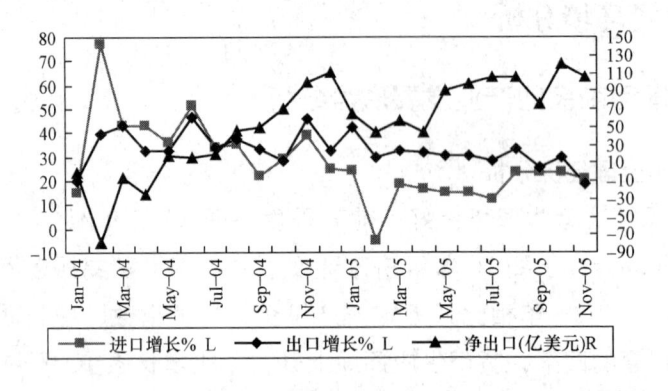

图7-3 月度进出口增长速度及贸易顺差（资料来源：彭博资讯）

虽然自2011年7月人民币升值以来，进口增长速度上升一个台阶，出口增长速度略有下降，但是以美元计的贸易顺差比国内没有下降，反而在不断创出新高。由于中国经济结构继续调整，经济实力逐渐增强，国际竞争力也在不断上升，人民币具备升值的基础。但从目前来看，由于中国的房地产业还有很大的发展潜力，人民币的小幅升值并没有给房地产业带来太大的影响。

(3) 消费增长平稳。

由于消费结构升级换代，以住房、汽车、珠宝等高档耐用品为代表的消费品开始进入人们视野，从2010年起，人均GDP突破1000美元后，我国消费增长率明显上了一个台阶，不再在 10% 以下徘徊，一举跃升到 12%～14% 之间，2011 年是消费保持相当平稳的一年，平均月增幅为 13% 左右。由此可见，中国人民的消费观念有了很大进步，消费水平也有了很大的提升。不管是出于居住需求、改善居住条件还是出于投资目的，属于消费必需品的住房当然会在消费者的消费考虑范围内，这必然会增加住房的消费需求。

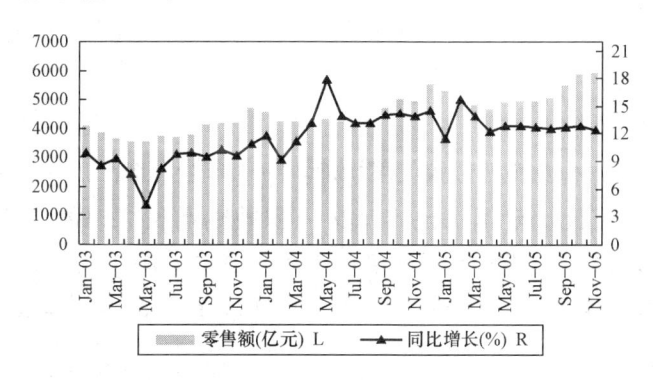

图 7-4　社会商品零售额及增长速度（资料来源：彭博资讯）

二、2011 年全国房地产开发投资情况

2011 年，国家加大了对房地产开发宏观调控的力度，并采取了一系列措施稳定商品房销售价格。在各地区、各部门的共同努力下，各项宏观调控措施取得积极成果，房地产开发投资增长幅度趋缓，商品房销售价格涨幅有所回落。

(1) 房地产开发投资特点。

1) 房地产投资得到控制。2011 年全国房地产开发投资总额为 15 759 亿元，同比增长 19.8%，比 2010 年回落 8.3 个百分点，投资增速为 2000 年以来的最低。2011 年全国金融商务投资总额为 10 768 亿元，同比增长 21.9%，比 2010 年回落 6.83 个百分点。2011 年经济适用房投资额为 565 亿元，在 2010 年下降 2.5% 的情况下继续下降 6.8%，占房地产开发投资比重为 3.6%，占比为 1998 年以来的最低。

2) 投资地区差异有缩小趋势。2011 年东中西部房地产投资同比分别增长 44%、23.9% 和 21.5%，与 2010 年相比，东、中部增幅分别下降 13.9 和 3.7 个百分点，西部上升 9.9 个百分点，但是东部的投资额仍然占较大比重，达到 66.2%。

3) 房地产信贷增幅趋缓，房地产开发信贷比重下降。2011 年全国房地产贷款余额达到 2.77 万亿元，同比增长 16.1%，涨幅回落 12.6 个百分点。个人住房贷款余额 1.84 万亿元，同比增长 15.8%，涨幅回落 19.4 个百分点，是 2010 年 6 月以来的连续 19 个月回落。

(2) 房地产开发的特点。

1) 房地产开发规模增大。2011 年，房地产施工面积为 16.4 亿 m²，同比增长 17.1%，新开工面积为 6.7 亿 m²，同比增长 9.6%；竣工面积为 4.9 亿 m²，比

2010年上升12.8个百分点。商品金融商务施工面积12.8亿 m^2，同比增长18.1%；新开工面积为5.4亿 m^2，同比增长12.7%；竣工面积为4亿 m^2，同比增长为15.4%。

2) 土地购置面积增幅回落。2011年全国土地购置费为2904.3亿元，同比增长12.8%，比2010年降低12.4个百分点。土地购置价格为760元/m^2，比2010年提高116元，上升幅度为18%。全国购置土地面积为3.8亿 m^2，同比下降4%，比上年的增幅降低9.9个百分点。

(3) 房地产销售特点。

1) 商品房销售面积及销售额大幅度增加。2011年全国商品房销售面积5.58亿 m^2，销售额为18 080.3亿元。全国房地产销售面积同比增长22.9%，销售额同比增长34.9%；销售额增幅高于销售面积增幅，表明房价在上涨。

2) 房价上升。房价上升的原因很多，但是从全年看来，主要是受到了供给、需求和成本的影响。

供给方面：土地供给减少。2011年全国房地产土地购置面积比2010年减少4%，房地产开发用地供应总量比上年减少了20.2%；商品房结构不合理，中小户型普通商品房和经济适用房供应比重低。

需求方面：居民收入不断增长。2000~2011年全国商品房均价年均增长59%，同时GDP和城镇居民可支配收入增速分别为8.8%和8.1%。改善住房成为消费热点。城市化进程加快，城市人口每年都在增加；银行存款利率低，股市低迷，购置房产成为货币保值增值的途径。城市基础设施建设和旧城改造、拆迁导致被动型购房需求。

成本方面。一是房地产开发用地成本上涨，2011年单位土地面积购置费用同比增长18%。拆迁成本加大，商品金融商务品质提升，建材价格和建筑工人工资上涨等都不同程度地增加了建设成本。还有市场预期、投机炒作等因素的影响。土地资源稀缺，地价趋升、投机炒作等，造成地价和房价上涨的预期，促使部分住房需求提前释放，加剧了供求矛盾，一线房价具有示范效应，容易导致相互攀比。

总之，2011年，在各项宏观调控措施的共同作用下，房地产开发市场运行趋于稳定，商品房价格快速上涨的势头得到初步遏制。但是，由于房地产开发市场中的结构性矛盾没有得到根本改善，商品房价格上涨的压力仍然存在。

三、2012年房地产业走势

(1) 投资增速有望回升。

由于经济平稳运行和内需拉动的宏观需要，以及房地产市场需求的持续旺盛，市场供求关系是房价最终的决定力量，抑制房价过快增长需要增加供给，一定规模的房地产投资是增加供给的保障。

(2) 中低价位商品房供求必然偏紧。

2011 年经济适用房投资增幅继续下滑，前 11 个月一直保持两位数负增长，2011 年的投资结构势必影响 2012 年市场商品房的供给结构。开发商以追求最大利润为目标，高档商品房更符合开发商的商业追求。

(3) 节能、环保型金融商务将更受重视。

面对能源供给约束和能源价格居高不下的形势，节能型金融商务是建设方向。在推动金融商务节能的同时，金融商务环保化也是重要发展方向。

(4) 房地产开发企业继续分化。

由于土地市场、资本市场门槛提高，房地产开发产品质量后续管理越来越受到重视，房地产企业优胜劣汰过程将提速。

(5) 房价增幅有望回落，但房价下跌的可能性不大。

国家政策向中低价位商品房倾斜，继续增强土地对房地产调控的针对性和有效性，加大对中小户型、中低价商品房、经济适用房和廉租房的土地供应，高档金融商务供地将受到严格控制，而且房地产市场环境有利于抑制房价过快增长。

但是，在宏观调控的大背景下无论是从供给、需求方面还是房价的构成成本、房地产市场主体的行为来看，下跌的可能性不大。

从供需双方的发展趋势综合来看，居民住房巨大需求与供给短缺的矛盾近几年内会持续存在。在严格的宏观调控政策下，近期内房地产价格增长速度会有所回落，但回落幅度不会太大；从长期看，房地产价格将呈现持续小幅升高的态势。

从房价的构成来看，房价下跌的空间不大。房价的构成主要包括土地成本、建安成本和项目经营期间的费用、税金及附加等内容，再加上开发利润。从这几部分分析，房价增长速度会有所减缓，但房价下跌的可能性不大。

从房地产市场主体的行为来看，房价下跌的动力不足。房地产市场的活动主体主要有三个：一是政府部门，包括中央政府和地方政府；二是企业，主要是房地产企业和金融机构，也包括为房地产企业提供原材料的上游企业；三是购房者，主要是居民。显然，这三方中，除了未购房者，其余的都不希望房价下跌。因此，从这三个方面的行为动机来看，房地产价格下跌的动力明显不足。

四、房地产的宏观政策环境

2010 年，国土资源部、监察部联合下发了文件，要求从即日起就"开展经营性土地使用权招标拍卖挂牌出让情况"进行全国范围内的执法监察，要求各地在 2010 年 8 月 31 日前将历史遗留问题处理完毕，否则国家土地管理部门有权收回土地，纳入国家土地储备体系。从这以后，国家对土地出让方式有了严格规定。

2011 年，政府则开始对房地产实施比较严厉的调控。"国八条"、新"国八条"以及"七部委意见"的提出，都是为了稳定房价，抑制房价的过快增长，包括"打击炒地"、"期房禁转"、"调整营业税"等一系列调控措施；3 月央行宣布取消实行多年的房贷优惠利率；5月国家税务局下发通知，对个人购买住房不足两年转手交易的征收营业税；8月央行在其年度金融报告中提出该期房销售为现房销售的建议；9月，银监会发布的212号文件规定了信托资金投向的房地产开发企业必须满足三项条件：35%资本金"到位"、"四证齐全"和具有"二级资质"。2011年，在各项宏观调控措施的共同作用下，房地产开发市场运行趋于稳定，商品房价格快速上涨的势头得到初步遏制。但是，由于房地产开发市场中的结构性矛盾没有得到根本改善，商品房价格上涨的压力仍然存在。

7.2.2 某一城市投资环境分析

一、某一城市宏观经济环境概述

(1) 投资加快，国民经济平稳快速增长。

近来城市国民经济保持着平稳快速增长的态势，GDP年均增长达到13.9%，高于全国同期平均水平。房地产投资在社会固定资产中占有举足轻重的作用，投资额从1997年的67.5亿元猛增至2011年的617.73亿元，占社会固定资产总投资的比例始终保持在24%以上，投资额保持着平稳增长的态势。

(2) 居民收入稳步增长，居民消费力增强。

2011年城市居民生活水平继续提高，全年城市居民人均可支配收入10244元，比2010年增长11.1%。从近几年城市居民的收入水平来看，年均增幅达9.5%，增长势头强劲。城市整体经济增长远高于由城市化造成的人口的增长，经济增长呈现良好态势。

随着收入的增加，某一城市市民人均消费性支出呈逐年上升态势，居民生活水平逐年得到提高；2011年城市居民人均消费性支出8623元，按每个家庭平均3.3人计算，居民家庭年平均消费支出28 000多元。结合居民家庭平均年收入水平来看，某一城市市民平均消费率达到80%以上，反映了该城市市民消费意识较强的特点。

二、城市定位及发展方向

(1) 城市定位。

1) 目前地位。

该城市是山东政治经济中心地区，交通便利，是最具活力的商贸中心。

2) 社会经济目标。

根据已经通过的该市《城市十二五规划基本思路》，五年（2011～2016年）城市发展的指标已基本确定，在宏观经济方面：GDP年均增幅确定为10%，达到10 000亿元左右；投资年均增长12%，达到13 500亿元以上。

在居民生活方面：人均GDP达到2100美元以上；城镇居民可支配收入达到15 000元左右，农村居民人均纯收入达到3800元左右；城镇居民住房人均建筑面积、农村居民人均住房面积分别达到27和36m^2。

(2) 城市发展规划。

目前城市的发展重心主要集中在东部，发展势头良好，预计到 2015 年，东部的城市建设和产业发展都将基本成型。

三、全市房地产市场发展水平

(1) 开发量。

从近几年某一城市房地产的开发状况来看，施工面积总体保持明显的增长态势，2010 年较 2009 年同比增长了 19.8%，竣工面积同比增长 39.23%。

(2) 开发结构。

各种物业发展不均衡：金融商务开发量激增，每年增长 58.8%，增长速度远高于其他物业。随着人们生活水平的提高及小城镇建设的进一步推进，金融商务建设面积将保持目前的增长态势；商业用房建设面积增长缓慢，而办公楼建设面积处于原地踏步的状态。

(3) 价格水平。

从主城各区域房地产金融商务售价来看，周边地区售价已达到 9000~15 000 元/m² 的水平，是目前城市楼价最高的区域。

四、某一城市房地产布局现状及发展趋势

(1) 布局现状。

近年来，核心区内部改造步伐的加快使核心区发展呈连片之势，外围组团在城市扩张需求的迅猛增长下，迅速壮大。

(2) 总体布局规划。

1) 以该市城市规划为先导，结合城市化进程与发展趋势，发展"多中心、组团式"的城市结构，既顺应城市发展的自然条件特征，又是一种可持续的城市发展形态。

2) 现代商业繁荣的 CBD 商业房地产，带动城区旧城改造全面开展。

3) 在都市高档某一城市开发区金融服务中心工程相对集中的开发区将以开发区 CBD 的开发为龙头，有力推动大型高档物业的开发。

4) 开发区是"全国文明城区"，其房地产业的发展将充分依托"空港"经济走廊，并推动开发区地区的蓬勃发展。

5) 作为城市未来中心城区和房地产发展最具潜力的地区，房地产发展的重点将是嘉陵江沿江景观带和大竹林国际商务生活中心，完善城区"居住、生活、工作"三大功能。

6) 开发区拥有其他城区无可比拟的文化教育优势，将是其房地产业腾飞的新机遇。

7) 全国山水园林城区开发区，区域独特的山水资源与丰富的人文教育资源，将是其房地产发展重要支撑。

7.2.3 开发区房地产市场分析

一、开发区区位优势及经济发展状况

某市开发区，已成为城市乃至全国人居环境的典范。城区绿化覆盖率达39%，人均公共绿地达9.7%，居城市之首；空气质量长期达二级以上，噪声控制、饮用水在标准以内；人均住房面积38.5m²；废水、垃圾处理率达100%。良好的环境吸引了大批主城区市民安家落户，山东建筑大学等10余家大中小学进驻开发区，为这里的人居环境营造了浓郁的文化氛围，大大提升了城市文化品位。

二、开发区房地产业发展状况

自改革开放以来，开发区大力发展园区经济，坚持工业与房地产业发展并重，倾力打造最佳人居环境，城市建设日新月异，经济社会呈跨越式发展。如今的开发区城区已发展为头戴全国卫生城区、中国环境保护模范城区、人居环境范例奖等10多项国家级桂冠的现代化新城区，创造了一个城市巨变的奇迹。

近年来，开发区房地产业持续、快速、健康发展。随着城市化进程加快和交通等基础设施改善，开发区区委、区政府高度重视房地产业发展工作，紧紧抓住独特的区位和人文环境优势，以园区建设为依托，通过产业影响和一系列优惠扶持政策，大力发展房地产业，房地产业已成为开发区的主导支柱产业之一，房地产开发和销售量连续多年高居全市之首，吸引大批区外主城区市民到开发区安家置业。开发区成为某一城市房地产业发展投资热土。如今，开发区房地产业发展有以下几个特点：

(1) 房地产开发投资快速增长，楼盘品质不断提升。2011年，开发区房地产开发完成投资总额104.15亿元，比上年增长88.6%，"十五"期间年均增长50.7%。全年房地产开发投资竣工房屋面积304.3万m²，比上年增长74.0%，"十五"期间年均增长36.0%。房屋销售形势好，全年实际销售房屋面积达291.85万m²，比上年增长68.0%，"十五"期间年均增长41.9%；销售额达到90.19亿元，增长124.6%，"十五"期间年均增长57.8%。

(2) 房地产市场持续活跃，为地方经济社会发展作出显著贡献。房地产快速发展，带动税收进一步增长和相关产业快速发展。2011年，房地产业给开发区带来直接税收40.3亿元。其中地税收入30.1亿元，占全区地税收入的31.63%，房地产业发展还提供了大量就业机会，拉动了诸如建筑业、建材业、家居装饰、服务业等旺盛的需求，推动这些行业快速发展，为开发区经济社会发展作出了重大贡献。

(3) 房屋二级市场需求旺盛，交易日益活跃。"十一五"期间，开发区引导居民的小换大、以旧换新、改善住房条件，住房二级市场交易日益活跃。全区形成了存量市场与增量市场联动发展的良好态势。2010年交易存量房7655套，成交面积75.6万m²，成交金额100.6亿元，分别同比增长2.3%、2.7%和29.3%，分别是

"十五"初期的 2009 年的 7、9.7 倍和 18.9 倍。

(4) 物业管理水平不断提高，居住质量显著改善。为了打造开发区最佳人居环境，实现房地产业可持续发展，该区高度重视物业管理。物业管理从无到有，再到服务品质提高，开发企业做好物业管理服务的意识不断增强。

三、开发区房地产业面临的机遇与挑战

开发区作为近期的城市拓展重点，从规划上确定了"十二五"期间"城市向东"的发展方向，开发区房地产业又将迎来新一轮黄金时期，但由过去及当前主城各区发展形势来看，开发区的房地产业也面临挑战。谈到机遇，我认为归纳起来主要有七大机遇：

(1) 自然条件得天独厚，发展空间广阔。开发区是一块开阔的平地，是主城拓展的最理想之地。某一城市（2010～2020）总体规划将主城区近期拓展的范围定在西部新区和开发区，发展空间非常巨大。

(2) 是某一城市行政中心。市人大、市纪委、市政法委等市级部门和中央驻鲁各单位 45 家以上入驻开发区，市级机关公务员某一城市开发区金融服务中心工程等也在开发区，形成某一城市行政中心东移态势。

(3) 交通优势独特。

(4) 辐射带动作用明显。某一城市北部新区的发展为开发区两板块发展奠定了好的基础，北部新区定位是三个方面：第一要再造一个城市工业的主要基地，2010 年工业产值要达 2500 亿元；第二是都市风貌展示区，是城市风貌最漂亮、城市功能最齐全的地方；第三是高新技术区，引进大量高新技术企业入驻。

(5) 产业发展优势明显。开发区两路板块定位为现代金融业和现代服务业的基地，是城市对外开发的窗口。如总部基地、休闲商务、会展、宾馆、旅游等现代综合服务业，以高档金融商务和商务楼为主的房地产业等。

(6) 人文环境优势卓越。通过开发区多年的努力，开发区已获全国卫生城区、环境保护模范城区等国家级生态宜居桂冠十余个，尤其是开发区的宜居环境，得到市民的广泛认可。

(7) 区委区政府高度重视，倾力打造房地产业。从今年开始，房地产业将成为开发区政府工作的重中之重，开发区把发展房地产业确定为今年全区工作的十件大事之一，在开发区板块基本建成的基础上，重点转入两路板块的高档房地产开发：一是建涉外金融商务区，要把本市其他区域和从开发区国际机场出港的外国人留在开发区；二是引进大品牌的商业房地产开发，改变目前开发区商业面积不足 10% 的现状。

根据投资环境分析，可见目前该城市的房地产开发环境较好。尽管国家加大了宏观调控措施，房地产业的发展仍然是蒸蒸日上。而我们项目所在地是开发区片区，发展日益成熟，配套设施齐全完善，不仅云聚了各大商场，而且也将成为某一城市新的金融商务中心。由此可见，项目所在地是一块具有巨大的开发潜力的黄金地段。只要认真做好策划工作，必将给开发商带来较高的利润收入。

7.3 项目地块条件分析及其经营取向

7.3.1 项目地块现状条件分析

一、项目基本情况

项目地块位于开发区内，场地没有拆迁和平整。

二、项目周边情况

1）自然景观。

本项目现在是一个货运停车场，周边有部分天然景观，但景物优质度不够，无高密丛林，没有自然景观区，附近无河流环绕。片区改建拆迁和规划的凌乱非常显见，没有突出的自然景点以增加区域吸引力。但是整体环境较优，周边的配套和环境将更加优越，因此本项目十分具有开发前景。

2）地形及气候特征。

城市地貌特征是山多河多，山脉连绵起伏，河流纵横交错，以山地、丘陵为主，地形高低悬殊，地貌结构复杂。该项目地形较为复杂，属于城市典型的坡地，该地块为向阳坡地，日照良好。

本区属亚热带湿润气候区，大陆性季风气候显著。具有冬暖春早、秋短夏长、初夏多雨、无霜期长、湿度大、风力小、云雾多、日照少的气候特点。年平均气温 17.3°C，极端最高气温 40.0°C，极端最低气温 -12.8°C，年平均降雨量 799.8mm，年平均日照 1341.1h，年平均无霜期 218.1 天。

7.3.2 项目地块 SWOT 分析

一、S-Strength（项目优势）

地块整齐，拆迁量少，地势较优；

临近主干道，交通便利；

地块东面为经十东路景观大道，便于景观制作；

医疗设施完善；

教育设施丰富等；

附近的奥龙某一城市开发区金融服务中心工程现已成熟，配套设施齐全，家居方便；

该片区将成为某一城市新的行政中心；

北部新区辐射带动作用明显。

二、W-Weakness（项目劣势）

地块所在区域环境较差，没有自然景观区；

这个地区建设正处于发展阶段，相应配套设施不完善；

政府定位不明确，给开发商制造难题；

商业气息目前较淡，给项目开发提高难度；

该地块的前期规划比较模糊，不利于统一风格的规模开发和推广；

开发公司无品牌效应可以利用；

地块面积较小，不利于开发建设某一城市开发区金融服务中心工程内配套设施。

三、O-Opportunity（项目机会）

某一城市轻轨建成后，潜在的客流量会增加；

政府定位准确后，带动周边开发，升值潜力巨大；

此片区将成为新的某一城市行政中心，给该地增加极大的发展潜力；

区委区政府高度重视，倾力打造房地产业。

四、T-Threats（项目威胁）

片区周边物业开发量大，空置率高，竞争激烈；

开发区政府在该地区规划思路很模糊，基础建设实施缓慢；

面临国家的宏观调控，给项目的开发造成一定压力；

房地产开发企业实力弱，面对保利和鲁能这样的大公司，没有竞争力。

总体来说，项目的机会和优势较明显。项目的策划应尽力扬长避短，一是在产品质量上下苦功，努力打造"引领时代，标志未来"的优质开发区金融服务中心工程；二是在广告宣传上下苦功，利用新颖独特的营销手段提升项目的市场竞争力。

7.3.3 地块经营的适宜性分析

一、最适宜项目——高层金融商务

项目地块的面积××亩，但是由于临近马路的缘故，设计规划要求要临街10m，所以真正能利用的地块面积就相对较少，所以为了保证利润，项目只能向高处发展。同时由于城市人的偏好，高层建筑在市场上也受到消费者的青睐。再加上本项目大道，高层建筑有很大的景观优势。因此高层建筑将是本项目的最佳选择。

由于项目地块较小，且周边的环境和绿化不是很好，所以不适合开发花园洋房和别墅，由于周围没有很浓的商业气氛，且该片区主要以行政为主，所以也不适合开发写字楼。

二、开发方向建议

综上所述，建议本项目开发高层金融商务区。

7.4 市场调查与分析

7.4.1 某一城市房地产市场的发展现状

一、总体态势

该城市作为山东省会城市，经济中心，城市的房地产市场近年来快速增长。该城市房地产市场承接2011年稳健发展的良好态势，土地开发与土地购置得到有效控制。房地产开发继续显现出以市场为主导，以有效需求为依托的健康、有序发展态势。

二、各区房地产市场比较

(1) 开发区市场稳步前进。

开发区高楼林立，是未来CBD的核心区。主要以人工环境为主来展示风貌。将以"减量、增绿、留白、整容"的手法，对现有的建筑大动"手术"，强化商贸、文化功能，增加自然与人文景观及其配套的大中型公共设施，控制并弱化居住功能。

开发区房地产开发主要呈现以下特点：

1) 金融商务建设仍占主体。随着旧城改造力度的加大以及城镇化进程的推进，金融商务需求量同步增加，大量的金融商务需求决定了开发区金融商务建设在房地产开发中的主体地位。

2) 大项目增多。2010年二季度完成投资9千万元以上的项目有15个。

(2) 开发区高价盘比重增加。

新板块规划定位为以金融、办公、信息、第三产业以及高档金融商务区为主。该板块房地产开发的最大特点是档次高、分布集中，已经逐步树立起城市"富人区"的形象。

(3) 开发区未来的CBD。

CBD催热开发区地产打造城市规模最大的高档金融商务区。开发区拥有优越的地理环境、便捷的交通、合理的规划。中央商务区的建设也带来了旺盛的人气。

市政投资巨大。目前现有的市级机关已迁入开发区的有市高院、市检察院、市税务局、市交通委员会等，政府对开发区的重视程度可想而知。目前，整个开发区的改造由城市开发城市投资公司操作，旧城区将被全部拆迁改造。

7.4.2 房地产市场需求和消费者行为分析

作为房地产市场的主要参与者，消费者的消费需求和行为代表着当今房地产市场的发展趋势，按照消费者需求来供给产品成为广大开发商的共识，因此适时了解市场消费者需求显得非常必要。对房地产市场需求情况收集的方法有多种，我们本次采用的是问卷调查法。

7.5 项目目标市场研究

7.5.1 区域定位

项目地块位于开发区内,根据市场调研及辐射分析,我们得出以下定位结论:
区域定位:项目客群的核心引力区为开发区、高新区、历城区。

7.5.2 金融商务定位

根据项目的实际情况和周边物业环境,本项目的金融商务定位是:较高品质的金融商务。

7.6 项目产品策划

7.6.1 项目规划构想的依据及指导思想

一、规划依据

(1) 相关法律法规政策。

《中华人民共和国城市规划法》(1989年12月)、《某城市城市规划管理条例》、《某城市城市房屋拆迁管理条例》(2002年12月修订本)、《某城市土地利用总体规划》(1997—2010年)、《某城市城市规划管理技术规定》、《城市建设项目配建停车位规划管理暂行规定》(鲁规审发〔2006〕16)、《某城市商品房价格计算方法暂行规定》、《城市抗震防灾规划管理规定》(2003年9月)、《城市用地分类与规划建设用地标准》(1991年3月)、《某城市控制性详细规划编制技术规定(试行)》(鲁规发〔2002〕32号)、《某城市规划局关于建筑容积率计算方法的通知》[鲁规发〔2011〕89]、《城市居住区规划设计规范》GB 50180—93(修改本)、《金融商务设计规范》、《汽车库建筑设计规范》、《建筑工程程建筑面积计算规范》、《智能建筑设计标准》。

(2) 项目规划限制条件(见表7-2)。

表7-2   地块指标控制表

	用地性质	商业金融商务区
强制性指标	用地面积(ha)	1.216
	建筑密度(%)	≤35
	建筑限高(m)	100
	容积率	≤3.5
	绿地率(%)	≥25
	停车泊位(个)	0.6/100m²

续表

非强制性指标	人口容量（人）	2000
	土地使用相容性调整	经批准后可调整

二、指导思想和原则

网络时代的来临，社会信息的发展，客户对金融商务的选择有了更加专业的眼光，从房型布局、立面设计、绿化环境、某一城市开发区金融服务中心工程智能化到物业管理，都将是客户综合比较的对象，从开发区某一城市开发区金融服务中心工程房地产的市场环境来看，要在激烈的市场竞争中取得决胜权，必须提高综合产品品质。软金融商务的概念成为新世纪金融商务建设的主要内涵，即为更人性的居住尺度、更人文的居住功能、更人情的生活设施、更人格的建筑功能、更人际的规模配套、更人和的社会环境，因此在设计上我们尽力从建筑的、人文的、社会的、美学的、持续发展的角度去考证最适合现在及未来人们需要的生存空间，实现建筑、人、自然的和谐统一，并通过对人的细致关爱，建筑对人格的塑造和人居空间的极限追求，积极运用金融商务建设的新技术、新材料，用建筑语言向人们诠释出一个温馨宁静、舒适安全的人性家园。

本某一城市开发区金融服务中心工程规划强调以人为本，立足高品位，为广大工薪阶层提供一个温馨、健康、安全和休闲的精致某一城市开发区金融服务中心工程，充分做到社会效益和经济效益的和谐统一。

三、主要技术经济指标（见表7-3）

表7-3　　　　某一城市开发区金融服务中心工程技术经济指标表

序号	指标名称	指标值	单位	备注
1	用地总面积		m²	
2	建筑占地面积		m²	
3	总建筑面积		m²	
(1)	金融商务面积		m²	
(2)	商业面积		m²	
(3)	公共设施建筑面积			
(4)	车库和配套用房面积		m²	
4	车位数		个	
(1)	地下车位数		个	
(2)	地上车位数		个	
5	可售面积		m²	
(1)	金融商务面积		m²	
(2)	商业面积		m²	

续表

序号	指标名称	指标值	单位	备注
(3)	车库面积		m²	车库按个出售
6	容积率			
7	建筑密度		%	
8	绿地率		%	
9	高层建筑层数		层	
10	总户数		户	

7.6.2 项目总体规划布局

一、用地规划

考虑到周边楼盘普遍缺少上规模绿地和位置优势景观资源，如何降低某一城市开发区金融服务中心工程建筑密度，提高绿地率，充分利用周围景观资源，将使某一城市开发区金融服务中心工程具备特色优势。

(1) 在控高150m前提下，提高建筑层数，以争取最大的集中绿地及均好性、围合感。

(2) 以尽可能利用地形为宗旨形成环抱中心绿地之势，加强了某一城市开发区金融服务中心工程的领域感和亲和力。

二、交通规划

以新的理念处理人车分流的关系，一方面努力营造流畅快捷的交通系统和充足的停车用地，另一方面设计了发达的步行系统，使之与车行系统在交通组织上有一定的分割，而在空间上达到共融，某一城市开发区金融服务中心工程机动车出入口分别设在临街商业部分两侧。基地沿四周设一7m宽的环行机动车道，该车行道单向行使，由南门进，北门出，地下车库出入口靠近中心工程南北大门沿车行设置。既方便了商业部分的停车问题，又降低了对某一城市开发区金融服务中心工程内居民生活的过多干扰。

规划方案停车主要以地下停车为主，综合少量地面停车，以弥补停车位的不足。

某一城市开发区金融服务中心工程内道路系统构架清晰，分级明确，同时满足消防、救护等要求。为了某一城市开发区金融服务中心工程生活的安逸，减少了某一城市开发区金融服务中心工程内的车流量。

三、景观规划

某一城市开发区金融服务中心工程依托其北面的景观大道、近百米宽景观以及正北面的山地景观身在某一城市开发区金融服务中心工程给人以拥抱自然的感觉。

此外，某一城市开发区金融服务中心工程中心 1、2 号楼之间规划两片规模绿地，在本案设计中充分借助基地的有利条件，全心全意打造景观精品。众所周知，人的天性中有着不可磨灭的亲自然性，久居闹市中心的人们尤其渴望碧蓝的天空和绿色的家园，因此绿色将成为景观的主题。

某一城市开发区金融服务中心工程景观以绿色植物点缀于景观各节点，以各色园中小品增添人文情趣，同时通过灌木、乔木等高低树种营造立体环境绿化，真正做到融绿化与环境寓生活与绿色之中，通过硬景与软景的有机结合，绿色延伸到某一城市开发区金融服务中心工程的每个角落，尽可能关爱到每一位业主。

此外，某一城市开发区金融服务中心工程沿主干车行道外围布置了一条绿篱，以区外景观衬托。某一城市开发区金融服务中心工程临街广场中心设置了一个小喷泉，周围以绿色小品相呼应，大大增加了某一城市开发区金融服务中心工程的商业氛围。

四、公共配套设施规划

根据项目定位，公共配套设施是项目开发的重要组成部分，公共配套设施开发的成功能在短时期内提升项目的整体价值。

鉴于项目附近已有中小学及幼儿园、旅游胜地、商业中心等配套，本项目主要配备供休闲娱乐、运动健身以及公共服务配套设施。本次规划综合考虑了公建的使用特点、地段特点、服务半径和防干扰等因素，将公建分为内向型公建和外向型公建，分别布置在某一城市开发区金融服务中心工程的中心部位和沿街部位。

主要公共配套设施：

(1) 日常生活服务设施。主要包括物业服务中心、配电房、某一城市开发区金融服务中心工程保安室等。

(2) 娱乐休闲服务设施。本项目的娱乐休闲配套主要包括某一城市开发区金融服务中心工程绿地中心水池、步行系统、休息座位、休闲茶座等。

(3) 运动健身服务设施。健康是一个人最大的成本，运动则是健康的根本保证。本项目将建立包括篮球场、羽毛球场等一系列高档运动配套设施，以及受到普遍欢迎的室外老年运动器械和儿童活动设施。从各个方面、各个层次来促使"运动与健康"的口号不只是放在嘴边而是在实际行为中。

(4) 商业配套设施。商业服务设施沿街集中布置以形成较完整的商业服务空间，沿街布置的低层小型商业广场，以便形成较好的商业氛围和生活氛围。商业部分计划建设小型便利店、餐饮等。

7.6.3 建筑产品规划

一、建筑物形象规划

某一城市开发区金融服务中心工程将采用高层金融商务形式。

(1) 立面形式。

临街部分两座塔楼对称布置，低层商业部分由五个商业门面组成，中间门面的大门中间刚好通过两栋塔楼之间的中心线，此外每栋塔楼又由两栋对称的小塔楼组合而成，塔楼对称部分户型以及结构形式完全相同，临街部分建筑的对称性给人以美的感觉。

（2）外立面效果规划。

在保持清爽、高雅的色调的基础上赋予色彩变化，由于项目地形的高低起伏，色彩的差异形成了建筑单元视觉上的独立识别。

二、建筑物结构规划

结构选型原则见表7-4。

表7-4　　　　　　　　　　结 构 选 型 原 则

结构体系	优　点	缺　点	适用范围
框架	建筑平面布置灵活，可以提供较大的建筑空间，也可构成丰富多变的立面造型	侧向变形大，抗侧能力较弱，建筑高度受限制	60m以下商场、医院、学校
剪力墙	承重、抗风、抗震、围护与分隔为一体，经济合理地利用结构材料；整体性强，抗侧刚度大，侧向变形小，抗震性好，与框架体系相比，施工相对简便	难以满足大空间建筑功能的要求，结构自重加大	用于隔墙较多的金融商务、公寓和旅馆建筑
框架剪力墙	结合了框架与剪力墙结构的特点，能提供较灵活的空间布置，抗震性能好，改善结构的层间位移		高度50～200m范围内，层数8～30层的公寓、旅馆、写字楼
筒体	抗侧刚度大，空间受力性能强，建筑层数可大幅度增加		100m以上高层建筑
框架筒体	对建筑、结构、设备有较强的适应性，抗侧刚度大，整体性能强		150m以上高层建筑

由上表结合本楼盘建筑物形式，选择框架筒体结构。

二、建筑物智能化规划

调查发现，某一城市开发区金融服务中心工程智能化系统逐渐成为当地楼盘营销中的主要卖点之一。

从实用、经济的角度出发，建议本项目配置如下智能化系统：

（1）红外线摄像周界报警系统。

在工程周边设立有固频四光束红外对射探测器，对工程围墙进行24h的全程监测，如有非法入侵者，物业中心将马上接收到警讯，派出保安人员对警情作及时处理。由于该系统采用光学透镜原理，将红外光聚集成较细的平行光束，让红外光的能量能集中传送，使红外光束在工程围墙上构成一道看不见的封锁线，当系统感应外界刺激而启动报警控制器发出报警信号，完全有效地防止非法入侵者入侵。

(2) 环境综合控制系统。

环境综合控制系统的作用在于将各子系统进行系统集成，统一监控管理，借助澳大利亚最新概念的 4000 系统，对工程各部分设备运行一一进行监视，集中管理，调配人力和物力资源，以"高效、周到、系统"为业主创造更舒适、安全的环境，以最终服务于业主，完成居住智能化和建筑设计的融合统一。

(3) 电视监控系统。

工程依据工程内建筑物的分布状况而布置电视监控系统，即在入口、停车库、外围墙等主要活动点和重要道口设立全面的摄像及监控，通过实时录像机对多路监控点同时录像、存储，帮助工作人员了解工程的整体状况，及时解决事故发生，并可为突发事件、事故等的处理提供可靠依据。

(4) 电子巡更安防系统。

由于商业裙楼、架空层、室外运动场，人员流动性大，且人员情况复杂，针对这一状况，花前树下安排有专业巡逻安防队，对工程重点场所重要布防巡更站，定期、定时、重点时段进行层次巡逻，安防人员按科学编定的巡更程序作"定线路、定时间、定巡更点"巡逻，不准许迟到，更不允许绕道，从而科学、有效地维护住户的安全、利益，阻止危害工程住户的事件发生。

(5) 准可视联网型楼宇对讲系统、"一卡通"门禁系统。

本项目将引进现代先进的联网型楼宇对讲、门禁系统，全面提升安全防护标准，为工程住户创造一个私密、安全的居家空间，准可视门禁联网型楼宇对讲系统是一种采用先进的电子技术和计算机技术，对访客的声音和图像进行传感、控制信号遥控传输以及内部联网的现代化安防系统，它可以通过门禁管理软件对人员所持感应卡权限的更改、取消、恢复、增加、减少等实现门禁管理功能，也可以通过软件对居住人员基本情况进行登记、查询等，以达到管理的方便。诸如：确定来访者的身份，利用可视室内分机加装的红外报警探测器、紧急报警按钮、烟雾探测器、煤气泄漏探测器等自动报警、探测火情、探测煤气泄漏等，尤其是在紧急情况下，按下紧急求救按钮，可向管理中心发出求救信号。

(6) "一卡通"停车管理系统。

在停车库的管理上，本项目将按照每位业主的具体要求进行计算机编程管理。首先，固定用户可使用免停车系统出入停车库，也可使用相应的读卡系统进出停车库；其次，外来访客或临时用户一般使用收费临时停车系统。所有固定用户车辆经过停车场出入口时，皆会显示相应车辆资料，如车主照片、车牌等，以确保安全防护。当停车库临时车位满时，智能管理系统将会自动停止让临时车辆进入，直到再有临时车为空出时。

(7) 背景音乐、紧急广播系统。

本项目整体规划有公共广播及背景音乐设施，建立起完备的噪声净化系统，创造了轻松、愉悦的环境氛围，其全套设备主要来自韩国、美国等地。

7.7 项目技术经济效益评估及融资方案

7.7.1 投资与成本费用估算说明

一、投资估算依据

(1) 本估算系根据项目方案设计所确定的经济指标进行编制。

(2) 中华人民共和国建设部《房地产开发项目经济评价方法》。

(3) 材料、设备价格参考城市现行市场价格。

(4) 相关税费按国家及某一城市现行有关文件规定及配套政策计列。

(5) 项目的信贷资金成本按现行商业银行贷款利率估算。

(6) 业主提供的资料。

二、投资估算内容

投资估算费用范围主要包括土地费用、项目前期工程费用、房屋开发建设费（建安工程费、设备购置费以及配套的公建、环境、绿化、智能化等相关设备、设备的费用）、开发规费、管理费用、财务费用、销售费用、销售税费和不可预见费。

7.7.2 投资与成本费用估算

一、前期工程费（见表7-5）。

表7-5　　　　　　　　　前　期　工　程　费

序号	内　容	总额（万元）	单方费用（元/m²）	计　算　依　据	备　注
1	市场调查及产品策划			元/m²×总建筑面积 m²	
2	规划设计费			元/m²×总建筑面积 m²	
3	地质勘察费			元/m²×用地面积 m²	
4	三通一平			元/m²×用地面积 m²	
5	施工图审查费			3%×设计费	
6	勘察成果审查费			10%×勘察费总额	

二、基础设施建设费估算

基础设施建设费是指建筑物 2m 以外和项目用地规划红线以内的各种管线和道路等工程的费用，主要包括供水、供电、环卫、排污，道路，绿化设施的建设费用，以及各项设施与市政设施干线、干管的接口费用。一般按实际工程量进行估算。本项目基础设施建设费估算参见表7-6。

表7-6　　　　　　　　　　基础设施建设费估算表

序号	内容	总额（万元）	备注
	基础设施配套建设费		
1	道路		
2	园林景观工程		
3	供配电及照明工程		
4	市政工程（生化池、给水排水等）		
5	其他		

三、建筑安装费用估算

建筑安装工程费用是指建造房屋建筑物所发生的建筑工程费用、设备费用、安装工程费用和室内装饰费用等。本工程建安费用按高层标准计算，其中，土建工程、消防工程、电气工程、给排水工程及智能化安装工程按建筑平方米造价计算。

电梯工程按电梯安装数量计算。本项目建筑安装费用估算参见表7-7。

表7-7　　　　　　　　　　建安费用表

序号	内容	总额（万元）	单方费用（元/m^2）	计算公式	备注
1	建筑工程费				
1.1	建筑工程主体费用				
1.1.1	金融商务			元/m^2×m^2	
1.1.2	商业			元/m^2×m^2	
1.1.3	车库和设备用房			元/m^2×m^2	
1.2	建筑装饰工程费				
1.2.1	金融商务			元/m^2×m^2	
1.2.2	商业			元/m^2×m^2	
1.2.3	车库和设备用房			元/m^2×m^2	
2	安装工程费				
2.1	消防工程				
2.1.1	金融商务			元/m^2×m^2	
2.1.2	商业			元/m^2×m^2	
2.1.3	车库和设备用房			元/m^2×m^2	
2.2	给排水工程				
2.2.1	给排水系统			元/m^2×m^2	
2.2.2	变频恒压供水系统				
2.3	电气设备			元/m^2×m^2	
2.4	电梯及其安装			幢×2部×40万/部	
2.5	楼宇自动化			元/m^2×m^2	
2.6	其他工程费用			元/m^2×m^2	
	建安工程费				

四、公共配套设施建设费估算

公共配套设施建设费是指居住某一城市开发区金融服务中心工程内为居民服务配套建设的各项非营利性的公共配套设施（又称公建设施）的建设费用，主要包括：服务中心、文化活动中心等。这些配套设施是不能有偿转让的，一般按实际工程量估算。本项目公共配套设施建设费用估算参见表7-8。

表7-8 公共配套设施费用表

序号	内容	总额（万元）	单方费用（元/m²）	计算公式	备注
1	文化、体育设施	27.48	300.00	300元/m²×300m²	羽毛球、乒乓球场等
2	物业管理 某一城市开发区金融服务中心工程服务用房	8.40	1000.00	1000元/m²×300m²	
3	其他配套设施	2.50	500.00	500元/m²×200m²	
	合计	38.38	7.81		

五、开发期间规费估算

开发期间费用主要包括规划费用、建委系统收费、人防异地建设费、绿化建设费、国土房管系统收费、防雷相关费用、市政收费等。这些费用按国家和城市有关部门规定的费率估算。本项目开发期间规费估算参见表7-9。

表7-9 开 发 期 间 规 费 估 算

序号	内　容	单方费用（元/m²）	计算标准和依据	备　注
1	规划费用	143.05		
	城市建设配套费	140.00	按建筑面积140元/m²	鲁府发（2001）111
	规划许可执照费	0.41	0.18%×预算投资额	鲁府发（2001）23号
	激光卡价格	0.01	325元	鲁价（1998）8号
	规划管理费	2.64	0.25%×建安工程费	
2	建委系统收费	4.07		
	建设工程质量监督费	2.11	0.2%×建安造价	鲁价（2001）345
	建设工程交易所服务费	0.63	0.06%×中标额	鲁价（2003）52
	前期咨询收费指导标准	0.00	按估计投资额分类	鲁价（2000）352
	招标管理费	0.42	0.04%×建安工程费	
	合同公证费	0.20		
	保险费	0.00		施工单位支付
3	人防易地建设费	35.00	35元/m²×总建面	鲁价（2001）493

续表

序号	内　容	单方费用（元/m²）	计算标准和依据	备　注
4	园林、绿化赔偿费	0.00	分类标准按实际情况计	鲁价（2000）75
	超标噪声排污费	0.99	分类标准按实际情况计一般4元/m²	鲁价（2000）21
6	绿化建设费	1.24	5元/m²	
7	国土房管系统规费	5.09		
	预售许可证办理费	0.02	1000元/证	房地局网站
	初始登记费	1.06	0.1%×建造成本	房地局网站
	卖房时交易手续费	3.00	3元/m²×交易的建面	鲁价（2002）130
	房产测绘费	0.30	0.2～0.5元/m²（分金融商务、非金融商务、规模）	鲁价（2000）368
	地质灾害评估收费标准	0.41	政府分类指导价	鲁价（2002）257
	建设项目用地勘测费	0.31	1910+477××按点数计	鲁价（2000）368
	地籍房产图成果资料费	0.00	65元/幅	鲁价（2000）368
	白蚁防治费	0.12	政府参考价	鲁价（2002）662
8	防雷相关费用	0.17		
	防雷工程设计审核收费	0.11	0.01%×工程概（预）算	鲁价（2001）402
	防雷装置安全检测收费	0.01	45元/套×套数	鲁价（2001）194
	防雷工程施工监审收费	0.05	500元/次×5	鲁价（2001）402
9	市政收费	0.92		
	环境卫生有偿服务收费	0.00	根据具体服务项目计	鲁价（2001）168
	行政事业性收费	0.92	根据具体项目计	鲁价（2001）339
	规费合计	190.52		

六、不可预见费估算

房地产项目投资估算应考虑适当的不可预见费，其费用大小按照上述前五项费用的3%比例计算出。

七、管理费用估算

指房地产开发企业在房地产开发经营活动中所发生的管理费用，包括管理人员的工资、福利、办公费、劳动保险费等，按照上述各项费用的3%比例计算出。

八、销售费用

指对本项目进行包装宣传，促进销售所发生的广告、宣传等费用，按照销售总收入的3%计。

九、财务费用估算

指对银行进行借贷所发生的手续费、借款利息等。按照贷款年限以及还款计划，以6.03%的年利率计算其费用大小。本项目财务费用估算参见表7-10。

表7-10　　　　　　　　　　贷款还本付息表

序号	项目名称	合计（万元）	计算期		
			年	年	年
1	年初借款累计				
1.2	本年借款				
1.3	本年应计利息				
1.4	按约定年底还本付息				
	还本				
	付息				
1.5	年末借款累计				

十、运营费用估算

指房地产项目开发完成后，在项目出租期间发生的各种经营费用。取出租收入的10%计为运营费用。

十一、总成本费用汇总

7.7.3　项目资金筹措与投资计划

项目开发建设进度表与投资计划表见表7-11。

表7-11　　　　　　　　　　项目开发建设进度表

分项名称	2012年				2013年				2014年				2015年
	一季度	二季度	三季度	四季度	一季度	二季度	三季度	四季度	一季度	二季度	三季度	四季度	1～4季度
勘察设计 报件审批 三通一平													
基础设施工程													
建筑安装工程公共配套设施													

续表

分项名称	2012年				2013年				2014年				2015年 1~4季度
	一季度	二季度	三季度	四季度	一季度	二季度	三季度	四季度	一季度	二季度	三季度	四季度	
销售													

7.7.4 融资建议

一、我国房地产融资的主要方式

自有资金、银行贷款、建筑企业和建材企业垫款、预售款成为目前我国房地产融资的主要方式。

(1) 自有资金。

自有资金属于内部融资的范畴。对于开发企业来说，具有一定的自有资金，是项目开发的前提和条件。目前国家规定：房地产开发项目应建立资本金制度，资本金占项目总投资的比例不得低于35%。

(2) 银行贷款。

目前开发商从银行筹款比例过高，自有资金到位情况差，银行被动地充当了投资者，对房地产泡沫的形成起到了催化作用。在此情况下，银行在贷款期限、贷款额度、担保方式和核批时间等方面对房地产企业规定了较为严格的条件。但是，对于企业而言，银行贷款有着挡不住的诱惑：便捷，成本相对较低，财务杠杆作用大。

(3) 预售款。

目前，进行商品房预售并回收建设资金，是房地产开发企业筹集开发资金的一种重要方式，也是房地产开发企业进行项目开发的一个重要环节，这样可以降低开发项目的最大累计资金需求量，有助于房地产开发公司滚动发展项目。从实际情况看，这几年由于银行贷款较为困难，预售款逐渐占据了开发筹资的大头。

二、本项目融资建议

基于本项目的特点，故本项目仍采用传统的融资手段，即自有资金、银行贷款，以及销售收入的再投入。

(1) 开发商自有资金。

开发商开发的上一项目松华阁取得了良好的销售业绩，开发资金得到回笼，企业自有资金充裕。为降低企业负债风险及财务费用，建议开发商投入自有资金4000万元，约占总投资的37.5%。

(2) 银行贷款。

据调查，固定资产项目贷款执行国家利率政策。利率档次、利率浮动、计息方法、结息时间及加、罚息等均按有关规定执行。商业银行贷款利率可以在法定利率基础上浮动，上、下浮动的最大比例均为10%。根据以上条件建议项目按总投资的18.75%向建设银行信贷融资，贷款年利率6.03%，宽限期1年，2年等额还本。

(3) 预售资金筹措。

进行商品房预售并回收建设资金，是房地产开发企业筹集开发资金的一种重要方式，这样可以降低开发项目的最大累计资金需求量，有助于房地产开发公司滚动发展项目。根据项目施工进度和销售进度，销售收入滚动投入的方式减少自有资金投入提高资金使用率。此项约占项目总投资的43.75%。

三、融资方案分析

从融资结构看，业主自筹资金占37.5%，项目贷款比例18.75%，预售资金占43.75%。企业负债比例适中，不会有过大的负债风险和财务费用。从融资风险看，虽然今年4月28日加息，但加息幅度不大，仅有0.27%，融资成本增加对项目总体影响不大。但应该看到，预售资金所占比例较大，应采取有效的营销策略，尽快回收资金。同时国家有关学者建议取消预售制度，短期看该政策出台执行的可能性不大，预售资金的筹集问题不大。综上所述，此融资方案是可行和较为稳妥的。

7.7.5 项目销售（出租）收入的测算

一、价格确定

(1) 金融商务销售单价的确定。

通过市场法求取。

根据周边楼盘的销售状况和市场行情，本策划组建议项目的均价为：13 000元/m²。

(2) 车位销售的单价。

通过市场法求取。

根据目前的市场行情，附近周边楼盘单个车库大致价格情况，因此预定本项目车库单价为18万元/个。

二、建议销售单价和租赁单价

综合考虑市场动向和成本两方面的因素，我们建议本项目的定价方案为：

金融商务： 13 000元/m²

车位： 18万/个

三、可销售面积

项目可销售金融商务部分面积为××m²，还有××个车位可供销售。

四、销售（出租）面积计划和收入分期预测

项目一期计划于2012年4月开始预售，当年完成金融商务60%销售进度，收

回销售合同金额的70%；完成一层商铺80%销售进度，收回销售合同金额的70%；完成车库40%销售进度，收回销售合同金额的70%。第二年完成金融商务和商铺销售任务，全部收回合同金额，又完成车库的40%销售任务，车库剩余20%销售量于2014年完成。详见表7-12。

表7-12　　　　　　　　　　销售收入测算

序号	项目	合计	2011	2012	2013	2014
1	销售进度			金融商务60%；车库40%	金融商务40% 车库40%	车库20%
2.1	金融商务收入（合同金额）					
2.2	金融商务当期实际收入金额					
4.1	车库收入（合同金额）					
4.2	车库当期实际收入金额					
5	销售总收入（实际金额）					

五、销售（出租）环节税费计算

(1) 相关税费费率见表7-13。

表7-13　　　　　　　　　　税费费率表

税费项目	税费率（%）	计费基础	税费项目	税费率（%）	计费基础
营业税	5	销售收入	企业所得税	33	税前利润
城市维护建设税	7	营业税	公益金	5	税后利润
教育费附加	3	营业税	法定盈余公益金	10	税后利润
交易手续费	3元/m²	销售面积	任意盈余公益金	0	税后利润
印花税	0.03	销售收入	土地增值税	30、40、50超率累进	

(2) 售房收入与经营税金及附加估算表（见表7-14）。

表7-14　　　　　售房收入与经营税金及附加估算表（万元）

序号	项目	合计	2011	2012	2013	2014
1	销售收入					
2	销售税金及附加					
2.1	营业税					
2.2	城市维护建设税					
2.3	教育费附加					
2.4	交易手续费					
2.5	印花税					
3	土地增值税					
4	商品房销售净收入					

(3) 土地增值税计算（见表 7-15）。

表 7-15　　　　　　　　　　土地增值税计算表（万元）

序号	项目	计算依据	计算结果
1	销售收入		14 487.16
2	扣除项目金额	2.1+2.2+2.3+2.4	13 414.85
2.1	开发成本		9546.14
2.2	开发费用		1119.39
2.3	销售税金及附加		840.10
2.4	其他扣除项目	取（2.1）项的20%	1909.23
3	增值额	（1）－（2）	1072.30
4	增值率	（3）/（2）×100%	13%
5	增值税税率	（4）<50%	取30%
6	土地增值税	（3）×30%	321.69

7.7.6　财务分析

一、分析依据

对本项目进行经济效益评价的主要依据是国家发改委、建设部颁发的《建筑项目经济评价方法与参数》，参照我国新的财会制度，结合本项目的具体情况，运用财务分析常用的财务报表，计算多个评价指标，分析项目的综合效益能力。具体办法参考建设部 2000 年发布的《房地产开发项目经济评价方法》。

二、赢利能力分析

（1）静态指标分析。

项目在计算期内经营收入××万元，可获利润××万元，扣除所得税、公益金、公积金后还有××万元可分配利润。项目缴纳的销售税金为××万元，所得税为××万元，土地增值税为××万元，合计缴纳税金××万元。和项目业主投入的资本金××万元相比，在计算期内项目盈利和缴纳税金的绝对额很高，表明项目的盈利能力很强。详见表 7-16。

表 7-16　　　　　　　　　　　损　益　表

序号	年份＼项目	合计	2011	2012	2013	2014	2015
1	经营收入						
1.1	商品房销售收入						
1.2	房地产租金收入						
2	总成本费用						
3	经营税金及附加						

续表

序号	年份\项目	合计	2011	2012	2013	2014	2015
4	土地增值税						
5	利润总额						
6	所得税						
7	税后利润						
7.1	公益金						
7.2	法定盈余公益金						
7.3	任意盈余公益金						
8	应付利润						

计算指标：

项目投资利润率＝利润总额÷总投资额×100％＝34％

税后投资利润率＝税后利润÷总投资额×100％＝23％

其中：项目投资利润率＝利润总额÷总投资额×100％＝34％

税后投资利润率＝税后利润÷总投资额×100％＝23％

资本金投资利润率＝利润总额÷资本金×100％＝91％

资本金净利率＝税后利润÷资本金×100％＝61％

（2）动态指标分析。

取本项目基准收益率 I_c＝10％。

项目全部投资内部收益率（所得税前）为41％，项目净现值为××万元，项目投资回收期为××年。资本金内部收益率为33％，项目净现值为××万元。详见表7-17和表7-18。

表7-17　　　　　　　财务现金流量表（全部投资）（I_c＝10％）

序号	年份\项目	合计	2011	2012	2013	2014	2015
1	现金流入						
1.1	销售收入						
1.2	租金						
1.3	净转售收入						
2	现金流出						
2.1	开发产品投资（不含建设期利息）						
2.2	出租房经营费用						
2.3	营业税金及附加						

续表

序号	项目\年份	合计	2011	2012	2013	2014	2015
2.4	土地增值税						
2.5	所得税						
3	净现金流量						
	累计净现金流量						
4	所得税前净现金流量						
	累计所得税前净现金流量						

计算指标	所得税前	所得税后
内部收益率（FIRR）		
财务净现值（NPV）		
静态投资回收期（年）		
动态投资回收期（年）		

表 7-18　　　　　　　　　财务现金流量表（资本金）（$I_c=10\%$）

序号	项目\年份	合计	2011	2012	2013	2014	2015
1	现金流入						
1.1	销售收入						
1.2	净转售收入						
2	现金流出						
2.1	资本金						
2.2	预售收入用于开发产品投资						
2.4	经营税金及附加						
2.5	土地增值税						
2.6	所得税						
2.7	借款还本附息						
3	净现金流量						
4	累计净现金流量						

计算指标	
内部收益率（FIRR）	33%
财务净现值（NPV）	
静态投资回收期（年）	
动态投资回收期（年）	

三、资金平衡能力分析

在项目计算期内，各期的累计盈余资金都是不小于零的，说明了资金的来源与运用是平衡有余的，详见表 7-19。

表 7-19　　　　　　　　　　资金来源及运用表

序号	项目	合计	2011	2012	2013	2014	2015
1	资金来源						
1.1	销售收入						
1.2	租金收入						
1.3	银行贷款						
1.4	资本金						
1.5	净转售收入						
2	资金运用						
2.1	房地产投资（含利息）						
2.2	出租房经营费用						
2.3	经营税金及附加						
2.4	土地增值税						
2.5	所得税						
2.6	应付利润						
2.7	借款本金偿还						
3	盈余资金（1）-（2）						
4	累计盈余资金						

四、清偿能力分析

根据项目的借款条件和还款计划，第 2 年即预售开始分 2 年等额还本，每年还款××万元；利息每年照付，总计付利息××万元，2013 年、2014 年的偿债备付率分别是 1.29＞1、3.80＞1，利息备付率分别是 13.63＞2、33.09＞2，两个指标都在合理的范围内，可见该项目具有很强的清偿能力，详见表 7-20。

表 7-20　　　　　　　　　　贷款还本付息表

序号	项目名称	合计（万元）	计算期		
			2011 年	2012 年	2013 年
1	年初借款累计				
1.2	本年借款				
1.3	本年应计利息				
1.4	按约定年底还本付息				
	还本				
	付息				

续表

序号	项目名称	合计（万元）	计算期		
			2011年	2012年	2013年
1.5	年末借款累计				
2	还本资金来源				
2.1	上年余额				
2.2	摊销				
2.3	折旧				
2.4	利润				
2.5	可利用售房收入				
2.6	其他				
3	偿还等额还款本金				
4	偿还长期借款－本金能力				

偿债备付率＝可用于还本付息资金÷当期应还本付息金额

利息备付率＝税息前利润÷当期应付利息费用

五、项目负债分析

资产负债率是比较低的，资产负债率最高时是第一年50%，第二年19%，结合清偿能力看，项目负债较低，财务风险较小。详见表7-21。

表7-21　　　　　　　　　　资　产　负　债　表

序号	项目	2011年	2012年	2013年	2014年	2015年
1	资产					
1.1	流动资产总额					
1.1.1	应收账款					
1.1.2	存货					
1.1.3	现金					
1.1.4	累计盈余资金					
1.2	在建工程					
1.3	固定资产净值					
1.4	无形及递延资产净值					
2	负债及所有者权益					
2.1	流动负债总额					
2.1.1	应付账款					
2.1.2	短期借款					
2.2	借款					
2.2.1	经营资金借款					
2.2.2	固定资产投资借款					
2.2.3	开发产品投资借款					

续表

序号	项 目	2011年	2012年	2013年	2014年	2015年
	负债小计					
2.3	所有者权益					
2.3.1	资本金					
2.3.2	资本公积金					
2.3.3	累计盈余公积金					
2.3.4	累计未分配利润					
	比率指标					
	资产负债率	%	%			

小结

从项目的财务分析看，项目税前、税后全部投资净现值与税后资本金投资净现值均大于零，内部收益率均大于基准收益率和贷款利率，且每年累计盈余资金大于零，故从盈利能力、资金平衡能力、偿还能力分析来看，该项目都是可行的。

7.7.7 项目不确定性分析和风险分析

影响本项目的不确定因素主要有几个方面：总投资、售价、租价、贷款利息等。这些因素可能会受到上游市场，如受钢材、水泥的价格波动的影响；也可能会受到金融市场，如升息的影响，使项目资金成本增高；还有可能受到来自政府政策、法律法规方面的限制。总之，参与房地产建设或与房地产相关的各个领域的变化都可能会增加项目的风险，影响项目的经济效益，甚至导致项目根本行不通。

我们就不确定性分析常用的两种方式对本项目进行简单的分析。

一、盈亏平衡分析

设本项目的总销售收入为 P，开发总成本为 W，假定本项目的开发总成本不变，且售价与收款进度如基准方案所设，税费为销售收入的 5.5%，则达到盈亏平衡点的销售收入 P^* 可用下式表示：

$$P \times (1 - 5.5\%) - W = 0$$

则

$$P^* = W \div (1 - 5.5\%)$$

达到盈亏平衡点的销售率为 $= 11\,286 \div 15466.49 = 72.9\%$

由计算可得，当销售率为××%时，全部投资利润率为零，投资刚能保本。一般认为，当盈亏平衡点的销售率小于××%时，项目风险状况为安全；在70%~75%时项目风险状况为较安全，因此本项目较为安全。

二、敏感性分析

本项目敏感性分析针对全部投资的税前评价指标——内部收益率,分别计算平均售价上下波动10%、20%和投资额上下波动10%、20%时,对经济指标的影响,具体分析见表7-22。

表7-22　　　　　　　　　　　敏 感 性 分 析 表

不确定因素	内部收益率变化率				
	-20%	-10%	基本方案	+10%	+20%
销售单价	××%	××%	××%	××%	××%
投资额度	××%	××%	××%	××%	××%

敏感性分析图为:

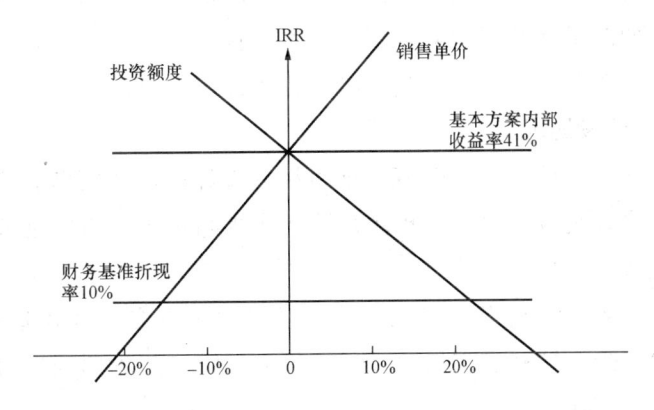

计算项目对各因素的敏感度

$$\beta = 评价指标变化的幅度(\%) \div 不确定性因素变化的幅度(\%)$$

对于销售单价的平均敏感度××

对于投资额度的平均敏感度××

显然,销售单价是敏感因素。

由上面分析结果可知,销售价格和建安工程费都是影响项目利润的敏感因素,其中销售价格更为敏感。因此,做好营销,降低工程成本是获得利润的有效手段。

但应该看到,在实际的操作中,楼盘定价看似简单,实际上却是一个非常重要同时也非常复杂的市场决策。开发商对市场与项目的判断难免会加上主观的色彩,影响真实客观的判断,从而导致做出的决定与实际情况有出入。只有通过真实客观的了解市场与项目,全面真实地建立价格体系,才有可能把项目卖到最合适的价格,达到项目赢利的目的。在降低成本方面,对建设项目的全过程进行计划和控制,建立科学的管理体系,实现尽可能低的工程造价,以获取尽可能大的经济效益。

三、风险分析

(1) 房地产投资风险的类型。

对房地产投资风险进行分类,可以更加具体地把握房地产投资风险,并且分析来自各方面风险的可能性大小与程度的高低,以便根据房地产的特点,区分轻重缓急,对症下药,从而有效地降低房地产风险。

划分房地产投资风险类型的方法很多,按照不同的标准可分为不同的类型。本文按房地产的寿命周期划分房地产投资风险的类型。

按房地产寿命周期可划分为投资决策阶段、前期工作阶段、项目建设和租售阶段四个阶段。每个阶段的投资内容都不同,风险的表现形式各异,大小也不一样。

1) 投资决策阶段的风险。

房地产投资前期阶段的风险是指投资计划实施前期的风险,例如选址风险、市场定位风险、投资方案决策风险等。对于房地产投资自身的特点,这一阶段的风险危害特别大,一旦决策失误,往往会使项目遭受无法估量的损失。

2) 前期工作阶段的风险。

在前期工作阶段,结合土地获取、项目规划设计、拆迁安置补偿及资金筹集等工作,应重点关注开发成本确定、市场风险、土地与拆迁安置风险和筹资风险。

3) 开发建设阶段的风险。

开发建设阶段的风险是指从房地产项目正式动工到交付使用这一阶段的风险,例如:承包方式风险、按时完工风险、成本控制风险、工程质量风险等。

4) 租售阶段的风险。

房地产经营阶段的风险主要指房地产商品的售价、租金和空置率的不确定性带来的风险。它是投资者不可避免且难以控制的风险。

(2) 该项目的主要风险和规避措施。

结合上面房地产投资风险类型的识别和当前国家宏观政策对房地产业的调控,该项目的主要风险是在开发周期中的租售阶段的风险。

目前,进行商品房预售(预租)并回收建设资金,是房地产开发企业筹集开发资金的一种重要方式,也是房地产开发企业进行项目开发的一个重要环节,这样可以降低开发项目的最大累计资金需求量,有助于房地产开发公司滚动发展项目。从实际情况看,这几年由于银行贷款较为困难,预收账款逐渐占据了开发筹资的大部分比重。该项目预售资金筹资占项目资金的43.75%,所占份额较大,预售款的回款情况直接影响到项目资金链的完整。

规避措施:

1) 风险回避。在租售管理阶段,为回避企业自身营销经验不足、营销手段不当的风险,可采用营销代理,以充分利用代理人丰富的营销经验。同时,通过销售时机的选择,排除不同时机销售可能存在的风险。

2)风险预防。在租售管理阶段,为预防风险,开发商应做好如下几点:

房地产租售合同应由房地产专业人士起草,并经律师或法律工作者审查,做到合同条款明确、详尽、合法。

在销售环节加强宣传和营销,选择合适的价格定位以及最佳的上市时机,运用恰当的媒体进行推广,尽最大的努力完成销售计划,实现资金回笼,规避租售阶段的风险。

小结

通过对项目基础数据的估算、投资计划和筹资方案的分析、财务分析、不确定性和风险分析,可知本项目虽然面临一定的风险,但项目的经济效益还是可观的,项目在经济上是可行的,财务上是盈利的。

7.8 项目的全程管理与监控

7.8.1 项目组织管理机构

一、组织机构的作用

组织机构是项目运作成功的组织保证。一个良好的组织机构,可以有效地完成项目运作的目标,有效地应付环境的变化,供给组织成员生理、心理和社会的需要,形成组织力,产生集体思想和集体意识,使组织系统正常运转,完成项目运作目标。

组织机构的建立,首先是以法定的形式产生权力。权力是工作的需要,是管理地位形成的前提,是组织活动的反映。

信息沟通是组织力形成的重要因素。信息产生的根源在于组织活动中,下级以报告的形式向上级传递信息。同级不同部门之间为了相互协作而横向传递信息,越是高级领导越需要信息,越要深入下层获得信息。

二、组织机构的设置原则

(1) 目的性原则。
(2) 精干高效原则。
(3) 管理跨度和分层统一原则。

管理跨度也称管理幅度,是指一个主管人员直接管理的下属人员的数量。跨度大,管理人员的接触增多,处理人与人之间的关系量随之增大。

(4) 业务系统化原则。

设计组织机构时以业务工作系统化原则作为指导,周密考虑层间关系、分层与跨度关系、部门划分、授权范围、人员配置及信息沟通等,使组织机构自身成为一个严密的封闭的组织系统，能够完成总目标而实行合理分工及协作。

(5) 弹性和流动性原则。

(6) 项目组织与企业组织一体化原则。

三、房地产项目的组织机构管理模式

现行的房地产项目管理模式主要可分为部门制、公司制、事业部制和专业管理制四种。这四种管理模式各有千秋，企业应根据自身特点选用。

(1) 部门制项目管理。

部门制项目管理根据管理学中组织结构的分类，属直线型组织结构。按照项目开发流程，一般设置开发、工程、财务、设备材料、销售、办公室等部门。从房地产项目的生命周期分析，开发部主要负责项目前期的立项、审批、规划、征地、拆迁等工作。工程和造价部在项目的中期，负责施工建设阶段的管理工作。销售部在项目的后期负责经营、销售工作；财务部的主要工作在项目中后期，负责资金的收支及财务核算、分析工作；办公室负责文秘、统计等后勤工作。

部门制项目管理的优点，在于结构较为简单，上下联系简捷，部门工作内容单一，对部门经理的管理要求不高。房地产业发展初期，一些规模较大、项目较多的综合开发企业，多采用这种模式。

其不足之处是：第一，各部门关心各自的工作，部门之间扯皮现象较多，协调工作耗费公司决策层的大量精力；第二，组织形式不够灵活，不便于根据项目的进程进行人员调配，导致忙闲不均和人力的浪费；第三，部门工作内容单一，不利于培养全面型、复合型的经营管理人才；第四，项目分阶段由不同的部门实施开发，各部门关注的是任务完成的进度，对质量和成本则关心不够，难以形成全面而有效的质量管理和成本控制体系，质量和成本容易失控。

(2) 公司制项目管理。

项目公司属独立法人，公司制项目管理多从事单一项目的运作（通常是规模或影响相对较大的项目）。这种模式在当初房地产较热、外资流入较多的时候应用较多，并延续至今。项目公司的骨干人员一般由投资各方派出，其余则从社会招聘，项目公司的主要职能为工程建设、配套和销售。楼盘基本销售完毕后，项目公司或承接新的项目，或清盘，或转为物业公司。

项目公司具有公司的优点，同时由于项目管理班子相对稳定、目标责任比较明确，因而从进度、质量等方面看，管理效率较高。同时，这种模式对培养全能型、复合型的经营管理人员比较有利。

但从另一方面讲，项目公司虽小，组织机构健全，因而管理成本较高；项目公司独立性强，投资方控制相对不易，主要管理人员来自投资方，收入分配多参照原单位标准，激励机制往往不到位，影响经营管理人员积极性、创造性的发挥。

(3) 事业部制项目管理。

事业部制项目管理是企业根据项目开发情况，设立若干个事业部。事业部拥有独立运作项目的权力，从策划定位直至销售均可自主进行，也可对外委托。事业部实行独立核算，对项目的经营效益负责。根据公司下达的技术、经济指标和节点进度，实行项目承包，超额完成有奖。事业部制项目经理一般通过公司内部竞聘产生，其余人员由项目经理组阁，从公司内部抽调或外聘。事业部所有开销均计入项目开发成本。

事业部制项目管理的优点是，使责任、权力和利益三者同步到位，有利于调动员工的主观能动性，激发其创造力，有利于项目运作效率和经济效益的提高。其"集中决策、分散经营"的特点，可以使公司决策层摆脱日常的具体事务，集中精力于长远规划和战略决策。人员配备灵活，有利于培养经营人才。管理费用相对项目公司较低，控制上也比项目公司容易。

然而，采用事业部制项目管理也会遇到许多困难。事业部制项目经理必须具有全面的业务知识和较强的创新、管理、协调能力。因而，"千军易得、一将难求"。在处理问题的独立性上，不及项目公司制，项目经理的权力易受削弱。各事业部考虑问题多从本项目出发，容易忽视企业的整体利益，项目与项目、项目与部门之间需要协调的事务较多。市场变化不定，项目各有不同，科学合理地制定项目的技术、经济指标则比较困难，产生项目经理的竞标过程比较复杂。

(4) 专业管理公司项目制。

专业管理公司项目制其基本运作方式是在完成项目的前期开发（土地受让、立项、规划许可等）和策划定位、建筑设计工作以后，即可以以合同形式，委托专业管理公司承担自开始营造至交钥匙的一切事宜，体现出社会化分工的现代特征。

与国内现有的大多数监理公司不同，专业管理项目公司不但具有较强的质量管理能力，同时具备很强的进度和成本的控制能力。

为有效地实现企业目标，必须遵循权力与责任相结合、激励与制约相结合、适应性与稳定性相结合的基本要求，设计和建立合理的组织结构，并根据企业内部、外部要素的变化，适时地调整组织结构。面临激烈竞争的房地产市场，实现经营管理方式由粗放式向集约化的转变，是房地产企业的内在要求和必然选择。开发商应按照各自的特点，选好项目管理模式。

四、本项目的组织机构管理模式

根据公司现有的规模和今后的发展情况，以及该项目的规模，可以采用部门控制式项目管理模式。这样不但能节约成本，获得更多的经济效益，也有利于提高员工的综合素质，为公司的长远发展打下良好的基础。

公司实行董事会领导下的总经理负责制，负责整个项目实施的有关事宜，具体如图7-5所示。

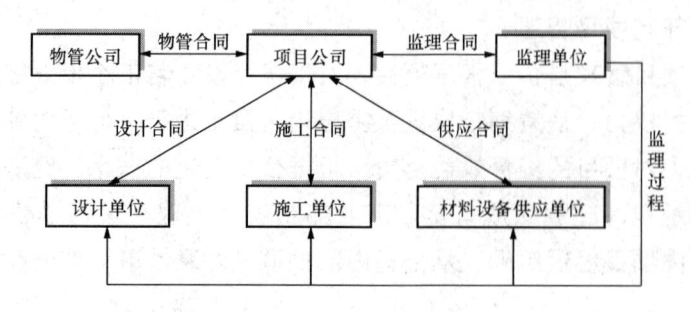

图 7-5 项目机构关系图

项目具体的设计、施工、监理任务及材料供应通过签订合同交由各承包商完成。项目办主要负责：

(1) 建设资金的筹措与运作以及日常财务工作，保证项目资金的有效使用，负责成本控制工作。

(2) 协调各方关系，包括与各职能部门的联系以及设计、监理、施工等单位之间的关系，并协助监理公司进行工程管理。

(3) 负责本项目的营销，即负责项目营销人员的培训管理，对外宣传包装，制定营销计划及实施，并负责对客户的接洽活动。

为适应项目的开发、运营，辅助经理的统领工作。公司内部的设置如图 7-6 所示。

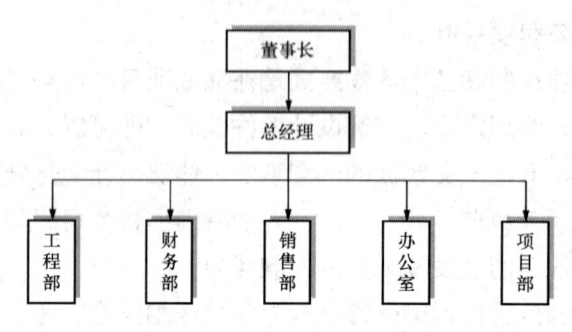

图 7-6 公司组织机构设置图

各部门的工作安排：

(1) 工程部。负责项目前期工作的接洽，项目的前期可行性研究、前期经济评价，项目的策划，项目的报批报建，招投标工作的开展。

(2) 财务部。负责项目的资金筹措及制定资金使用计划，做好工程的各项财务工作及成本预算，确保项目的造价控制。

(3) 销售部。负责制定项目的楼盘营销计划，具体的各项营销措施，组织置业顾问的培训及楼盘的销售，同时负责与销售有关的合同的管理工作。

(4) 办公室。负责公司、项目的资料的收集和整理，公司的文档管理、人事管理、后勤管理、办公用品的采购。

(5) 项目部。负责项目的现场施工管理，项目的安全、质量、建设进度管理，协调土建、安装、给排水、电气、景观等各施工队的工作。

7.8.2 项目实施主体选择与控制

一、监理公司

工程项目的实施阶段是整个项目建设周期中时间最长、工作任务最繁重、项目投资支出最多的一个阶段，抓好这个阶段的项目管理工作最为重要。所以，选择一个好的监理公司是非常必要的。

(1) 选择方式。

根据我国有关规定，本项目的项目监理单位通过招标的方式来选择和确定。

(2) 选择标准。

根据国家标准，该某一城市开发区金融服务中心工程项目的总建筑面积为××m²。为了更好地保证建筑质量，该项目拟选择甲级工程监理企业。具体选择标准如下：

1) 具有独立法人资格并具有建设行政主管部门核发的工程监理企业甲级资质证书。

2) 可以委派到该项目的监理工程师至少6人且至少4人取得监理工程师注册证书。

3) 监理公司信誉良好，工作责任心高，工作原则性强。

4) 工作业绩丰硕，至少有十次监理总价在1亿元以上的建设项目，各项目的质量、成本和进度符合业主要求。

二、承包公司

(1) 承包方式。

本工程建设面积为大项目，根据要求，整个项目整体开发完成，施工工期一年半，公司的自有资金有限，无力同时偿付太多人、材、机的费用。因此决定该项目采用总分包的承包方式。总承包商和材料供应商由业主自定，分包商由总承包商选择，但应经过业主同意。

(2) 选择方式。

城市建设承包商众多，且项目的质量、进度、成本上各有千秋，此项目采用公开招标的方式选择适合要求的承包商，并当场与总承包商签订施工合同。总承包商应在中标后十天内确定并通知业主各个分包商的选定情况，并通过业主同意，方可与分包商签订合同。

根据该项目的规模，且为开发商的成本考虑，该项目拟选用建筑工程总承包二级及以上资质。

(3) 选择标准。

1) 具有独立法人资格并具有建设行政主管部门核发的房屋建筑工程施工总承

包企业二级及资质证书。

2）有知名度的建设施工单位，信誉良好。

3）从事工作10年以上，有五次以上建安总价大于10 000万元的工程项目的总承包经验，且无不合格产品。

4）以前所承包过的工程有获得建筑工程各种奖项的企业优先考虑。

三、勘查、设计公司

工程勘察是为了查明工程项目建设的地形、地貌、土质土层、地质构造水文条件等各种地质影响而进行地质勘察的综合评价工作，为项目的设计和工程施工提供必须的、科学的依据。

(1) 选择方式。

通过公开招标竞选的方式，选择最佳勘查、设计单位，同时应对其资质、资信的合法性、有效性进行严格审查，并要求勘查、设计单位均达到工程勘查、设计企业甲级资质。

(2) 选择标准。

1）具有独立法人资格并具有建设行政主管部门核发的工程勘察、设计甲级资质证书。

2）勘查、设计公司必须拥有60人以上专业设计人员，其中高级设计师10名以上，这些技术人员必须持有从事规划、设计工作5年以上，且具备相应的技术职称并持有行业主管部门颁发的岗位证书。

4）该设计公司应信誉优良，未设计过不合格建筑。

5）人员素质高，原则性强，了解城市地区地质情况，能更合理地进行建筑设计，节约成本。

四、物业管理公司

本部分在相关章节另有详细的介绍。

7.8.3 项目工作进度建议

房地产产业链很长，包括前期策划分析、征地、拆迁、规划、设计、施工、预销售、产权登记发证以及物业管理等。一般情况下，可以划分为准备、施工和经营三个阶段。

考虑到市场的承受能力、公司资金、同类楼盘项目投放市场时间等因素，对本项目采取一次性开发。在资金到位、合理施工的条件下，本项目的预计开发周期为3年。其中，包括前期的准备阶段6个月，建筑安装工程18个月，销售约19个月。

总体的进度安排见表7-23。

表 7-23　　　　　　　　　　　　　总体进度安排表

	2012年				2013年				2014年			
	1	2	3	4	1	2	3	4	1	2	3	4
前期的准备												
工程建设阶段												
销售阶段												

一、前期的准备阶段的进度控制

该阶段主要是策划分析、办理项目立项和规划的相关手续，主要包括编制选址意见书、土地使用权出让、建设用地规划许可证、建设工程规划许可证、审定设计方案通知书等，方可开工建设。当然，征地、拆迁工作的完成也是申请项目开工的必备条件之一。

本项目的前期准备阶段为 6 个月。

二、建筑安装工程阶段

工程建设阶段，是指房地产开发项目列入年度施工计划后，从施工项目到开始实施，到项目施工全部完成。

三、销售阶段

根据本项目的具体情况，我们采取整体建设、分期销售的销售策略，整个的销售周期持续××个月。

7.8.4　项目实施过程中的控制

该项目位于某一城市开发区。此次开发是联合开发的形式，但实际上是土地的转让。考虑到企业的资金供应和风险规避等能力，以及项目的具体情况，项目采取整体开发。为保证设计质量和进度，在配合销售的情况下，在完成主体工程后，某一城市开发区金融服务中心工程的园林绿化、会所、康体健身设施等基本配套设施也应及时完成。

项目管理的主要内容是三控制、三管理、一协调，那就是进度控制、质量控制、成本控制、合同管理、信息管理、安全管理和组织协调。

一、进度控制

（1）进度控制的目的。

进度控制的目的，是要按照承包合同规定的进度和时间要求完成工程建设任务。在工程项目施工管理的工作中，进度控制的内容和职责应该包括以下几个部分：制定进度计划、执行进度计划、检查进度计划和调整进度计划。施工项目实施阶段的进度控制"标准"是施工进度计划。施工进度计划是表示施工项目中各个单位各个工种在施工中的衔接与配合、安排劳动力和各种施工物资材料的供应时间，确定各分部、分项工程按目标计划的要求进行。在必要时，为保证在合同工期内竣工，必须对进度计划进行必要的调整和补充。施工进度计划的检查与施工进度计划的执行是融会在一起的。施工进度计划的检查是计划执行情况的反馈和信息来源，是调整和分析施工进度的依据，是进度控制最重要的步骤。施工进度计划的检查主要是通过把实际进度与进度计划进行比较，从中找出项目实际执行情况与进度计划的偏差，以便及时进行修正和调整。

(2) 进度控制方案的编制。

编制进度控制方案的第一步工作就是，熟悉设计图纸和施工现场情况，审核施工单位的施工进度计划体系，包括工程总进度计划、劳动力计划、材料计划、机械进场计划及资金使用计划等。

方便对各作业项目的进度情况进行检查，在工程进度计划体系调整好后，需将总进度计划横道图与劳动力计划、材料计划、机械进场计划等进行整合，绘制在同一张图表中。具体过程为：根据各作业项目工程量和现行劳动定额、材料消耗定额及机械台班定额等，计算出各作业项目所需耗用的劳动力、主要材料、机械，将计算结果汇总在进度计划的下方，使之与工程总进度计划要求的相应时间区段相对应。

(3) 工程进度的检查。

工程进度情况的检查，不仅包括对各作业项目的跟踪检查，还包括对工程总进度情况的综合比较分析。

各作业项目完成情况的检查分析：该部分内容主要通过工程进度计划横道图和劳动力计划、材料计划、机械进场计划等来进行检查。①主要采用横道图比较法，将实现进度完成情况绘制在横道图上，进行实际进度与计划进度的比较，检查各作业项目施工有无超前或滞后现象。②对照进度计划和劳动力计划等检查劳动力投入数量是否满足要求，对照劳动定额对作业人员的工作效率进行检查，检查其是否满足施工进度要求，是否需增加劳动力。③材料是否按计划进场，其质量和数量是否满足要求。对照材料消耗定额，监控主要材料（特别是甲方供应材料）的消耗情况，有利于工程的进度控制和成本控制。④检查施工机械是否按计划进场，机械的性能是否良好，数量是否满足要求。对照机械台班定额检查机械的使用效率是否满足要求。⑤检查各工作面是否存在闲置现象，该工作是否为关键工作，是否影响后序施工，是否需立即投入人员施工。对于非关键线路施工上的项目也要分析进度的合理性，避免非关键线路变成关键线路，给工程进度控制造成不利影响。⑥深入施工现场，了解各工种是否有交叉施工，是否相互影响，施工效率是否低下，能否合理调整。

工程总进度完成情况的检查：该部分内容的检查主要通过工程进度控制"S"曲线图来实现。根据检查周期内各作业项目实际完成工程量，套用现行工程预算定额或施工单位的工程量清单报价，就可得出以货币形式表示的检查周期内完成的工作量，将各检查周期的实际完成工作量汇总，即可得出工程累计完成工作量。将实际完成量与工程进度控制"S"曲线图相对应的计划完成量相比较，就可检查出本检查周期内的进度，以及整个工程进度是滞后还是超前。需要指出的是，以综合货币形式反映的工程量完成情况只能体现项目的总体进度情况，而不能反映各作业项目的具体进度控制状况。

（4）进度偏差原因的分析。

在检查过程中发现进度偏差要及时分析原因，研究相应的对策和解决方法。影响工程进度的因素很多，除劳动力、材料、机械、资金等因素外，还包括设计因素、技术因素、组织管理因素、信息沟通、外部环境的影响及各参建单位的协调配合问题等。具体问题具体分析，采取的对策和解决方法也不尽相同，在此不再赘述。

（5）工程进度计划的调整。

在进度计划的实施过程中，常常受各种因素的影响而出现进度偏差。为了保证工期总目标的实现，必须对原计划进行相应的调整。计划的调整有如下原则：计划调整应慎重，能不调的尽量不调，能局部调整的决不大范围调整；计划的调整要及时，一发现有进度偏差，必须及时分析，立即采取相应对策及时解决，问题解决得越早，对整个工程项目的影响和冲击就越小。

当在检查中发现劳动力、材料、机械的投入满足不了施工要求时，可采取以下措施来解决：①延长每天的施工时间；②增加劳动力和施工机械的数量；③通过奖励等措施提高劳动生产力等。一般情况下，以上原因引起的进度偏差较容易发现和解决，若及时解决对整个工程进度的影响也小，对此类进度偏差可对工程进度计划和劳动力计划、材料计划、机械进场计划等进行局部调整，通过努力纠正偏差，以后的工作仍可按原计划执行。

受原设计存在问题或业主提出新的要求等因素的影响，在施工过程中不可避免会出现设计变更。设计变更对进度目标的实现有不利影响，在实施前，需要对设计变更造成的影响进行分析判断，设计变更若对整个工程进度造成影响，也需对进度计划进行必要的调整。

受其他因素（如技术因素、组织管理因素、信息沟通、外部环境的影响及各参建单位的协调配合问题等）影响时，也需要及时分析对工程进度的影响程度，权衡利弊，考虑是否需对工程进度计划进行调整。

到了工程后期，常常因为各种因素的影响使工程进度滞后较多，使得编制进度计划时所留有的余地被消耗殆尽，这时就需要统计剩余工作量，重新编制施工倒排计划来保证目标工期的实现。

二、质量控制

工程项目质量是工程建设三大控制目标之一，应当受到工程建设各方的高度重视。工程项目质量是按照项目建设程序，经过工程建设系统各个阶段而逐步形成的。工程项目质量问题贯穿于建筑项目的整个寿命进程，从工程建设的可行性研究、投资决策、勘察设计、建筑施工、竣工验收直至使用维修阶段，任何一个环节出了问题，都会给工程质量留下隐患，影响工程项目功能和使用价值质量，甚至可能会酿成严重的工程质量事故，这就是所谓的"$99+1=0$"。

(1) 投资决策阶段质量控制。

工程项目的投资决策阶段是进行可行性研究与投资决策，以决定项目是否投资建设，确定项目的质量目标与水平的阶段。项目投资决策阶段的质量控制的好坏直接关系到工程项目功能和使用价值是否能够满足业主的要求与实际情况。项目决策阶段是影响工程项目质量的关键阶段。

加强投资决策阶段的质量控制，就是要提高可行性研究深度以及投资决策的准确性与科学性，注重可研中多方案的论证；注重考察可行性研究报告是否符合项目建议书或业主的要求；是否符合国民经济长远规划、国家经济建设的方针政策；是否具有可靠的自然、经济、社会环境等基础资料和数据；是否达到了内容、深度、计算指标的相应要求。

(2) 设计阶段的质量控制。

工程项目设计阶段，是根据项目决策阶段已确定的质量目标和水平，通过工程设计使其具体化的过程。设计在技术上是否可行、工艺是否先进、经济是否合理、设备是否配套、结构是否安全可靠等，均将决定工程项目建成后的功能和使用价值，以及工程实体的质量。国内外的建设实践证明，由于设计失误而造成的项目质量目标决策失误、造成的工程质量事故占有相当大的比例。因此，应充分认识到，没有高质量的设计，就没有高质量的工程，精心设计是工程质量的重要保障。因此，设计阶段是影响工程项目质量的决定性环节。

加强对设计阶段质量的控制，除应健全与完善设计单位质量保证体系外，还应大力推行设计监理。建设单位应从设计阶段起委托监理单位介入设计质量监督。目前，我国的建设监理主要是对项目施工阶段的监理，设计监理做的较少。为了进一步保证工程质量，应采取措施加大对设计监理的推广力度。在设计监理中，监理单位要加强对设计方案和图纸的审核、监督，在初步设计、技术设计阶段重点审核设计方案能否满足业主的功能和使用价值要求，以实现业主的投资意图。在施工图设计阶段，重点在于设计图纸能否正确反映设计方案，能否满足工程实体质量要求，如检查计算是否有误，选用材料和做法是否合理，标注的设计标高和尺寸是否有误，各专业设计之间是否有矛盾等。

(3) 工程项目施工阶段的质量控制。

在这个阶段，应奉行以人为本、预防为主、坚持质量标准、严格监督检查的基本原则，确保施工质量符合国家有关的施工技术规范及合同规定的质量标准。

1）承包单位自身的横向质量控制。

由于承包单位是工程项目形成工程实体的直接生产者，因此其自身的质量控制对于工程项目质量的形成具有最重要的作用。加强承包单位自身的质量控制，主要应建立健全施工企业的质量保证与管理体系。

此外，为了充分调动承包单位自身进行质量控制，提高工程项目质量的积极性、主动性，将工程质量目标同承包企业的利益紧密挂钩，实施"按质论价"、"优质优价"是非常必要的。因此，工程承包合同应明确达到或超过质量目标时给予承包企业的奖励和价格补偿，以及达不到质量目标时应处以的罚款，而且无论是奖励、补偿或罚款均应该在量上达到一定的程度，以便能够真正起到对承包企业的激励作用。

2）建设单位通过监理单位对工程项目进行的质量控制。

建设工程监理的质量控制目的在于保证工程项目能够按照工程合同规定的质量要求达到业主的建设意图，取得良好的投资效益。应当注意的是，工程监理的质量控制不能仅仅满足于通俗意义上的旁站监督，而应进行全方位的质量监督管理，贯穿于施工准备、施工、竣工验收阶段。监理工程师应综合运用审核有关的文件、报表，现场质量监督与检查，现场质量的检验，利用指令控制权、支付控制权，规定质量监控工作程序等方法或手段进行质量控制。

质量控制的主要工作内容应包括：审查施工单位编制的施工组织设计；组织设计交底与图纸会审；审查分部分项工程的施工准备情况；检查原材料、构配件、设备的规格和质量；检查施工技术措施和安全防护措施的落实情况；协商、控制工程设计变更，检查工程进度和施工质量；验收分部分项工程质量；督促整理技术档案资料；督促履行承包合同；组织工程竣工验收等。

3）政府监督机构的质量控制。

政府监督机构的质量控制是按照城镇或专业部门建立有权威的工程质量监督机构，根据有关法规和技术标准，对本地区（本部门）的工程质量进行监督。其目的在于维护社会公共利益，保证技术法规和标准的贯彻执行。

4）竣工验收阶段的质量控制。

工程项目竣工验收阶段，就是对项目施工阶段的质量进行试车运转、检查评定，考核质量目标是否符合设计阶段的质量要求。这一阶段是工程项目由建设转入使用或投产的标志，是对工程质量进行检验的必要环节，是保证合同任务全面完成、提高工程质量水平的最后把关。做好竣工验收工作，对于全面确保工程质量具有重要意义。加强竣工验收阶段的质量控制，主要是要严格执行竣工验收制度和验收程序。

5) 使用阶段的质量维修保障。

在工程项目竣工验收交付使用后,在规定的保修期限内,因勘察设计、施工、材料等原因造成的质量缺陷,应由施工单位负责维修,由责任单位负责承担维修费用。工程质量得到正当的保修,对于促进承包单位加强工程质量管理具有积极作用。

本工程实行工程保险制度,保险公司将积极协助监督承包单位进行全面质量控制,以保证工程质量不出问题,保险公司就可以不承担或少承担维修费用。而施工单位为了提高企业信誉、承接更多的工程及争取保险费的优惠,必然加强自身的质量意识和质量管理,想方设法提高工程建设的质量水平。只有这样,承包单位才会赢得良好的社会形象,在激烈的市场竞争中维持生存,寻求发展。因此,推行工程保险制度,迫使双方为了维护自身的利益积极参与工程质量的监督控制,客观上最大限度地保护了国家和使用者的合法权益,有力地促进了工程建设质量的良性循环。

三、成本控制

成本管理是房地产企业中十分重要的工作。企业要想在激烈的市场竞争中立于不败之地,取得良好的经济效益,就必须十分重视开发项目的成本管理工作,切实提高成本管理水平。

(1) 项目策划阶段的成本控制。

这一阶段成本控制的内容是寻找项目、市场调查和投资评估。公司应该着重考察开发区投资环境、投资房地产产品的市场价值、项目的工程类型与规模、经济技术指标、交通条件、市政配套情况、建材与设备的供应情况等。该阶段的工作必须注意与可能发生的成本结合起来,对可能发生的项目成本起到总体控制的作用。

(2) 项目设计阶段的成本控制。

设计阶段的成本控制,是项目建设全过程成本管理的重点,项目设计要尽可能采用国家和省级的设计标准,因为优秀的设计标准规范有利于降低投资、缩短工期,给项目带来经济效益。通过招投标方式选择设计单位,在委托设计范围之前一定要对项目投资进行详细分析,在此基础上一般采用限额设计的方式,保证有效的成本管理,并着重考虑以下两点:①设计前的投资估算。通过对社会同类项目的价格、材料、设备、人工费用、税收、管理费用、利润的调查,在项目评估的基础上进行详细的综合比较、进行投资估算,作为初步设计控制的依据;②初步设计要重视方案的选择,按投资估算进一步落实成本费用,将施工图预算严格控制在批准的范围内,同时应加强设计变更的管理工作。

在设计阶段要严格遵守"经济、适用、合理"的原则,强化设计方案的优化,不单单要从技术上,更重要的是从技术与经济相结合的角度,应用现代科学成果和方法进行充分地分析论证。在满足工程结构和使用功能及工程美学要求的前提下，依据经济指标评选设计方案，方案确定后，可采用价值成本效益分析方法，千方百计降低工程造价。进而一方面可靠地实现产品的质量要求，另一方面通过功能细化，重点对影响功能的重要投资因素加以控制，从而最终降低工程成本。

(3) 发包、施工阶段的成本控制。

项目发包包括项目总发包、建安工程及设备材料采购发包。项目发包阶段的成本控制是项目建设全过程成本控制的重要环节。该项目采用合同价款的方式，合同价款以某一城市统一规定的预算定额、材料预算定额和取费标准为依据。承包方根据开发商提供的工程范围和施工图纸，做出工程报价，最终工程费用按实际完成的质量数量进行结算。所以，该阶段的成本控制对项目竣工后的工程决算有重要的影响。

(4) 项目销售阶段的成本控制。

这一阶段的成本控制主要是销售费用。销售费用支出的主要部分一般为房地产销售广告费用。控制销售费用的关键在于如何进行销售策划，广告费用如何支出，应根据项目规模大小、档次及某一城市的经济条件等多种因素确定。

在实际项目开发建设过程中，在项目的实际设计、可行性研究、设计计划、实施中，以及在技术、组织、管理、合同等任何一方面出现问题都会反映在成本上，造成成本超支。如准备期，投资者在策划、委托设计方案及报批的每一个环节发生延误，都会造成开发周期被迫延长，成本提高。在施工期，恶劣气候、建筑设计失误、未预料到的特殊地质条件等也会延长开发周期，提高成本。因此，房地产项目成本控制的关键还在于加强日常管理，提高工作效率。

四、合同管理

合同管理制约整个工程项目管理水平和工程经济效益的提高，许多工程问题、失误和争执常常都起因于合同和合同管理。

(1) 合同管理的任务。

合同管理的任务归纳起来主要有以下几项：

1) 协助业主确定本工程项目的合同结构，起草与本工程项目有关的各类合同(包括设计合同、施工合同、材料和设备订货合同等)，并参与各类合同的谈判。

2) 跟踪管理与本工程项目有关的各类合同，监督检查合同各方对合同的执行情况，并定期提交合同管理的各种报表。

3) 协助业主处理与本工程项目有关的合同纠纷及费用索赔事宜。

4) 贯彻执行价格政策、计价方法和取费标准，控制合同中提出的不合理的附加条件和要求。

(2) 合同管理的内容和方法。

1) 合同的签证管理。

合同的签证是合同管理机关对合同的合法性、真实性、可行性进行审查和核实的一种行政方法,它对提高合同的履行率发挥积极的作用。

2) 合同的监督检查管理。

首先应建立健全的合同管理制度,建设单位要制定合同管理办法和章程以及档案管理办法,制定定期检查、重点抽查及联合检查等制度。检查的内容主要是合同的合法性、真实性及可行性;主要条款是否明确和完善;履行情况等。这种检查管理要做到经常化、严格化,每次检查不能光凭口头报告,一定要有文字和报表记录,分发给有关单位。

3) 合同的纠纷处理和索赔。

①合同的纠纷处理。在合同履行过程中,产生合同纠纷是不可避免的,当合同纠纷发生后,要及时进行调解处理。在调解合同纠纷中要做到:对矛盾双方要不偏不倚,坚持原则,站在公正的立场上进行处理,对产生纠纷的事实要查清真相,按政策、法律办事,不能以感情替代政策,以权代法;对有争议的问题要抓住焦点,分清是非,明确责任,对违约者应提倡索赔。通过耐心说服,统一思想,互相谅解,达成协议。

②合同的索赔。造成索赔的原因是多方面的,如合同中存在缺陷、业主或承包单位违约、监理不当、恶劣的自然条件与障碍,以及国家政策、法令的变更等。当问题发生后,首先要分析原因,明确责任,根据损失大小考虑索赔金额。在考虑索赔金额时,双方要充分协商,尽量取得一致或相似的看法,避免强迫命令的做法。

(3) 招投标管理。

工程招投标是运用市场竞争机制,树立公平、公正、公开的实施原则,择优选定设计单位、施工单位、监理单位和材料设备供应单位。

五、安全管理

安全管理是企业生产管理的重要组成部分,是一门综合性的系统科学。安全管理的对象是生产中一切人、物、环境的状态管理与控制,安全管理是一种动态管理。

(1) 安全管理六项基本原则。

1) 管生产同时管安全。

管生产同时管安全,不仅是对各级领导人员明确安全管理责任,同时,也向一切与生产有关的机构、人员,明确了业务范围内的安全管理责任。一切与生产有关的机构、人员,都必须参与安全管理并在管理中承担责任。认为安全管理只是安全部门的事,是一种片面的、错误的认识。

2) 坚持安全管理的目的性。

没有明确目的安全管理是一种盲目行为。盲目的安全管理,充其量只能算作花架子,劳民伤财,危险因素依然存在。在一定意义上,盲目的安全管理,只能纵容威胁人的安全与健康的状态,向更为严重的方向发展或转化。

3)必须贯彻预防为主的方针。

贯彻预防为主的方针,首先要端正对生产中不安全因素的认识,端正消除不安全因素的态度,选准消除不安全因素的时机。在安排与布置生产内容的时候,针对施工生产中可能出现的危险因素。采取措施予以消除是最佳选择。在生产活动过程中,经常检查、及时发现不安全因素,采取措施,明确责任,尽快地、坚决地予以消除,是安全管理应有的鲜明态度。

4)坚持"四全"动态管理。

安全管理涉及生产活动的方方面面,涉及从开工到竣工交付的全部生产过程,涉及全部的生产时间,涉及一切变化着的生产因素。因此,生产活动中必须坚持全员、全过程、全方位、全天候的动态安全管理。只抓住一时一事、一点一滴,简单草率、一阵风式的安全管理,是走过场、形式主义,不是我们提倡的安全管理作风。

5)安全管理中的控制。

进行安全管理的目的是预防、消灭事故,防止或消除事故伤害,保护劳动者的安全与健康。对生产中人的不安全行为和物的不安全状态的控制,必须看做动态的安全管理的重点。事故的发生,是由于人的不安全行为运动轨迹与物的不安全状态运动轨迹的交叉。从事故发生的原理,也说明了对生产因素状态的控制,应该当作安全管理重点,而不能把约束当作安全管理的重点,是因为约束缺乏带有强制性的手段。

6)在管理中发展、提高。

既然安全管理是在变化着的生产活动中的管理,是一种动态过程。其管理就意味着是不断发展的、不断变化的,以适应变化的生产活动,消除新的危险因素。然而更为需要的是不间断的摸索新的规律,总结管理、控制的办法与经验,指导新的变化后的管理,从而使安全管理不断地上升到新的高度。

(2)安全检查。

安全检查的内容主要是查思想、查管理、查制度、查现场、查隐患、查事故处理。

安全检查方法常采用看、听、嗅、问、测、验、析等方法。

安全检查的形式包括定期安全检查、突击性安全检查、特殊检查。

六、组织协调

工程项目建设是一项复杂的系统工程,在系统中活跃着建设单位、承包单位(含分包单位、材料设备供应单位)、设计单位、监理单位、政府建设主管部门以及与工程有关的其他单位等要素。这些要素各有自己的特性、组织机构、活动方式及活动的目标。这些要素之间互相联系,也互相制约。为了使这些要素能够有秩序地组成有特定功能（完成工程项目建设）和共同活动目标（按工期、保质量，尽可能降低工程造价）的统一体，建设单位与这些单位的组织协调工作极其重要。

(1) 与监理单位之间的组织协调。

监理单位是建设单位委托并授权的，在施工现场唯一的管理者，代表建设单位，并根据委托监理合同及有关的法律、法规授予的权力，对整个工程项目的实施过程进行监督与管理。建设单位与监理单位是监理合同关系。在监理过程中，监理单位必须依照监理合同为建设单位做好现场的监理工作，建设单位将工程交给监理公司进行现场管理后，要充分相信监理公司，并且配合监理公司做好与勘察设计、承包单位、材料供应商、政府建设行政主管部门等各方的协调工作。

(2) 与设计单位之间的组织协调。

建设单位与设计单位之间是通过设计合同联系的。建设单位委托设计单位进行项目的设计，设计单位应本着敬业、合理、控制成本等原则做好项目的设计工作，同时在项目施工过程中，若有施工单位提出设计的缺陷问题，建设单位与施工单位应及时做出设计修改和设计变更。建设单位和设计单位负责人之间应相互理解、密切配合，做好项目的设计工作。

(3) 与承包单位之间的组织协调。

建设单位与承包单位之间是承包合同的关系，建设单位工程建设任务承包给具有相应资质等级的工程总承包单位，建设单位与总承包单位签订工程总承包合同，然后再由总承包单位选定分包单位，在经过建设单位的审查后，由总承包单位与分包单位签订施工合同。承包单位应在自己的工程范围内完成建设项目的施工任务，从工程进度、工程质量、工程造价等各方面认真履行承包合同中规定的责任和义务，以使合同中约定的目标实现最佳状态。在遇到设计不合理时，应及时向建设单位提出，以便建设单位及时与设计单位联系，保证项目的工期、质量和成本。

(4) 与材料供应商之间的组织协调。

建设单位与材料供应商之间是供应合同关系，建设单位通过招标竞选的方式选择合适的材料供应商。

(5) 与开发区区政府主管部门及公共事业管理部门之间的组织协调。

有关政府主管部门包括建设管理、规划管理、环保管理、卫生防疫、市容、消防、公安保卫等部门。公共事业管理部门包括供电、供排水、供热、电信等部门。建设单位要做好与这些单位的联系与协调工作，从而保证工程建设的正常进行。

7.9 物业管理

7.9.1 物业管理服务模式的选择

本项目物业管理服务由具有一级资质的××物业管理有限公司提供。具体管理服务模式有以下三种可供选择。

一、完全委托物业管理模式

这是典型的物业管理模式。采用招投标或协议的方式，把物业委托给专业化的物业管理企业，对房屋进行日常的管理，完善售后服务。

二、内部委托物业管理模式

即投资或控股的物业管理公司对其所出售的房屋进行管理。

三、租赁物业管理模式

我方建成房屋后没有出售，而是交给下属的物业管理企业或组建专门从事租赁经营的物业管理企业，通过租金收回投资。这种模式能使我方的风险降低，但资金回笼很慢，一般不予考虑。

7.9.2 物业管理定位及物业目标

物业管理是房地产开发的延续和完善，是一个复杂的、完善的系统工程。因此在项目策划中必须考虑物业管理的重要性。物业管理的好坏，直接影响着潜在购房者的数目和房地产公司的名气的提升。

在物业管理企业同质化的今天，××物业管理公司秉着"想得到的服务与想不到的服务"这一物业服务好坏差别的本质，采用国内最先进的物业管理理念和服务体系，为某一城市开发区金融服务中心工程业主提供高品质、超值、周到、高效、方便、称心的服务。

该物业管理公司在城市物业中处于领先地位，其过人之处在于始终将业主、用户放在第一位，处处考虑业主、用户的利益，真诚地为业主、用户服务。这次项目管理服务定位以"以人为本"为主题，在抓好工程硬环境的管理与维护的同时，有针对性举办文体活动等，体现公司的人性化特色。

同时承诺：

(1) 认真履行合同以及合同之外物业管理清单的服务项目。

(2) 建立用户与物业公司直接沟通平台，住户与管理处发生矛盾时，物业公司及时介入解决。

(3) 在敏感问题上作出明确承诺，加强员工的素质教育，竭诚为客户服务。

(4) 物业公司对管理处的考核先考虑住户的满意度、抱怨情况等指标，再考虑管理费等费用的缴费情况，让客户感到物有所值。

物业管理的目标是为业主、用户营造和保持一个充满阳光的、安全、整洁、舒适、宁静、优美的工作与生活环境;构筑"以人为本",人与自然协调一致的建筑空间,让千家万户安居乐业,促进经济繁荣,社会稳定。

7.9.3 物业管理的组织结构及人员配置

一、机构框图

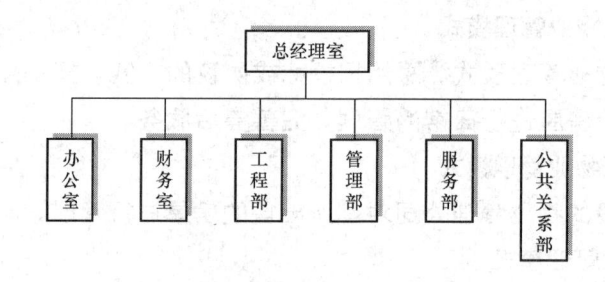

```
              总经理室
    ┌────┬────┬────┬────┬────┐
   办公室 财务室 工程部 管理部 服务部 公共关系部
```

二、各部门职责

(1) 办公室。办公室是经理领导下的综合管理部门,负责组织会议、文书处理、人事劳资、生活福利、对外借贷和档案文件管理等工作。

(2) 财务部。财务部负责制定财务收支计划、会计出纳、经济核算、租金及有偿服务费的管理以及工资奖金的计算发放工作,做好企业财务报表及费用分析报告,接受工商、税务部门及业主的监督检查等。

(3) 工程部。工程部是房屋工程维修部门,主要负责物业区域内的房屋及设备设施的管理、维护、养护,对业主的装修、改进工程进行检查等。

(4) 管理部。包括保安部和综合经营部,其中保安部负责物业管理区域内的安全保卫、消防和交通管理等工作。综合经营部负责多种经营业务,开拓经营项目等。

(5) 服务部。主要负责物业管理区域内的环境卫生、庭院绿化以及灭鼠灭虫、水池清洗等,以及向业主提供专门的有偿清洁服务,如地板、地毯清洗,门窗处墙的清洗等。

(6) 公共服务部。主要是组织召开业主大会或业主委员会会议,处理业主的投诉和纠纷,加强同社会相关部门、企业的联系等。

三、人员配置情况

(1) 总经理:1人。

(2) 办公室:1人。

(3) 财务部:2人,其中,经理1人(兼会计)、出纳1人。

(4) 工程部:4人,其中,主管1人,水电工1人,电梯工(直梯)1人,杂工1人。

(5) 管理部：6 人，其中，保卫队队长 1 人，队员 5 人（三班，24h）。

(6) 服务部：6 人，其中，绿化保洁组主管 1 人，绿化工 1 人，保洁员 4 人。

(7) 公共服务部：接待员 1 人。

总计：21 人。

7.9.4 物业管理服务项目

在某一城市开发区金融服务中心工程项目管理服务中，物业管理服务项目为业主、用户提供公共服务、有偿服务、无偿（超值）服务等。

一、公共服务

公共服务业务是物业管理企业面向所有业主和使用人提供的最基本的管理和服务，目的是确保物业的完好和正常使用，维持正常的工作生活秩序和良好的环境。公共性服务管理工作，物业的所有业主和使用人每天都能享受到，其具体内容和要求在物业管理委托合同中应明确规定。物业管理企业就有义务按时按质提供该项服务。

(1) 户外清洁：楼内公共区域保洁，绿地养护，定期花木杀虫、灭鼠，对业主废弃的有回收价值的垃圾做分类处理。

(2) 治安管理：外围周界防范系统公共区域闭路监控，各单元入口可视对讲门禁，固定安全防卫，巡逻，围合管理与整体联动应急反应，消防报警。

(3) 水电、道路、排污设施维护：定期检查维护水路、电路、排污等设施，使道路、景观照明完好充足。

(4) 房屋公用部位日常维护。

二、有偿服务

为了满足业主、用户的个别需求，物业公司受其委托提供的服务。

三、无偿服务

这项服务是为了提高房地产公司和物业公司的好的声誉而精心推出的服务，能让用户有物有所值的感觉。

(1) 日常家政服务；

(2) 文化娱乐服务；

(3) 医疗服务；

(4) 安全服务。

7.9.5 管理制度及服务规范

一、管理制度（略）

二、具体服务规范

(1) 态度和蔼讲文明。

在为住户服务时要态度和蔼，用语规范，耐心热情。

（2）挂牌上岗守纪律。

员工在岗时要挂胸卡、胸牌，仪表整洁，管理员、保安人员和电梯驾驶员持证上岗。

（3）公开制度讲规范。

要公开办事制度，即各种手续的办理程序、办理要求、办理时限在现场有告示；公开办事纪律，即严禁"吃、拿、卡、要"行为，严禁发生训斥、推诿、刁难现象，严格遵守服务纪律；公开收费项目、收费标准，即严格按照物价管理部门制定和审核或物业管理服务合同约定的收费项目、收费标准收费，并在服务窗口明码标价、告示，不得多收费、乱收费。

（4）遵章办事不违规。

维修要及时，急修项目 2h 内到现场，24h 修复；如不能在规定时间完成，须对居民作出限时修复的承诺。小修项目三天内修复，双休日或节假日顺延。需安排工程修理的，应及时告知报修人。楼内有电梯的，必须保证一台电梯正常运行。

（5）做好回访重信誉。

要经常走访业主、走访被服务过的对象，加强与业主委员会的沟通，不断改进服务方式，提高服务水平。涉及房屋安全、筑漏修缮的，必须进行回访。

（6）公开并严格执行物价部门批准的各项物业管理及服务项目收费标准。

（7）定期组织开展健康、有益、雅俗共赏、丰富多彩的文体活动。

（8）保持秩序井然，环境优美、整洁，每周两次庄严的升旗仪式。

7.9.6 项目物业管理费用估算

一、物业管理费用估算依据

（1）某一城市物业管理协会的有关建议。

（2）参照某一城市 2011 年度劳动力市场工资指导价位和社会市场劳动力价格水平。

（3）某一城市物业管理技术水平和本企业物业管理能力。

（4）本企业以前物业管理经验总结。

二、物业管理费用估算（见表 7-24）

表 7-24　　　　　　　　业管理费用估算表

费 用 名 称	金额（元/月）	月（元/月）
一、管理服务人员工资、社会保险、福利、加班费等		
1. 基本工资		
总经理	3000	3000

续表

费 用 名 称	金额（元/月）	月（元/月）
主任	2600	2600
主管（2人）	2500	5000
会计	2000	2000
出纳	2000	2000
杂工	1500	1500
水电工	1800	1800
电梯工	1800	1800
保安队长	2200	2200
保安员（5人）	1500	7500
绿化工	1500	1500
保洁员（4人）	1200	4800
接待员	1200	1200
工资合计	—	36900
2. 医疗保险（工资总额×8%）	—	2952
3. 福利（工资总额×14%）	—	5166
4. 员工服装（21人，每人一年2套，250元/套）	—	430
5. 午餐、加班补贴（21人，每人一年1300元）	—	2275
合计	—	47723
二、行政办公费用		
1. 交通费	1200	1200
2. 通信费	1200	1200
3. 书报费	500	500
4. 低值易耗办公用品	500	500
5. 物业管理用房水电费	150	150
6. 其他杂费	1000	1000
合计	4900	4900
三、物业公用部分、公共设施、维修及保险费	7633	7633
四、物业清洁卫生费用		
1. 清洁工具购置费	260	260
2. 劳保用品费	300	300
3. 卫生防疫消杀费	230	230

续表

费 用 名 称	金额（元/月）	月（元/月）
4. 垃圾外运费	900	900
5. 大垃圾袋	300	300
合计	1990	1990
五、绿化养护费	600	600
六、秩序维护费		
1. 保安器材（6套，预计每年用2套）	500	500
2. 保安人身保险（保额为150 000，保费375）	188	188
3. 保安用房及保安人员住房基金	900	900
合计	1588	1588
七、固定资产折旧	600	600
八、其他费用		
1. 标志某一城市开发区金融服务中心工程文化打造费用	1500	1500
2. 不可预见费	1000	1000
合计	2500	2500
费用总计	67 534	67 534
销售税金及附加（5.5%）	3714.4	3714.4
利润（3%）	2026.2	2026.2
总计	73 275	73 275

三、物业管理费用估算说明

（1）物业管理收费是通过市场比较法和某一城市开发区金融服务中心工程物业管理的基本情况，参考竞争楼盘的物业管理收费确定的。

（2）根据国家和某一城市有关规定，医疗保险按工资总额×8%计算、福利按工资总额×14%计算、教育基金按工资总额×2.5%计算。

计算原则基本上按照相关资料的计算说明进行。

结 论

（1）发展前景。

本项目所在开发区是城市的中央金融区，该地区配套和交通成熟，金融区已经基本形成。未来几年新开楼盘不会很多，本项目凭借自身的优势，未来在这一区域将处于比较有利的位置，且项目定位高档高品质楼盘，价格适中。

(2) 项目策划。

1) 投资环境分析。

作为房地产业发展的基础和前提，全国整体经济环境稳定，使得全国房地产经济投资环境良好。国家近期出台的一系列宏观调控政策并不是要打压房地产业，而是要规范房地产市场，使房地产市场步入良性循环。在这种形势下某一城市的房地产业将会受到一定的影响，但近些年来城市房地产业发展比较稳定，并没有出现价格的大起大落，市民普遍能够接受。近年来，开发区房地产业持续、快速、健康发展。随着城市城市化进程加快和交通等基础设施改善，开发区成为某一城市房地产业发展投资热土。

本项目所在区域为开发区，城市的中央金融区。在城市房地产市场，开发区始终都是一个热点区域。在市级政府机构大举东迁，东部新城已成为城市房地产开发的重中之重的大前提下，以其承上启下的地理位置，无可匹敌的开发规模，以及高档楼盘的品牌号召力，已经赫然占据了核心位置。

2) 项目地块条件分析。

本项目在综合考虑各种规划限制和在对项目地块正确做出 SWOT 分析以后，确定本项目的最适宜项目为：高层金融商务。

3) 市场调查与分析。

城市房地产市场运行比较平稳，供需基本平衡。

4) 项目目标市场研究。

①区域定位：项目客户群的核心引力区为开发区、高新区、历城区。

②目标客户：广大金融阶层，置业投资者，兼顾周边同层次消费者。

5) 项目产品层次定位。

本项目产品层次定位为较高品质的高档工程。

6) 项目产品策划。

项目主题定位：以政府、生活配套为特色，突出温馨舒适、健康安全的金融生活主题的高档工程。

建筑风格：现代简约派风格，以深色为主色调，附以白色及其他色彩。

7) 项目技术经济评估及融资方案。

项目总投资××万元，总销售收入××万元，利润总额××万元，项目投资利润率××%。项目融资中，业主自筹资金占××%，项目贷款比率××%，预售资金占××%。

8) 项目营销策划。

营销策划：突出配套，彰显景观，强调某一城市开发区金融服务中心工程认同，低开高走，营造产品紧俏势头，提高项目的市场渗透力和吸引力。

产品卖点：地处 CLD（中央金融区）某一城市开发区金融服务中心工程，配套设施齐备；特色架空层为业主提供休闲交流的平台；完美的设计和物业品质，充分解决业主的后顾之忧。

9) 项目的全程管理与监控。

运用最先进的项目管理思想，对项目进行全过程的管理和控制，以保证项目的顺利实施。

10) 物业管理。

近几年来，人们购房越来看重物业管理水平，好的物业管理已经逐渐成为项目的一个卖点，因此制定合适的物业管理方案非常重要。本项目运用现代物业管理思想，制定出了符合本项目的物业管理方案。

参 考 文 献

[1] 顾海波. 中国房地产发展的失衡及对策. 资源市场，2006.
[2] 肖元真. 宏观调控下我国房地产发展的战略与态势. 经济研究，2005，(6).
[3] 陈文俊. 项目策划研究. 武汉：武汉大学硕士学位论文，2002.
[4] 王新军. 城市开发建设项目的策划与规划. 上海：同济大学博士后研究工作报告，2005.
[5] 马文军. 城市开发策划. 北京：中国建筑工业出版社，2005.
[6] 丁士昭. 工程项目管理. 北京：中国建筑工业出版社，2006.
[7] 高峰. 建设项目前期策划分析的重要方法——方案比选. 科技情报开发与经济，2007，27.
[8] 苏伟伦. 项目策划与运用. 北京：中国纺织出版社，2000.
[9] 陈放. 项目策划. 北京：知识产权出版社，2000.
[10] 庄惟敏. 从建筑策划到建筑设计，1997（03）.
[11] 曹亮功. 建筑策划综述及其案例，华中建筑，2004（3）.
[12] 罗伯特·G·赫什伯格，汪芳，李天骄. 建筑策划与前期管理，2005.
[13] 弗兰克·索尔兹伯里，冯萍. 建筑的策划，2005.